Dramatic Synthetic Organic Chemistry

ドラマチック
有機合成化学
感動の瞬間100

有機合成化学協会 編
The Society of Synthetic Organic Chemistry, Japan

化学同人

── 序 ──

有機合成化学協会設立 80 周年を心からお慶び申し上げます．記念誌発刊にあたり，林雄二郎記念出版委員長から序文を書くよう仰せつかりました．拙文をお許しください．

有機化学の始まりは Wöhler による尿素の"合成"（1828 年）とされています．まだ 200 年たらず前 !? と驚きますが，その歴史的意義は生気説の打破（無機世界と有機世界の壁を越え，生体物質が"できた"）でした．その後，19 世紀半ば，有機合成は"構造決定の最終手段"という使命を担いました．典型例は von Baeyer の合成による**天然色素インジゴ**の構造決定（1880 年ごろ）です．しかし，同時に有機合成の物質供給力に気づいたドイツ産業界は苛斂誅求（より簡便で安価な合成経路 !），マジメに対応しようとした Baeyer 先生の疲労困憊の逸話も残っています．興味深いことに，20 世紀初頭，その**合成染料インジゴ**の製造法が本邦に導入され，戦前の大牟田炭鉱に発する石炭化学産業勃興の一翼を担ったのでした．

学界に目を転じると，170 年前の開国から文明開化，殖産興業に向け，彼我の格差を埋めるべく若人が欧米に送りだされました．そのひとしきり後の明治後期，渡欧第二世代のおひとりが眞島利行博士です．"大研究の研究"と称して von Baeyer, Wallach, Fischer らの新着論文（*Ber.* ドイツ化学会誌）を精読して自己研鑽するなか，念願かなって有機化学者としての留学許可が下りた 1907 年のことでした．満を持して赴いた先はドイツ Kiel，スイス Zürich，彼の地には，吉田彦六郎博士が先鞭をつけた本邦独自の研究課題"ウルシオールの構造決定"の決着に向け，最先端の高真空装置（蒸留精製），オゾン分解装置や水素化触媒（不飽和側鎖の修飾）があったからです．闘病生活を含む 4 年を越える在欧からの帰国以降，von Liebig の確立した有機化学者育成法を本邦に請来し，伝承し，東北大学，北海道大学，東京工業大学，大阪大学，理化学研究所の化学科，研究室等の設立に獅子奮迅の活躍をされました．また，上述の触媒や装置が本邦有機化学工業の礎となったという点も見逃せません．

その眞島利行先生を初代会長とする当協会の設立は，1942 年（昭和 17 年）8 月 1 日のことでした．戦時下，勝利に向けた戦略物資の開発，増産など，軍官学の有機合成力を結集する会だったのでしょう．さらに，敗戦後の苦難の時代を克服する過程を記した当協会 10 周年，20 周年記念の文を目にするとき，あらためて世のため，人のためという有機合成化学の大切な一面への思いを強く致します[1a,b]．

余談．天然物化学の泰斗 故中西香爾先生，「戦時中，名古屋大学の化学実験室は長野に疎開していました．名大生だった私が，遠路運んできた 5 L フラスコを用いて，いざ反応を行おうとしたところで，ガラスの底にヒビが！これが私にとって最初で最後の有機合成実験となったのでした…有機合成にある種のトラウマを負った私がこうしてこの巻頭言を書いているのはチョッと皮肉なことです」．苦難の時代の"（感動ならぬ）衝撃の瞬間"をなんともユーモラスに表現した文章をお寄せくださいました[2]．

閑話休題．時が移って原材料は石炭から石油へと移行，有機合成化学の活躍の場も化成品，医薬，ファインケミカルズ製造などとなり，社会のおおいなる発展を支えました．諸先輩のたゆまぬ研究，努力のおかげで，遷移金属を駆使した触媒的不斉合成，交差カップリングなど，本邦の有機合成化学は独自の学術，技術を発信する側になりました．50周年記念出版『Organic Synthesis in Japan: Past, Present, and Future』（Ryoji Noyori, Editor-in-Chief, Tokyo Kagaku Dozin 1992）の Forward（向山光昭 記念会組織委員長），Preface（野依良治 記念出版委員長）はその凱歌でした．

　爾来 30 年，地球規模での環境問題，持続可能な社会の形成など，取り組むべき課題も大きく変化しています．さらに，今再び戦乱の足音が聞こえるなか，是非とも平和な世界発展のための有機合成化学であれ，と願います．かつて向山光昭先生が折にふれて口にされた「歴史があるから明日がある」というお言葉が去来します．

　本書は，有機合成化学の最前線で活躍する 100 人の執筆者による "感動の瞬間" のオムニバス集です．過去から現在への思い，そして次につながるエール，エネルギーを得ていただければと念じます．

2023 年 6 月

鈴木　啓介

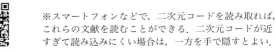

1.a) 有機合成化学協会誌, **10**, 353 (1952)　　b) 有機合成化学協会誌(特別号), **20**, 17 (1962)

2. 有機合成化学協会誌, **62**, 1071 (2004)

※スマートフォンなどで，二次元コードを読み取れば，これらの文献を読むことができる．二次元コードが近すぎて読み込みにくい場合は，一方を手で隠すとよい．

　有機合成化学協会では設立からの節目に，記念出版書を発行してきました．50周年では『Organic Synthesis in Japan: Past, Present, and Future』を，60 周年の際には『有機合成 創造の軌跡——126 のマイルストーン』を上梓しました．日本の有機合成化学を代表する執筆者による英文書籍で，当時の日本の有機合成化学の力量を全世界に向けて発信する大切な役割を担いました．

　今回の 80 周年の記念出版では未来を志向して，これからの有機合成化学を担う学生や若手研究者に，有機合成化学の面白さや醍醐味を伝えることを目的とし，『ドラマチック有機合成化学——感動の瞬間 100』と題して日本語で出版することにしました．

　有機合成化学は，学術的，産業的に重要であるだけでなく，「驚き」，「喜び」，そして「感動」に満ちあふれた，エキサイティングで「ドラマチック」な研究分野です．有機合成化学の世界にはドラマが満載です．一度「感動」を味わった研究者は再度，その「感動」を味わいたいと思っています．現在，研究の最前線で活躍中の100 人の研究者に，みずからが体験したこのような研究上の「感動」について，読者の皆さんと共有すべく，執筆していただきました．それぞれの研究者にとって，かけがえのない大切な「感動」です．100 の多種多様な「感動」は，あくまでも個人的なものですが，どのような考え（仮説および発想）で研究に取り組み，予想外の「感動」に至ったのかという，研究のサクセスストーリーには，月日がたっても色褪せることのない，普遍性があります．そこには研究の成功への「ヒント」があります．この本から，有機合成化学の面白さおよび醍醐味を感じ取っていただき，「感動」に満ちた創造的研究にチャレンジする若人が増えることを期待します．

　快く執筆をお引き受けいただいた方がたに心から御礼を申し上げます．ほかにも執筆していただきたい多くの方がたがいらっしゃいましたが，誌面の都合でかないませんでした．なお，選定における全責任は記念出版委員長にあります．

　最後に本書の出版について，いろいろとお世話になった化学同人の栫井文子氏に御礼申し上げます．

2023 年 6 月

記念出版委員を代表して
東北大学大学院理学研究科
林　雄二郎

目　次

9-BBN	9-borabicyclo[3.3.1]nonane
18-crown-6	1,4,7,10,13,16-hexaoxacyclooctadecane
Aβ	amyloid beta
Ac	acetyl
acac	acetylacetonato
AD	Alzheimer's disease
AEV	(1R,2S)-ethyl 1-amino-2-vinylcyclopropanecarboxylate
AIE	aggregation-induced emission
ALK	anaplastic lymphoma kinase
AM	amphidinol
AP	anisyl propylene
ATG	autophagy
BArF	tetrakis[3,5-bis(trifluoromethyl)phenyl]-borate
BIBS	di-$tert$-butyl-isobutylsilyl
BINAP	2,2′-bis(diphenylphosphino)-1,1′-binaphthyl
BINOL	1,1′-bi-2-naphthol
BLA	benzoyl lactic acid
Boc	$tert$-butoxycarbonyl
BOM	benzyloxymethyl
BrettPhos	2-(dicyclohexylphosphino)-3,6-dimethoxy-2′,4′,6′-triisopropylbiphenyl
Bz	benzoyl
c-Hex	cyclohexyl
Cbz	benzyloxycarbonyl
CD	circular dichroism
cGMP	cyclic guanosine monophosphate
cHBS	cyclohexyl di-$tert$-butyl silyl
CMD	concerted metallation-deprotonation
CNT	carbon nanotube
COD/cod	1,5-cyclooctadiene
coe	cyclooctene
Cp	cyclopentadienyl
CPME	cyclopentyl methyl ether
CSA	10-camphorsulfonic acid
CTX	ciguatoxin
Cy	cyclohexyl
CZBDF	bis(carbazolyl)benzodifuran
DABNA	diazaboranaphthoanthracene
DAIPEN	1,1-di(4-anisyl)-2-isopropyl-1,2-ethylenediamine
DANA	2,3-dehydro-2-deoxy-N-acetyl-neuraminic acid
dba	dibenzylideneacetone
DBU	1,8-diazabicyclo[5.4.0]undec-7-ene
dcypt	3,4-bis(dicyclohexylphosphino)-thiophene

DDQ	2,3-dichloro-5,6-dicyano-1,4-benzoquinone
DEIPS	diethylisopropylsilyl
DFT	density functional theory
DIBAL-H/DIBAL	diisobutylaluminium hydride
dibm	diisobutyrylmethane
DIEA	N,N-diisopropylethylamine
DIPT	diisopropyl tartrate
DKP	diketopiperazine
DMA	N,N-dimethylacetamide
DMAc	N,N-dimethylethanamide
DMAP	4-(dimethylamino)pyridine
DMF	N,N-dimethylformamide
DMI	1,3-dimethyl-2-imidazolidinone
DMPU	N,N'-dimethylpropyleneurea
DMSO/dmso	dimethyl sulfoxide
DNA	deoxyribonucleic acid
DOBNA	5,9-dioxa-13b-boranaphtho[3,2,1-de]-anthracene
DTBM-SEGPHOS	5,5′-bis[di(3,5-di-$tert$-butyl-4-methoxyphenyl)phosphino]-4,4′-bi-1,3-benzodioxole
dtbpy	4,4′-di-$tert$-butyl-2,2′-bipyridyl
E.COSY	exclusive correlation spectroscopy
EE	ethoxyethyl
EL	electroluminescence
ESI	electrospray ionization
FDA	Food and Drug Administration
Fmoc	9-fluorenylmethyloxycarbonyl
GC	gas chromatography
GRRM	global reaction route mapping
H-SOMO	higher singly occupied molecular orbital
H$_8$-BINAP	2,2′-bis(diphenylphosphino)-5,5′,6,6′,7,7′,8,8′-octahydro-1,1′-binaphthyl
HMPA	hexamethylphosphoric triamide; hexamethylphosphoramide
HOMO	highest occupied molecular orbital
hOX$_1$R	human orexin 1 receptor
hOX$_2$R	human orexin 2 receptor
HPLC	high performance liquid chromatography
HSQC	heteronuclear single quantum coherence
HTS	high-throughput screening
IL	interleukin
ip	intraperitoneal
IR	infrared absorption spectrometry; infrared spectroscopy
ISTA	isostearic acid
JH	juvenile hormone
L-SOMO	lower singly occupied molecular orbital

LDA	lithium diisopropylamide
LED	light-emitting diode
LHMDS	lithium hexamethyldisilazide
LUMO	lowest unoccupied molecular orbital
MA	mixed anhydride
Mbs	p-methoxybenzenesulfonyl
MCP	methylenecyclopropane
mCPBA	m-chloroperbenzoic acid
MED	minimum effective dose
MeDUPHOS	1,2-bis(2,5-dimethylphospholano)-benzene
Mes	2,4,6-trimethylphenyl, mesityl
MOM	methoxymethyl
MP	methoxyphenyl
MPM	4-methoxyphenylmethyl
MS	mass spectrometry
Ms	methanesulfonyl
MS 4A	molecular sieves 4A
MTIA	monoterpenoid indole alkaloid
MW	molecular weight
NAP	2-naphthylmethyl
nep	neopentylglycol
NHC	N-heterocyclic carbene
NHK reaction	Nozaki-Hiyama-Kishi reaction
NMI	N-methylimidazole
NMM	N-methylmorpholine
NMP	N-methylpyrrolidone
NMR	nuclear magnetic resonance
NOE	nuclear Overhauser effect
Ns	o-nitrobenzenesulfonyl, nosyl
NTRK	neurotrophic tyrosine receptor kinase
ORTEP	Oak Ridge Thermal-Ellipsoid Plot
PCET	proton-coupled electron transfer
PEDOT/PSS	poly(3,4-ethylenedioxythiophene) / polystyrene sulfonate
PG	protecting group; prostaglandin
pin	pinacol
Piv	pivaloyl
PMB	p-methoxybenzyl
PO	polyolefin
po	per os
PPFOMe	1-[2-(diphenylphosphino)ferrocenyl]-ethyl methyl ether
PROTAC	proteolysis targeting chimera
PSG	polysomnography
PTBS	p-$tert$-butoxystyrene
PyBOP	(benzotriazol-1-yloxy)-tripyrrolidinophosphonium hexafluorophosphate

rac	racemate
RCM	ring-closing metathesis
Rh	rhodopsin
ROMP	ring-opening metathesis polymerization
S/C s/c	substrate to catalyst molar ratio
SBH	sodium borohydride
SDS	sodium dodecyl sulfate
Segphos	5,5'-bis(diphenylphosphino)-4,4'-bi-1,3-benzodioxole
SOMO	singly occupied molecular orbital
STED	stimulated emission depletion
STX	saxitoxin
t-BuBrettPhos	2-[di($tert$-butyl)phosphino]-3,6-dimethoxy-2',4',6'-triisopropylbiphenyl
TADF	thermally activated delayed fluorescence
TBAF	tetrabutylammonium fluoride
TBAT	tetrabutylammonium triphenyldifluorosilicate
TBDPS	$tert$-butyldiphenylsilyl
TBS	$tert$-butyldimethylsilyl
TCA	trichloroacetyl
TCNQ	7,7,8,8-tetracyanoquinodimethane
TEA	triethylamine
TEM	transmission electron microscope
TES	triethylsilyl
Tf	trifluoromethanesulfonyl
TFA	trifluoroacetic acid
THF	tetrahydrofuran
THP	2-tetrahydropyranyl
Thz	thiazolidine-4-carboxylic acid
TIPS	triisopropylsilyl
TLC	thin layer chromatography
TMEDA	tetramethylethylenediamine
TMM	trimethylenemethane
TMS	trimethylsilyl
TOF	turnover frequency
tolBINAP	2,2'-bis(di-p-tolylphosphino)-1,1'-binaphthyl
TON	turnover number
Troc	2,2,2-trichloroethoxycarbonyl
TS	transition state
Ts	p-toluenesulfonyl
TTF	tetrathiafulvalene
TTX	tetrodotoxin
XylBINAP	2,2'-bis(di-3,5-xylylphosphino)-1,1'-binaphthyl
β-Glc	β-glucose

ドラマチック 有機合成化学

感動の瞬間100

中間体を自在に操り，
高速な有機合成化学を
—— 不安定リチウム中間体を利用する高速反応から高速合成まで

「有機合成反応には時間がかかる」．不真面目な学部での大学生活に終止符を打ち，大学院で真剣に有機化学に向き合ったときに，筆者が感じた素朴な感想である．教科書や論文に載っている反応は，反応時間が短くてもせいぜい「分 "minute"」スケール，長いものは「日 "day"」スケールであった．化学反応とはこのような時間スケールで行われるもので，それより短い時間の反応は制御がきかず，実験室はもとより工業生産での利用は困難という常識を理解しつつも，頭の片隅ではつねに「時間という縛り」に対する引っ掛かりを感じていた．

筆者は吉田潤一先生のもとで，大学院博士課程，そしてスタッフとして，フローマイクロリアクター（flow microreactor：FMR）を使った有機合成化学の研究に取り組んだ．FMR ではチューブ状の微細流路にポンプで溶液を流し化学反応を進行させる．フロー系であることと，サイズが小さいことに由来する複数の優れた特長がある．筆者の研究では，チューブ体積や溶液の流速を調整し，リアクター内に溶液が滞在する時間（反応時間）を一義的に制御できるという FMR の特長に着目した．とりわけ，リアクターを短くして溶液の流速を高速にすれば，反応時間を秒スケール以下に操作でき，これまで不可能とされていた時間領域での反応制御が可能になると考えた．研究開始当初は，秒スケールで進行する反応はあっても，秒スケールの反応操作で，化学反応や合成の本質が変わることにはきわめて懐疑的であったが，とにかく実験系を設定してやってみることにした．

高速な反応操作が必要な系として選んだのは，高反応性の不安定有機リチウム中間体を利用する反応である．たとえば，2-bromophenyl-lithium（**1**）は有用な反応中間体だが，臭化リチウムの脱離とともにベンザインへと分解する．この分解は，−78℃などの極低温でも速やかに進行するため，フラスコにおける反応では，より低温の−110℃において **1** を発生させ，そこに求電子剤を加えて反応させる．それでも十分な結果に導くことは容易ではない[1]．これに対して FMR を用いれば，反応時間を制御し **1** を瞬時に発生させたのち，分解前に速やかに求電子剤と反応させることができるのではないかとの作業仮説のもと，検討を行った．

検討に際し，図1に示す FMR システムを設計した．1,2-dibromobenzene と n-butyllithium の溶液を−70℃に冷却した T 字型マイクロミキサー M1 に送液し，この混合液がチューブリアクター R を通過しているあいだに **1** を発生させる．その後，ミキサー M2 でメタノールと混合しリチウム種を捕捉する．その際，リアクター R の体積を変え，そこを通過する時間，すなわち反応時間 t を変化させた結果，目的生成物の収率は t に依存することがわかった（図

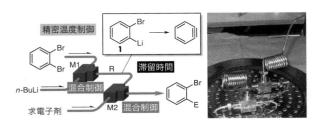

図1 FMR による 1 の発生と反応とその装置写真

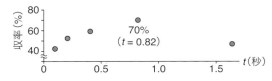

図2　時間制御による **1** の発生と反応

2)[2]．t がごく短い条件では t の増加とともに収率は上がるが，あるポイント以後は t の延長とともに収率が低下した．つまり，分解反応の進行を意味している．いい換えると，秒スケールで反応時間を精密に操作すれば，反応結果が変化するとともに，不安定中間体の発生と分解を時間的に分離することができたと解釈できる．化学反応を制御するうえで「時間」が強力なツールとなった瞬間である．この発見は，吉田先生とともに「時間を空間で制御する合成化学」という新しい分野を展開することにつながり，また筆者がフロー合成化学の研究にのめり込む大きなきっかけとなった．

　超短時間の反応制御が可能となったことで，これまでの有機化学の発展は，フラスコ化学の制限下による氷山の一角ではないかという視点が生まれた．その制限を取り払うべく FMR 研究を推し進めたところ，さらに二つのブレークスルーがあった．まず，秒未満での時間の精密制御において，反応時間制御前の溶液どうしの混合速度が重要であるという事実を見いだしたのである．二つの溶液を素早く混ぜ，完全に均一な状態にしてはじめて本質的で精密な高速反応の制御が可能となる．その観点から，マイクロミキサーの形状や内径，流速による混合速度の影響を精査したところ，混合効率が高い条件において，収率は向上することがわかった．加えて，反応制御における温度についても検討を重ねた．リアクターの表面で起こる熱移動は比表面積が大きくなるほど効率が上がる．FMR では内径を小さくすることで比表面積が大きくなり，熱交換効率を向上できると考えて検討を行った．細いチューブリアクターでは温度制御

性が高くなり，最終的に $-70\,^{\circ}$C における **1** の反応効率は 80％を超えるものとなった[3]．有機合成反応を時間の縛りから解放し，混合や温度など反応制御を研ぎ澄まして，FMR が導く「フラスコ化学での不可能を可能にする」研究を展開するとともに，活性種化学のさまざまなアプローチ法へと FMR 技術を深化させることができた．

　最近では，「時間を空間で制御する不安定活性種を自在に操る合成化学」をおおいに活用して，従来法では困難な化合物合成および創生の高速化に展開している．たとえば，ジブロモベンゼンから四つの連続反応をフローリアクター内一気通貫で行い，わずか 30 秒で複数の金属置換基をもつ芳香族化合物（バイメタリックアレーン）の高速合成が実現した[4]．今後は，「合成化学そのものをあらゆる側面から高速に！」「その先にある生体分子をも凌駕する未踏機能分子創生を高速に！」をスローガンに，まだ想像すらできないフロー化学が導く新たな発見やサイエンスに出会うことが，今からますます楽しみである．

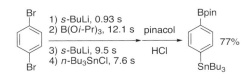

図3　バイメタリック化合物の FMR 高速合成

参考文献
1. U. D. G. Prabhu, K. C. Eapen, C. Tamborski, *J. Org. Chem.*, **49**, 2792 (1984).
2. H. Usutani, Y. Tomida, A. Nagaki, H. Okamoto, T. Nokami, J. Yoshida, *J. Am. Chem. Soc.*, **129**, 3046 (2007).
3. A. Nagaki, D. Ichinari, J. Yoshida, *J. Am. Chem. Soc.*, **136**, 12245 (2014).
4. Y. Ashikari, T. Kawaguchi, K. Mandai, Y. Aizawa, A. Nagaki, *J. Am. Chem. Soc.*, **142**, 17039 (2020).

永木　愛一郎（Aiichiro Nagaki）
北海道大学大学院理学研究院 教授
1973 年生まれ．2005 年　京都大学大学院工学研究科博士課程修了
＜研究テーマ＞フローマイクロリアクター研究が導く高速有機合成化学，機能分子高速創生，機械学習を活用した合成化学

エリブリン合成プロセスへの挑戦
——些細な変化に隠された新反応のヒント

筆者らプロセスケミストは，プロセス開発において，スケールアップや品質上の課題に頻繁に直面する．一見見逃しそうな，ほんの些細な事象が課題解決の糸口となり，新規反応やプロセス技術の開発につながることがある．これは，さながら無関係だった点と線が，ある瞬間につながり，事件解決に至る推理小説のようでもある．抗がん剤エリブリンメシル酸塩 1 は，その複雑な化学構造から工業化までの道程はとても険しかったが，そのプロセス研究において，一つのひらめきが新規反応の発見につながる爽快な場面に遭遇した（図 1）．

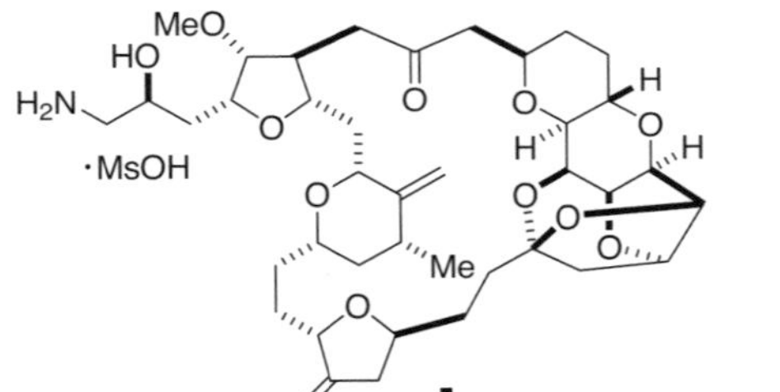

図1 エリブリンメシル酸塩（1）の構造

一般に，新薬承認取得後に製法上大きく変更することは，製品品質に与える影響の化学的な評価に加え，承認各国への複雑な薬制上の対応も必要になるため，困難を伴う．とくにエリブリンは，その化学構造の複雑さと 19 個の不斉炭素に由来する潜在的な異性体や不純物を緻密に管理して品質保証するため，その難易度はさらに増す．当時，第 1 世代プロセスでの申請に向けたデータ取得と第 2 世代プロセス開発を同時に進めていた．通常とらない開発戦略であるが，超高難易度のエリブリンを最速で申請

達成し，上市後の商業生産での安定供給を両立させる目的で実施していた．なかでも，2 から 5 への工程はヨウ化サマリウムによる脱スルホニル化，続く化学量論量の $NiCl_2$-$CrCl_2$ を使用した野崎-檜山-岸（NHK）反応であったが，1) 脱スルホニル化では禁酸素，かつ分子内アルドールといった副反応を抑制するために超低温条件が必要，2) NHK 反応は化学量論量の $NiCl_2$ と $CrCl_2$ が必要といった課題があった（図2）．当時，申請データ取得チームでは，2 が脱スルホニル化工程で残留した際の挙動を把握するため，2 の NHK 反応を調査していた．実際，反応は進行し，スルホニル置換環化体 4 を与えることがわかった．このとき 4 のピークより保持時間の短い位置に "小さなピーク" があることに気づいたが，マイナー成分でもあり，それ以上追及をしなかった．一方，第 2 世代開発チームは 2 の NHK 反応が進行した知見を受け，上記 1)，2) の課題解決を狙い，NHK 反応と脱スルホニル化の順序を入れ替えた新合成ルートでの製法を検討することにした．当時，ハーバード大学の岸らにより触媒的 NHK 反応の開発[1,2] と 1 を含むハリコンドリン類のマクロ環化反応への応用が報告されており[3]，この手法を新合成ルートに適用すべく，条件を最適化した結果，高収率で 4 を与える触媒的 NHK 反応工程を設定できた[4]．続く還元的脱スルホニル化では，ヨウ化サマリウムを用いて 0 ℃で進行することがわかったものの，より工業的に適する条件を開発すべく検討を進めた．Mg，Zn，Fe，Cu，Sn などの金属類を試し，リチ

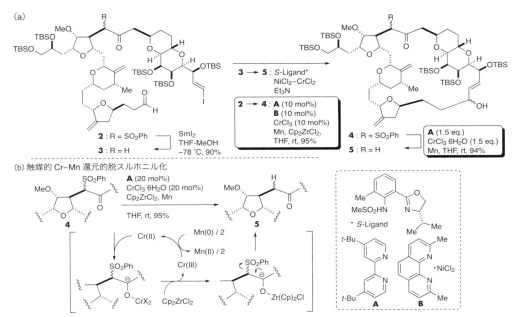

図2　エリブリン新合成プロセスと新規 Cr–Mn 還元的脱スルホニル化反応

ウムナフタレニドで反応が進行したが，工業化にはリチウム反応剤調製の煩雑さと操作安全上に課題があり，研究は行き詰まった．

　その最中，申請データ取得チームとの議論において，前述の HPLC 上の"小さなピーク"が **5** に相当するのではとひらめき，HPLC チャートを重ねてみたところ，脱スルホニル化体 **5** のピークと保持時間が見事に一致した．そこで，ニッケルまたはクロムが還元剤として作用した可能性を考え，金属とリガンドの組合せを網羅的に調べてみた．その結果，きわめて興味深いことに Mn 存在下三塩化クロム / 4,4'-*tert*-ブチルビピリジル錯体 **A** が，きわめて高収率で **5** を与えることがわかった（図2a）．さらに，**2** から **4** への触媒的 NHK 反応と同様，Cp_2ZrCl_2 を強固なクロム-アルコキシド結合の開裂剤として添加すると，触媒量のクロム錯体でも脱スルホニル化が進行した（図2b）．このブレークスルーにより，触媒的 NHK 反応と新規脱スルホニル化反応を軸とする，より穏和かつ効率的な第2世代プロセスの確立に至った．

　エリブリンの商業生産製法はすべて有機合成化学反応による全合成であり，その製法構築を通じて多くを学び，筆者らのケミストリー力も鍛えられた．とくに，フラスコ内で起こっている現象や分析データのわずかな変化を見逃さない眼力を鍛えることが，新たな発見や課題解決に大切である．プロセスケミストは自ら開発に携わった新薬を通じて人びとのベネフィット向上による社会善へ貢献することにやりがいを感じる．とくに，エリブリンの工業化製法の確立は，多くの同志の英知および尽力と強固なチームワークなくして成しえず，苦労の末に得られるこの達成感もまた，プロセスケミストリーの醍醐味である．

参考文献
1. K. Namba, Y. Kishi, *Org. Lett.*, **6**, 5031 (2004).
2. K. Namba, J. Wang, S. Cui, Y. Kishi, *Org. Lett.*, **7**, 5421 (2005).
3. K. Namba, Y. Kish, *J. Am. Chem. Soc.*, **127**, 15382 (2005).
4. K. Inanaga, M. Kubota, A. Kayano, K. Tagami, WO 2009064029.
5. K. Inanaga, T. Fukuyama, M. Kubota, Y. Komatsu, H. Chiba, A. Kayano, K. Tagami, *Org. Lett.*, **17**, 3158 (2015).

栢野　明生（Akio Kayano）
エーザイ株式会社　PST Unit, PPD Function, DHBL, 副ユニット長（兼）原薬研究部長
1967 年生まれ．1996 年　千葉大学大学院自然科学研究科後期博士課程修了
＜研究テーマ＞医薬品原薬プロセス開発

光学分割法もまだ捨てたもんじゃない
——新規光学分割剤の開発とその適用事例

筆者が所属する医薬品事業部は，医薬品の原薬またはその中間体を製造し，製薬メーカーに供給することを生業（なりわい）としている．得意分野は生体由来の酵素を使った反応開発で，さまざまな光学活性をもつアミノ酸やアルコール，アミン，カルボン酸類を合成し，これに精密有機合成技術を組み合わせて複雑な骨格へと変換して，さらにスケールアップ技術により大量生産することを長年行ってきた．

これら光学活性体を合成するには多くのキラルテクノロジーが存在する．大きく分類すると，光学分割法，キラルプール法，不斉合成法，発酵法に分けられる[1]．このうち光学分割法はさらにカラムクロマトグラフィー法，酵素分割法，結晶化法に分けられ，結晶化法のなかでも光学活性アミンと光学活性カルボン酸からなるジアステレオマー塩を結晶化法で分離する光学分割法が頻繁に用いられる．光学分割法のメリットは，ラセミ体が入手容易な場合，多くの検討を必要とせず簡便に望む光学活性体を手に入れられることであり，医薬品の開発期間を大幅に短縮できるため，初期のメディシナルルートでは頻繁に利用されている．一方，デメリットとしては，ラセミ体の一方のエナンチオマーしか利用されず，もう一方のエナンチオマーは廃棄物となってしまう．したがって，経済性の観点や，大量生産をする際は昨今の廃棄物削減という風潮から商用プロセスとしては敬遠されがちである．

プロセスケミストは初期の光学分割ルートをキラルプール法や不斉合成法へと切り替えることを命題とすることが多く，実際に当社も，製薬メーカーに対して光学分割法からほかの効率的な合成法への切り替えを提案し，ビジネスへつなげることに成功している．このような光学分割法であるが，ほかの方法論を凌駕し，商用生産ルートに採用されることもしばしばあり，そのような事例をここでは紹介したい．

まずは遡ること2007年，筆者はジアステレオマー塩分割法の分割剤としてよく用いられるジベンゾイル酒石酸を眺め，ふとこれを半分にカットしたようなベンゾイル乳酸（BLA）が光学分割剤になりえないかと着想した．

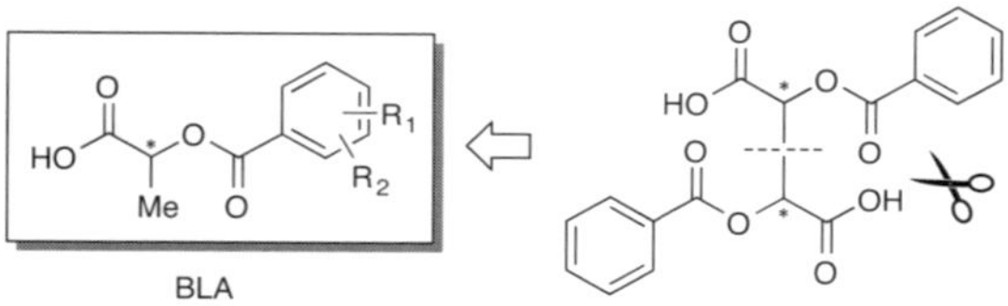

図1　ベンゾイル乳酸（BLA）の着想

文献を調査したところ，そのように利用された先例は不思議と知られていなかった．それならと思い立ち，実際に合成してその光学分割能力を評価したところ，かなりよい成績を与えることがわかり，特許出願に至った[2]．しかしながら先にも述べたように，一般に生産効率のよくない光学分割法をあえて提案するような機会には恵まれず，使い道もないまま，この技術は当分のあいだ塩漬けされることとなった．

ここで少し話は変わる．不治の病であった肝硬変や肝臓がんはC型肝炎ウイルスの感染が主原因であることが1989年に突き止められた．その発見ののちC型肝炎治療法の開発が一気

に進み，初期のインターフェロン療法から画期的なプロテアーゼ阻害剤による治療法へと移り，2013年から2017年にかけて相ついで発売された経口治療薬はその著効率が100％に近いものまで現れ，将来の肝硬変や肝臓がんの発症率を大きく下げることに寄与した．

これらプロテアーゼ阻害剤には共通骨格が多くあったが，そのなかでもとくに(1R,2S)-1-アミノ-2-ビニルシクロプロパン-1-カルボン酸エチル(AEV)はつくりにくかったため，各社合成法の開発にしのぎを削っていた．この化合物は不斉点を二つもち，その一つは四級炭素であることから不斉合成の難易度はきわめて高かった．当時はBoehringer Ingelheim(BI)社が開発した酵素を用いるエステルの不斉加水分解法[3]が唯一工業化に耐えうる方法として利用されていたが，同社によって権利化されていたため，商用生産時には利用できない状況にあった．そこで筆者らもさまざまな不斉合成法を検討したがうまくいかず，検討方針を光学分割法に切り替え，ジベンゾイル酒石酸を含むいろいろな光学分割剤によるジアステレオマー塩法を試したが，どれもあまりよい結果を与えなかった．

このとき，ふと過去のBLAを思いだしダメ元で試したところ，非常に効率よく光学分割できることを見いだした[4]．溶媒や濃度，試剤当量，温度，結晶化回数など詳細に最適化した結果，BI法と遜色のない合成法を確立することができた．当時，製薬各社が開発中のプロテアーゼ阻害剤は後期臨床に入った段階であり，各社は商用生産に利用可能なAEVを必死に探していたタイミングとも重なって，当社の中間体(AEVL)を相ついで採用していただけることとなった．その結果，複数の海外メガファーマ向けに中間体を供給するに至り，最盛期は各社へ年間数トンずつ供給することになった．少しばかり，世の中のお役に立てたのではないだろうか．

この事例で筆者が学んだ教訓は，最先端の科

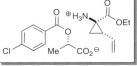

AEVヘミ硫酸塩　　　　　AEVL

図2　BI社 AEV1/2硫酸塩と当社 AEVL

学を第一に追い求めることは当然として，古くて忘れ去られている技術にスポットライトを当てて掘り起こすことも実に愉快だということである．すべての基質に適用可能で万能な化学反応は存在しない．そのため，目的物に応じケースバイケースで反応プロセスを選択する必要がある．いまAIがすさまじい勢いで発展しているが，AIにプロセス構築を頼るにはもう少し時間がかかりそうなので，それまでのあいだは，基質と反応の組合せの妙を見いだす職人芸もまた，有機合成化学ならではの醍醐味ではないだろうか．産業界ではどんなにエレガントなプロセスを構築しても，最後はコスト（廃棄物処理コストも含めて）の勝負であり，形はどうあれ最安価なプロセスが賞賛される．ここで，全世界のプロセスケミストとの知恵比べに挑戦できる喜びは格別であることを申し伝えたい．

最後に，研究余地が残っていない光学分割剤に貴重な研究資源を提供してくれた当時の上司に感謝し，過去の研究を忘れなかった自らの諦めの悪さと当時合成した光学分割剤サンプルを捨てずに取っておいた未練がましさに敬意を表し，プロセス開発に全身全霊をかけて取り組んでくれた仲間に感謝する．

参考文献
1. 吉岡龍蔵監修，『光学活性医薬品開発とキラルプロセス化学技術』，サイエンス＆テクノロジー社出版(2011).
2. 西山章(カネカ)，特許第5031778号.
3. Boehringer Ingelheim社，WO2000-009543.
4. 西山章(カネカ)，WO2011-158720.

西山　章（Akira Nishiyama）
株式会社カネカ Pharma & Supplemental Nutrition Solutions Vehicle Pharma 部 研究グループリーダー
1969年生まれ．1993年　大阪大学大学院工学研究科前期修士課程修了
＜研究テーマ＞プロセス化学

「失敗の言語化」が拓いたリバイバル研究
——アミノ酸スルフェニル化反応からインスリンへ

学部学生として京都大学薬学部で矢島治明教授の研究室に配属されて以来，一貫してペプチドおよびタンパク質化学に携わってきた．将来は生化学研究者になりたいと考えていたが，次つぎと遭遇する不思議や失敗に翻弄され，気づけば40年が過ぎていた．「すばらしい研究分野」に従事できたと思っている．ただすばらしいと思えた理由は，失敗の論理的な説明，すなわち「失敗の言語化」に巡り合えたからだろう．大学院時代に遭遇した「失敗」の，最近たどり着いた「言語化」について紹介したい．

スルフィドである S–保護システイン **1** は，徐々にスルホキシド **2** に酸化される．この **2** は，S–保護基の除去時にシステインを再生しないことが問題となっていた．このスルホキシド **2** に関する研究が，修士課程の研究テーマとなった．ここから，博士論文研究である最終脱保護反応やジスルフィド結合形成反応の開発につながり，その後における筆者の研究基盤となった．

さて，上記ジスルフィド形成に芳しくない反応があった．保護システイン **1** とスルホキシド体 **2** から酸性条件でジスルフィド **3** が得られるという藤井信孝助教授（当時）の着想による反応で，モデルペプチドでは進行した（図1）．

そこでスルホキシドの化学を用い，インスリン **4**（図2）の合成に挑戦しようとした．

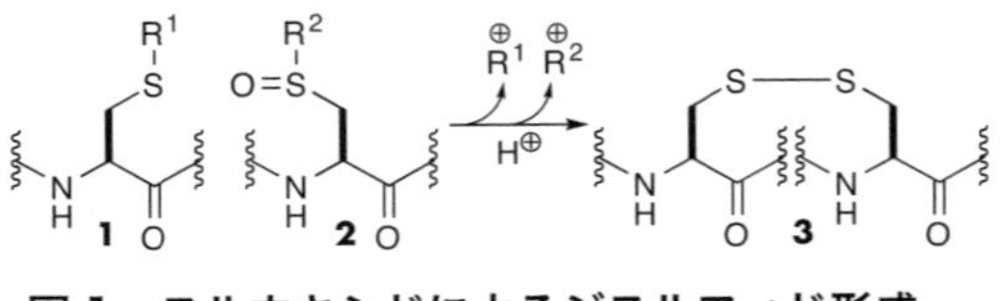

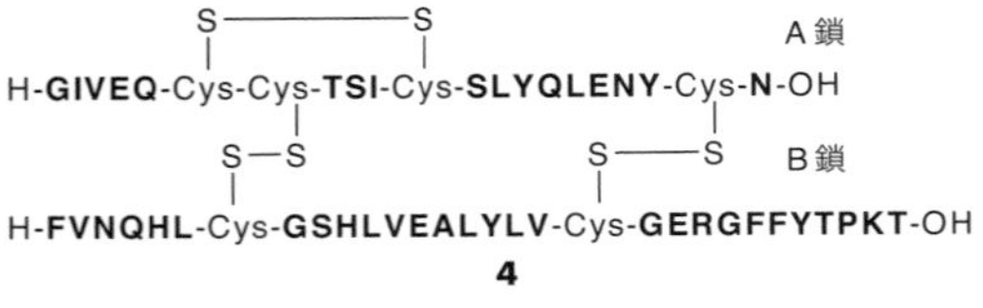

図2 インスリン(**4**)の構造

インスリン **4** は糖尿病治療のみならず，タンパク質化学の発展にも多大な貢献をしてきた化合物である．分子内に3本のジスルフィド結合をもち，溶解性も悪く，つねにその時代のペプチド合成化学の実力を測るマイルストーン的な合成標的であり続けている．しかし，当時は単なる「失敗」の山で，「言語化」にも至らずに塩漬けとなり，ほとんど忘れてしまっていた．それから約30年経ち，「言語化」に至る二つのきっかけが最近偶然に訪れた．

一つは筆者らのタンパク質合成研究からの知見である（図3a）．N末システインの保護体（Thz）とS–保護システインを含むペプチド **5** を

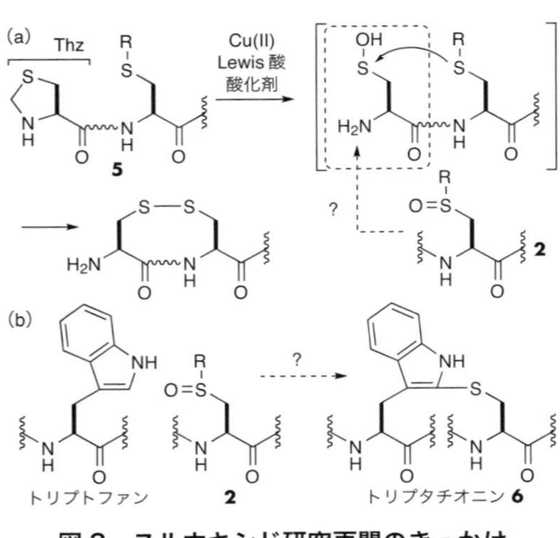

図1 スルホキシドによるジスルフィド形成

図3 スルホキシド研究再開のきっかけ

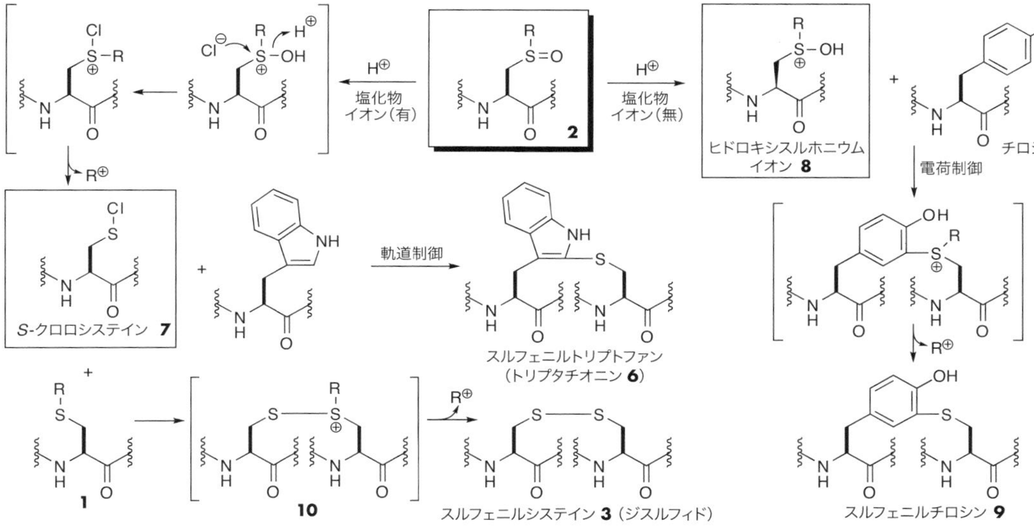

図4　S-保護システインスルホキシドを利用したペプチド側鎖スルフェニル化反応

Cu（Ⅱ）塩で処理すると，Thz の開環とジスルフィド形成が一挙に起こる[1,2]．N 末に生じた Cu（Ⅱ）によりシステインが酸化された構造が，酸によって活性化されたスルホキシド中間体の構造に類似していると考え，スルホキシドに再び興味をもった．もう一つは，スルフェニル化トリプトファンのトリプタチオニン **6** を含む毒キノコペプチドが全合成され，スルホキシドを利用して **6** が合成できるかもと学生たちにつぶやいたことにある（図 3 b）．

学生 2 人が実験を開始し，1 人はスルホキシド **2** とトリプトファンから **6** の構築を試してくれた（図 4）．塩酸グアニジン存在下スルホキシドを酸で活性化すると，S-クロロシステイン **7** が生成する．これがインドールと芳香族求電子置換反応を起こし，**6** が得られることがわかった[3]．ここで塩酸グアニジンの添加は偶然だった．もう 1 人はヒドロキシスルホニウムイオン **8** が生成する酸性条件下で反応を行うと，スルフェニルチロシン **9** が得られることを見いだした（図 4）．中間体 **7** と **8** のつくり分けによる，残基選択的スルフェニル化が可能となったのだ[4]．現在，これらをペプチドやタンパク質の修飾に展開中である．

さて，トリプトファン選択性を示す S-クロロシステイン **7** は塩酸グアニジンを加えた偶然の賜物で，これが「失敗の言語化」につながった．大学院時にはジスルフィド形成に **7** の関与は想定できなかった．しかし **7** は S-保護システイン **1** とも反応し，カチオン種 **10** から保護基脱離を伴って，ジスルフィド体 **3** を与えることが明らかになった（図 4）．そして条件を適切に選択し，ペプチド鎖中に **7** を段階的に発生させ，インスリン **4** の合成に最近成功した．視点を変え，「失敗の言語化」を経ることで，リバイバル研究を成功に導くことができた．日々学生と新たな発見に出会えることが，「感動の瞬間」と実感している．

参考文献
1. D. Kobayashi, N. Naruse, M. Denda, A. Shigenaga, A. Otaka, *Org. Biomol. Chem.*, **18**, 8638（2020）.
2. D. Kobayashi, Y. Kohmura, J. Hayashi, M. Denda, K. Tsuchiya, A. Otaka, *Chem. Commun.*, **57**, 10763（2021）.
3. D. Kobayashi, Y. Kohmura, T. Sugiki, E. Kuraoka, M. Denda, T. Fujiwara, A. Otaka, *Chem. Eur. J.*, **27**, 14092（2021）.
4. K. Ohkawachi, K. Anzaki, D. Kobayashi, R. Kyan, T. Yasuda, M. Denda, N. Harada, A. Shigenaga, N. Inagaki, A. Otaka, *Chem. Eur. J.*, e202300799.

大髙　章（Akira Otaka）
徳島大学大学院医歯薬学研究部 教授
1960 年生まれ．1989 年　京都大学大学院薬学研究科博士課程修了
＜研究テーマ＞ペプチド・タンパク質化学，医薬品化学

新薬候補群の共通中間体 trans-3,4-二置換ピロリジンの合成研究
——納期遵守でいかに完成度を高められるか

当社の使命は新薬で患者の健康に貢献することである．納期遵守で新薬候補化合物の製法開発に取り組むが，研究者としてはその完成度にもこだわりたい．納期遵守との葛藤のなかで，新薬候補群の共通中間体をターゲットとし，完成度の高い合成法[1]に仕上げた感動の瞬間を紹介する．

納期を遵守すべく現行合成法を最適化

創薬研究部門は trans-3,4-二置換ピロリジンを基本骨格とする新薬候補化合物を探索していた．通常は新薬候補化合物が選定されてから大量製法の検討に着手するが，筆者らは選定前から共通中間体 **1**（図 1）の製法検討を開始し，検討期間を確保した．創薬研究部門が採用した不斉 1,3-双極子付加環化反応は，最適化してもジアステレオ選択性を中程度（**2a**：**2b** ＝ 67：33）までしか改善できず，シリカゲルカラムクロマトグラフィーで **2b** を除去しなければならない非効率な合成法であった（図 1）．

しかし納期遵守の重圧に加え，最低限克服すべき **1** の品質と大量合成時の安全性を担保できたため，この合成法を採用して大量に合成する方向に気持ちが傾いた．さらに，開発初期段階にあるこの化合物はきわめて製品化成功確率が低く，その製法をつくり込んだとしてもいず

れ無駄になるであろうという心境が不満足な製法を用いることへの抵抗感を和らげた．ところが，チームリーダーが「こんな非効率な製法でほんまに大量合成する気なんか？」と顔を赤らめて発破をかけてきた．このときのことは今も鮮明に記憶している．この一言が納期のみを達成しようとしていた自身を目覚めさせ，合成法を再調査するきっかけになった．

完成度の高い製法を目指して

trans-3,4-二置換ピロリジンの構築法の大部分は不斉 1,3-双極子付加環化反応であった．筆者らは立体制御が不要な分子内環化反応[2]を鍵とする合成ルートに注目した（図 2）．すなわち，**3** の分子内環化反応から得られるジアステレオマーの混合物（trans-**4** + cis-**4**）は，エピメリ化を伴いながら加水分解し，トランスのカルボン酸 **5** に収束することを期待した．一方，入手容易な **6** から **3a** を合成する場合，開環反応で生成する位置異性体 **8** の制御が課題だととらえていた．悪い予感は的中し，最も高い位置選択性（**3a**：**8** ＝ 89：11）を与えた反応条件では反応完結に 42 時間も要し，得られた油状の混合物（**3a** + **8**）は分別結晶化といった実際的な方法で分離できなかった．この結果に落胆したが，次工程以降で分離できることに期待

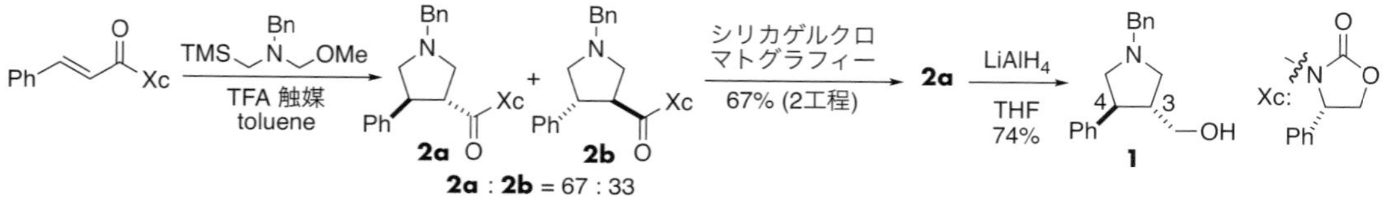

図 1　不斉 1,3-双極子付加環化による **1** の合成ルート

し，混合物（**3a** + **8**）のままメタンスルホニルクロリドでヒドロキシ基のメタンスルホニル化を試みたところ，HPLC チャート上で混合物のピークが一つに収束した．当時は分析条件が最適化されておらず，混合物のピークが重複したためではないかと疑ったが，それはまぎれもなく単一の化合物であった．

得られた化合物の単離および構造決定を行った結果，それは期待していたメタンスルホン酸エステル **3b** ではなかったが，同じく脱離能をもつクロロ化合物 **3c** であった．このときに初めて，混合物（**3a** + **8**）が共通のアジリジニウムイオン中間体 **9** を形成し，開環反応を経て所望の立体配置をもつ **3c** に変換されたことに気づき，**6** から位置および立体選択的反応を制御せずに **1** が合成できることを把握した感動の瞬間であった．したがって，**6** の開環反応にフェノールを添加すると位置選択性は低下したが（**3a** : **8** = 68 : 32），反応は 6 時間で完結した．それ以降の反応は合成戦略どおりに進み，高収率かつ良好な光学純度で **1** が得られる合成法を確立した．さらに，この方法は収量 17 kg の大量合成においても再現し，**1** を納期どおりに供給できた．

納期遵守で完成度を高めるために

この研究をふり返ると，納期を遵守しながら完成度の高い大量合成法を確立できたターニングポイントは二つある．

一つ目について，創薬研究部門が採用した合成法の最適化にとどまらず大量合成法の開発に踏み込めたのは，後続のプロジェクトも考慮して一つ上の視座から課題に取り組むように諭したチームリーダーのひと言が大きい．この方法は後続のプロジェクトにも活用され，結果的に開発期間の短縮化に大きく貢献できたのである．

二つ目について，セレンディピティ的発見により，位置異性体の混合物が共通のアジリジニウムイオン中間体を形成して，目的物へ収束することを見いだしたことである．なお，当時か

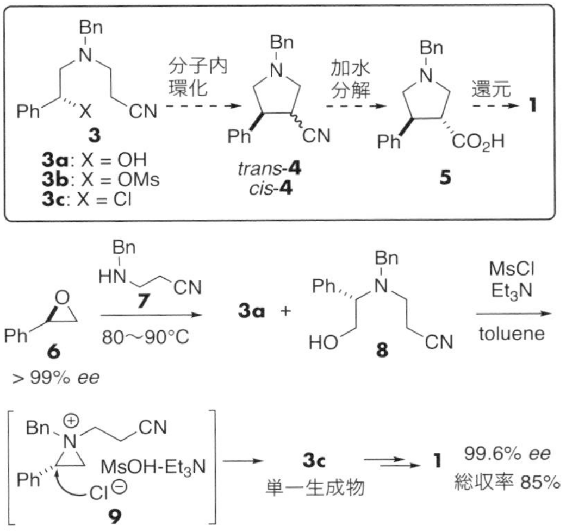

図2　分子内環化による **1** の合成ルート

らアジリジニウムイオンの開環的クロロ化反応は知られていた[3]．事前調査を十分に行っていれば，今回開発した大量合成法は **6** を不斉源とする単純な反応の組み合わせであることを把握し，この合成ルートに絞り込んで効率的に製法検討を実施していたであろう．

上記の教訓を踏まえ，納期遵守で完成度を高めるためには，検討前にプロジェクト状況や合成法などを含む全体像を十分に把握することが重要だと考えている．とくに品質・安全性・コストを支配的に決める合成ルートの選定に関しては，チームの枠を越えて研究所全体で「合成検討会」を立ち上げて網羅的に調べあげ，抜け漏れがなく適切に優先順位を設定し，課題に取り組むことが肝要であろう．

参考文献
1. A. Ohigashi, T. Kikuchi, S. Goto, *Org. Process Res. Dev.*, **14**, 127 (2010).
2. J. Y. L. Chung, R. Cvetovich, J. Amato, J. C. McWilliams, R. Reamer, L. DiMichele, *J. Org. Chem.*, **70**, 3592 (2005).
3. R. Achini, *Helv. Chim. Acta*, **64**(7), 2203 (1981).

大東　篤（Atsushi Ohigashi）
アステラス製薬株式会社 原薬研究所 合成技術第 1 研究室室長
1969 年生まれ．1993 年　関西学院大学大学院理学研究科博士前期課程修了
＜研究テーマ＞新規合成医薬品原薬の合成ルート探索，プロセス開発および工業化

短半減期型
オレキシン受容体拮抗薬の創出
——常識を超えて"夢"を追い求めるアプローチ

　脳を覚醒させる機能に特化した分子，そんな分子が脳内に存在する．その名はオレキシン．この脳内分子「オレキシン」の作用を夜だけ止めて，朝には戻す．これを可能にすれば，副作用が少ない理想的な睡眠薬をつくることができる．ごくありふれた発想でありながら成功事例はなかった．服用後に強い薬効を示し，翌朝には狙い澄ましたように薬効が切れる，すなわち強い活性と短時間型の作用を併せもつオレキシン受容体拮抗薬の創出を，筆者らは目指した．

低脂溶性化合物創出への道のり

　中枢薬に限れば，化合物の消失半減期は延ばすよりも短くするほうが難しい．なぜなら脳内に化合物を送達するためには，血液脳関門を通過させなければならず，そのためには化合物の脂溶性を高めに調節する必要があるからだ．その場合，化合物は体内に広く分布し，結果として半減期は長くなってしまう．逆に半減期を短くするためには，化合物の脂溶性を下げることで，体内に分布する量（分布容積）を下げればよいが，その結果，血液脳関門を通過しにくくなるというジレンマがある．険しい道は最初から予想されたが，中枢移行性を維持しながら，化合物の脂溶性をぎりぎりまで下げることに挑戦した．

　初期の検討結果から，化合物の脂溶性を下げるとオレキシン受容体への活性が低下してしまうという課題が判明していた．そこで，活性をもつ低脂溶性化合物を得るため，同機序の先行他社化合物のファーマコフォアから，活性に必須な部位だけを抜きだしてみた．この検討のな

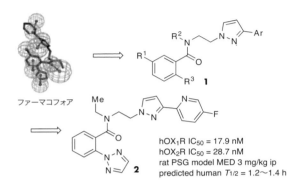

ファーマコフォア

hOX$_1$R IC$_{50}$ = 17.9 nM
hOX$_2$R IC$_{50}$ = 28.7 nM
rat PSG model MED 3 mg/kg ip
predicted human $T_{1/2}$ = 1.2〜1.4 h

図1　リードクラス1から化合物2への展開

かから，鎖状にデザインしたリードクラス1（図1）が，低脂溶性ながらオレキシン受容体へ中程度の活性をもつことを発見した．

　リードクラス1のなかでカギとなるのが分子右側のアリールピラゾール構造である．この部分構造により低脂溶性と活性のバランスが保たれつつ，化合物は良好な中枢移行性をもった．この部分構造は，二村が以前のプロジェクトにおいて使用していたものであり，その経験が予想を大きく上回る良好な結果につながった．日々の仕事から，一つでも多くのことを学び次の機会に活かしたい，という高い意識から見いだされた大きな成果であった．

　この会心の一撃によってプロジェクトの勢いもつき，その後構造を最適化検討した結果，低脂溶性の2を創出するに至った．化合物2について実験動物を用いた薬物動態試験を実施したところ，狙いどおり低分布容積および付随する短半減期プロファイルを示した．このようにして，低脂溶性化合物が短半減期を示すという筆者らの考えは実現できた．しかしながら2

は，オレキシン受容体への活性がまだ十分とはいえず，薬効試験から予測されるヒトでの臨床投与量は高止まりした．臨床開発化合物の創出には，さらに厳しい試練が待っていたのである．

短半減期かつ高活性化合物の創出へ

臨床試験に向けたさまざまな予測と検証の結果，**2** のオレキシン受容体への活性を 10 倍以上向上させる必要があることがわかった．ところが冒頭でも示したように，低脂溶性を維持したまま活性を向上させるのは簡単なことではなく，最適化検討の時間と合成化合物数が積み上がる辛い日々が続いた．

筆者らは，それまでの延長線上の検討から離れ，分子中央部分の変換が必要であるという結論に達した．考え抜いた結果，**2** の分子中央部分を環化することで，分子の配座分布が生理活性配座に固定され，活性向上が見込まれた．環化するとはいいながらも，単に炭素原子をつなげたピペリジン環では，分子の脂溶性は上がってしまう．低脂溶性を維持するためにどうするかを検討していて，環内に酸素原子を導入するアイデアに行きついた（図2，**3**）．

実際にチーム内で議論を始めてみると，酸素原子の位置によっては「こんな構造は安定なのか」，「そもそも合成できるのか」といった意見も出たが，やってみなければわからないと合成にトライした．合成化合物の多くは，残念ながら高活性と低脂溶性の両立には至らなかったが，構造的にユニークな 1,3-オキサジナン環をもつ **4** は，**2** と同程度に低い脂溶性でありながらも，**2** よりも 10 倍以上活性が強く，合成し

た一連の誘導体のなかで最も強い活性を示した．驚くべきことに，**4** は物性および脳内移行性を含めた各種薬物動態プロファイルにおいても抜群に優れた化合物であり，ヒト予測半減期が最も短かったのである．筆者らにとって，これらすべてのプロファイルが理想値にそろった経験はなく，最も感動した瞬間であった．この化合物 **4** を臨床開発化合物とした[1]．

今後の展開

化合物 **4**（TS-142）は，現在臨床第III相試験を実施中である．健康成人を対象とした臨床第I相試験の結果から，1.32 ～ 3.25 時間と短半減期であることが実証された．不眠症患者を対象とした臨床第II相試験では，低用量から寝つきを改善する作用とともに，夜間の睡眠を持続させる効果も認められた[2]．オレキシンの機能に対して，筆者らが創製した **4** は夜間のみピンポイントで拮抗することで，確かな入眠作用に加え，翌朝へのもち越し効果を発現させない理想的な睡眠障害治療薬になる可能性があると考えられ，睡眠障害治療のブレイクスルーになることを期待している．

参考文献
1. A. Futamura, R. Suzuki, Y. Tamura, H. Kawamoto, M. Ohmichi, N. Hino, Y. Tokumaru, S. Kirinuk, T. Hiyoshi, T. Aoki, D. Kambe, D. Nozawa, *Bioorg. Med. Chem.*, **28**, 13, 115489 (2020).
2. M. Uchiyama, D. Kambe, Y. Imadera, Y. Kajiyama, H. Ogo, N. Uchimura, *Phychopharmacology*, **239**, 2143 (2022).

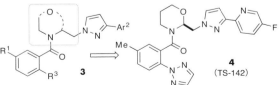

図2　環状骨格 **3** から **4** の創出

酸素原子導入環状アミン

hOX₁R IC₅₀ = 1.05 nM
hOX₂R IC₅₀ = 1.27 nM
rat PSG model MED 1 mg/kg po
predicted human $T_{1/2}$ = 0.9～2.0 h

野沢　大（Dai Nozawa）
大正製薬株式会社 Discovery 研究所化学第1研究室 グループマネージャー
1976 年生まれ．2000 年　東京理科大学大学院理学研究科修士課程修了
＜研究テーマ＞中枢性疾患領域における創薬化学研究

二村　彩（Aya Futamura）
大正製薬株式会社 Discovery 研究所化学第1研究室 主任研究員
1983 年生まれ．2008 年　慶應義塾大学大学院理工学研究科修士課程修了
＜研究テーマ＞整形外科／自己免疫疾患領域における創薬化学研究

不活性炭素–水素結合の触媒的官能基化法の開発
—— 元素を無駄にしない触媒的分子変換を目指して

遷移金属錯体触媒を用いる不活性炭素–水素結合（以下 C–H 結合）を利用する反応は，アトム・ステップエコノミーに優れていることから広く研究が行われ，現在ではさまざまな官能基が C–H 結合を利用して導入できるようになっている．本稿では，筆者が長年行ってきた C–H 結合の触媒的官能基化反応の研究について紹介する．

C–H 結合触媒的官能基化：暗中模索からの脱出

今から約 30 年前，筆者は C–H 結合活性化を利用する触媒反応を開発したい，という思いをもった D1 の学生であった．博士課程進学後，C–H 結合の触媒的官能基化反応の開発研究を行うことを指導教員の村井眞二教授に許可していただき，独自の考えで研究に着手していた．熱い思いとは裏腹に，散々な結果が続く毎日であった．ところが，D3 の春に転機が訪れた．別のテーマで一緒に研究をしていた M2 の後輩に頼んだ反応が，ハッとする結果をだしたのである．

アセトフェノンとトリメチルビニルシランを市販の RuHCl(CO)(PPh$_3$)$_3$（**1**）を用いて反応させると，少量だがオルト位 C–H 結合の二重結合への付加が進行したのである（図 1）．想定外の結果だが，目指していた C–H 結合の触媒的官能基化反応が確かに進行していた．発見当初は再現性がきわめて悪く，テーマは迷宮入りしそうであった．発見から 1 か月半くらいが過ぎた 1992 年 5 月 21 日午後，天気は晴れていたが，筆者の気持ちはどんよりしていた．真の触媒種が何なのかを思案するなか，以前に筆

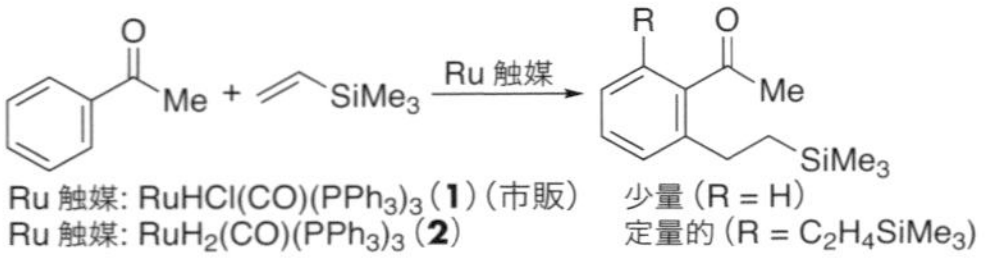

Ru 触媒: RuHCl(CO)(PPh$_3$)$_3$（**1**）（市販）　　少量 (R = H)
Ru 触媒: RuH$_2$(CO)(PPh$_3$)$_3$（**2**）　　　　定量的 (R = C$_2$H$_4$SiMe$_3$)

図 1　C–H 結合アルキル化

者が合成した RuH$_2$(CO)(PPh$_3$)$_3$（**2**）は，**1** に不純物として混入している可能性があることに気がついた．市販品の **1** の NMR スペクトルを確認したところ，**2** の混入が確認できた．合成していた **2** を用いて反応させたところ，2 時間後の GC 分析で原料の消失とオルト位 C–H 結合のアルキル化反応の進行が確認できた（図 1）[1]．芳香族 C–H 結合がアルケンへ選択的かつ効率的に付加する初めての成果であった．驚きとともに，表現しがたいうれしさが込みあげてきた．2 年間まったく成果が出なかったときの苦労が一気に吹き飛んだ瞬間である．

C–H 結合官能基化の新方法論創成への挑戦

村井研究室の教員として研究を進めるにつれて C–H 結合だから達成できる反応を開発したいという思いが生じた．原子サイズが小さい水素だからこそ達成できる反応として，アトロプ選択的反応の開発を計画した．ビアリール化合物のオルト位アルキル化を不斉触媒で行い，光学活性ビアリール化合物を合成する反応開発を目指した．ナフチルピコリンとエチレンの反応において，鏡像体過剰率は低いものの不斉反応の進行が確認できた（図 2）．これによって，水素は小さいので動力学的分割によって不斉反応が達成できるという新概念に基づいた不斉反応を初めて報告できたのである[2]．

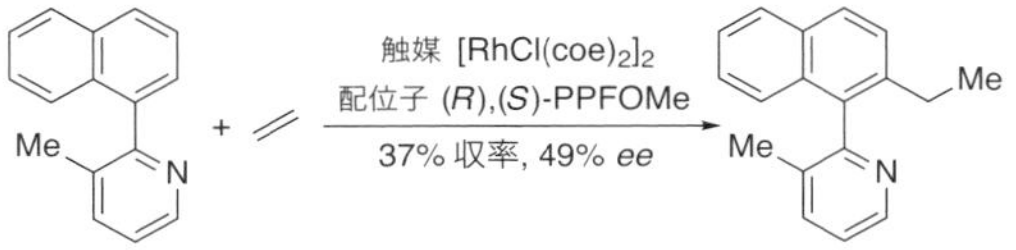

図2 アトロプ選択的 C–H 結合アルキル化

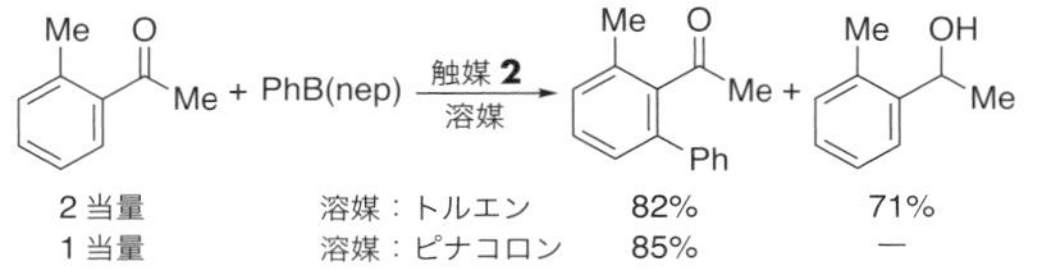

図3 C–H 結合アリール化

	溶媒		
2 当量	溶媒：トルエン	82%	71%
1 当量	溶媒：ピナコロン	85%	—

C–H 結合の C–C 不飽和結合への付加反応の開発研究もある程度目途がたったので，次はアリール化反応を行おうと考えた．ただし，多くの例がある高原子価遷移金属触媒は使わないと決め込む．先例がない C–H 結合の低原子価遷移金属への酸化的付加を経る反応の開発を目指し，まずは芳香族ケトンと触媒 **2** を用い，アリールホウ素化合物と反応させた．検討の結果，アリールボロン酸エステルを用いると，生成物と等量の原料ケトンが還元で失われるものの，C–H 結合のアリール化が進行することを見いだした（図3）．この研究は原料の還元を抑制できないまま，2003 年に報告した[3]．担当していた M2 の学生が研究室を離れる2週間ほど前になって，原料の還元抑制剤としてピナコロンを試していないことに気がつき，念のため検討したところ，原料の還元を抑制できることを発見した．報告を受けたときには，思わず「すごい！」と声が出たほどである．その後，同君は自らの意思で実験を続け，4月1日早朝に研究室から入社式に向かった．テーマは後輩に引き継がれ，2005 年にはケトンを当量使う条件で論文発表をした（図3）[4]．実験結果を見直し，抜けていた検討を面倒がらずに行った成果であり，実験に携わっている者の力を再認識した出来事である．

C–H 結合官能基化は廃棄物の生成を削減できる場合が多い．ところが酸化反応では，酸化剤由来の副生成物が生じる問題がある．筆者は，電解反応で酸化剤を発生させれば，電子の授受だけで酸化反応が行えるクリーンな手法を創成できると考えた．そこで，Cl⁻ の陽極酸化による Cl⁺ 様化学種への変換とパラジウム触媒による C–H 結合切断を組み合わせる C–H 結合ク

ロロ化反応を検討した（図4）[5]．初めての試みであり，条件探索も手探りであったが，学生の頑張りで何とか達成できた．新しい C–H 結合官能基化法として電解反応を利用できたこともたいへんうれしく思えた．

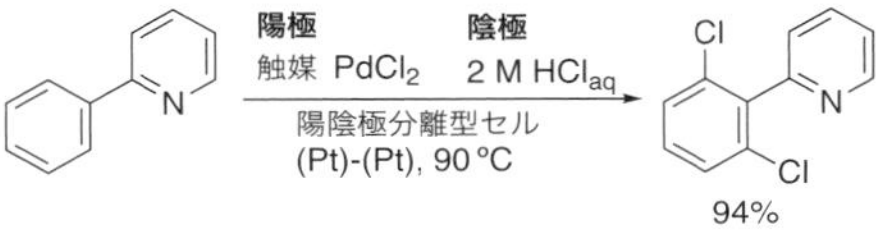

図4 C–H 結合電解クロロ化

最近は卑金属である鉄の錯体を触媒に用いる反応への展開なども始めている．官能基とは見なされない C–H 結合が，あたかも官能基のように利用できるようになり，有機合成手法も変わりつつある．自分たちの研究がわずかながらでもその一翼を担うことができたことを嬉しく思っている．

多くの実験は学生や共同研究者に無理難題をお願いし，彼らの懸命の努力で実現することができた．すべての研究室メンバーに，この場を借りて感謝いたします．

参考文献
1. S. Murai, F. Kakiuchi, S. Sekine, Y. Tanaka, A. Kamatani, M. Sonoda, N. Chatani, *Nature*, **366**, 529 (1993).
2. F. Kakiuchi, P. Le Gendre, A. Yamada, H. Ohtaki, S. Murai, *Tetrahedron: Asymmetry*, **11**, 2647 (2000).
3. F. Kakiuchi, S. Kan, K. Igi, N. Chatani, S. Murai, *J. Am. Chem. Soc.*, **125**, 1698 (2003).
4. F. Kakiuchi, Y. Matsuura, S. Kan, N. Chatani, *J. Am. Chem. Soc.*, **127**, 5936 (2005).
5. F. Kakiuchi, T. Kochi, H. Mutsutani, N. Kobayashi, S. Urano, M. Sato, S. Nishiyama, T. Tanabe, *J. Am. Chem. Soc.*, **131**, 11310 (2009).

垣内　史敏（Fumitoshi Kakiuchi）
慶應義塾大学理工学部 教授
1965 年生まれ．1993 年　大阪大学大学院工学研究科博士課程修了
＜研究テーマ＞有機金属化学，触媒的有機合成反応開発

擬天然物・擬複合糖質を創りだす
──天然物ではない設計分子の有機合成とその醍醐味

20年前，元ボスの袖岡幹子先生（現理化学研究所，当時東北大学）のもとに来られた宮城妙子先生（宮城県立がんセンター）から，がんの悪性化にかかわるヒトシアリダーゼNEU3の阻害剤開発について共同研究の提案があった．NEU3はGM3（**1**，図1b）のようなガングリオシドのシアル酸を特異的に切断する．シアリダーゼ阻害剤はDANA（**2**，図1a）の誘導体がほとんどであり，リレンザやタミフルといったインフルエンザ治療薬にもなっているが，NEU3には効果が低かった．誰でも，さらなる**2**の構造展開を考えるが，誘導体が多数存在すると想定されたので避けることにした．しかし，ほかの阻害剤候補化合物はなく，アイデアもなかった．そこで，**1**をシアリダーゼ耐性にした*C*-グリコシドアナログ**3**（擬GM3）を開発すれば，**2**の分解とがんとの関係性を解明でき，阻害剤へも展開できると"思い込んで"研究を開始した．

最初はシアル酸の酸性度を模倣して，単純なCH$_2$型**3-CH$_2$**ではなく，電気陰性度の高いフッ素を用いたCF$_2$型**3-CF$_2$**を考えた．合成の課題はシアル酸とガラクトースをCF$_2$基で連結することであった．ラジカル種を利用した分子間反応で合成したかったが，成功の兆しはまったくない．W氏のアイデアでエステル**5**のIreland-Claisen転位を採用したところ，高立体選択的に二糖**6**を合成できた（図1c）．これを**3-CF$_2$**ではなく，まず合成がより容易なGM4アナログ**4**に導き（図1d），CF$_2$連結体がシアリダーゼ耐性型アナログとして機能する

ことを確認した[1]．

その後**3-CF$_2$**を合成したが，そのNEU3阻害活性はきわめて低かった．阻害剤は酵素反応の遷移状態に近い構造で，シアリダーゼでは**2**のようにひずんだ六員環配座が必要とされている．**3-CF$_2$**は基質であるGM3と同様にいす形のため，阻害活性が低いのは当然の結果であった．

一方で，**3-CF$_2$**は擬GM3として本当に最適か，という分子設計の本質的な課題が気になった．酸性度的にはCF$_2$型が最適だが，F原子のゴーシュ効果を考慮すると，CHF型のほうが天然型GM3の配座に制御しやすいと考えられた．酸性度の計算値も大きく違わない．CHF型はシアリダーゼ耐性と配座制御効果によって，天然型GM3自体が示す生物活性を増強できる可能性があると期待した．

各種炭素連結型二糖**7**は選択的なフルオロオレフィン化と先に示した転位反応で合成した．右側**8**とのグリコシル化は，K氏の努力でAu触媒を用いて高効率で実現し，4種のアナログ**3**を合成した（図1b）．GM3が誘導する細胞増殖促進効果を評価したところ，**3-RCHF**と**3-SCHF**が天然型GM3，**3-CF$_2$**，**3-CH$_2$**よりも高活性を示し，さらに**3-SCHF**はより良好な活性を示した[2]．筆者らで生みだした天然物そっくり分子（擬天然物）が，天然型GM3の生物活性を凌駕していたことに大興奮した．**3-SCHF**の活性増強効果は天然型GM3の1.6倍程度で，もっと増強される擬天然物があるはずである．筆者は設計分子を創ることにヤミツキになった．

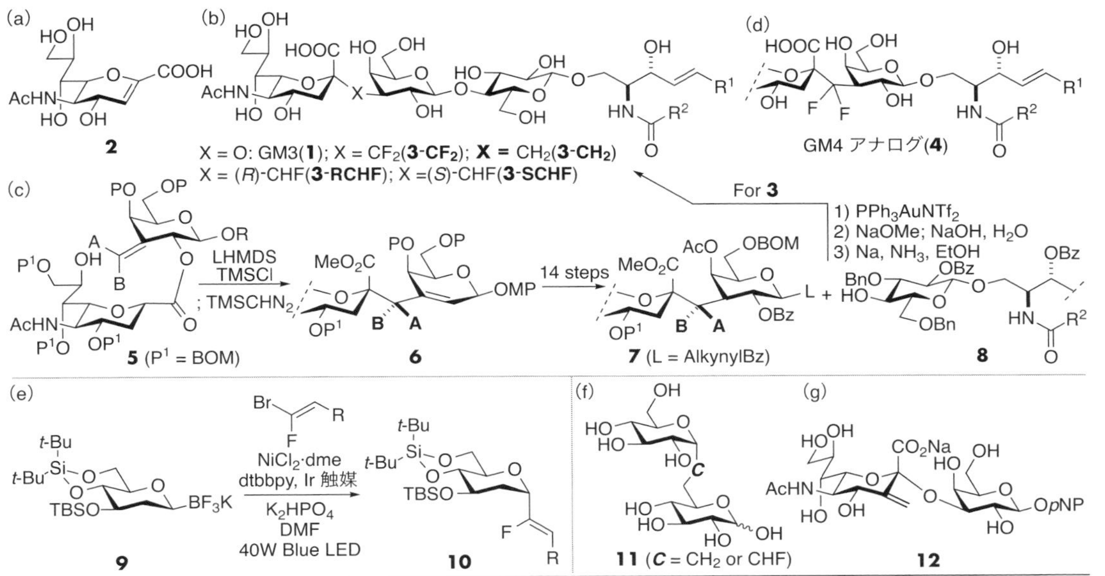

図の上部（化学構造式）

(a) 2
(b) X = O: GM3(**1**); X = CF₂(**3-CF₂**); **X** = CH₂(**3-CH₂**); **X** = (R)-CHF(**3-RCHF**); **X** = (S)-CHF(**3-SCHF**)
(d) GM4 アナログ(**4**)

(c) 5 (P¹ = BOM)　LHMDS TMSCl ; TMSCHN₂ →　6 →(14 steps)→ 7 (L = AlkynylBz) + 8
For 3: 1) PPh₃AuNTf₂; 2) NaOMe; NaOH, H₂O; 3) Na, NH₃, EtOH

(e) 9 → 10　NiCl₂·dme dtbbpy, Ir 触媒 K₂HPO₄ DMF 40W Blue LED
(f) 11 (**C** = CH₂ or CHF)
(g) 12

図 1　DANA の構造 (a)，擬 GM3 創製 (b) 〜 (d)，開発した C–グリコシド構築法と擬イソマルトース (e) 〜 (f)，擬シアロ糖鎖 (g)

効率よくこの高揚感を味わうには，より効率的なアナログ合成を可能にする C–グリコシド結合構築法が必要と考えた．最近，当初描いていたラジカル種を活用し，K 氏らが六つの方法を確立してくれた（ボレート **9** を利用した方法[3]，図 1e）．これにより擬イソマルトース **11**[4]（図 1f）など多様な「擬複合糖質」が創製できるようになり，天然物の生物活性を大きく増強する分子の発見にも至っている．

一方で，肝心の NEU3 阻害剤開発を諦めたわけではない．タミフルの元になった分子を開発した A. Vasella 先生とディスカッションしたときに転機は訪れた．GM3 に近い構造でNEU3 阻害剤をつくりたいと説明すると，先生は前例のない斬新な概念を提案された．具現化するのは難しいなぁと思いつつ GM3 を眺めていたとき，ぼんやりとある構造が浮かんだ．袖岡先生とあれこれ議論し，最終的に擬シアロ糖鎖 **12**（図 1g）[5]が，基質アナログながら阻害剤として機能すると考えた（根拠は割愛）．約 7年後，F 氏が **12** を合成し，NEU3 ではないがサブタイプの一つである NUE2 に対して，高い阻害活性が確認された．基質構造ではよい阻害剤にならないという常識を覆すことができ，再度大興奮した．現在，この知見を活かしたNEU3 阻害剤の創製を検討している．また最近，K 氏らは関連するユニークな分子を開発し，再びあの高揚感を味わえたこともつけ加えたい．

有機合成は新しい分子を創出し，その分子に命（生物活性や機能）を吹き込むことができる．その創造性は，ヒトに感動をもたらすのである．

参考文献
1. G. Hirai, T. Watanabe, K. Yamaguchi, T. Miyagi, M. Sodeoka, *J. Am. Chem. Soc.*, **129**, 15420 (2007).
2. G. Hirai, M. Kato, H. Koshino, E. Nishizawa, K. Oonuma, E. Ota, T. Watanabe, D. Hashizume, Y. Tamura, M. Okada, T. Miyagi, M. Sodeoka, *JACS Au*, **1**, 137 (2021).
3. D. Takeda, M. Yoritate, H. Yasutomi, S. Chiba, T. Moriyama, A. Yokoo, K. Usui, G. Hirai, *Org. Lett.*, **23**, 1940 (2021).
4. N. Kiya, Y. Hidaka, K. Usui, G. Hirai, *Org. Lett.*, **21**, 1588 (2019).
5. R. Fukazawa, K. Oonuma, R. Maeda, K. Uezono, M. Kato, H. Koshino, M. Morita, T. Miyagi, M. Sodeoka, G. Hirai, *ChemRxiv*, 10.26434/chemrxiv-2022-vd8cr.

平井　剛（Go Hirai）
九州大学大学院薬学研究院 教授
1975 年生まれ．2002 年　東北大学大学院理学研究科博士後期課程修了
＜研究テーマ＞新たな生物活性分子（擬天然物）の創製とケミカルバイオロジー展開

偶然の発見と展開の必然
—— 銅(I)触媒によるホウ素化，発光性メカノクロミズム，
メカノケミカル有機合成まで

銅(I)触媒によるホウ素化の発見

　1996 年，京都大学工学部合成・生物化学専攻で，伊藤嘉彦先生，村上正浩先生のご指導のもと，なんとか博士を取らせてもらったあと，筑波大学化学系の細見彰先生のもとで任期制（3 年）の助手として採用された．学生時代，伊藤先生や村上先生から教わった最も大事なことは，独創性に対する強いこだわり．とにかく人の真似をするなということであった．

　細見研究室で研究をスタートするにあたって，試薬棚にある有機ケイ素化合物と遷移金属塩や錯体を混ぜて，何が起こるかを片っ端から調べていった．今から考えるとのんびりした話である．そのうちに学生たちが，有機ケイ素化合物が銅(I)塩と思ったよりもスムーズに反応することを見つけてくれた．たとえば，ヒドロシランと塩化銅(I)はどちらも比較的安定な化合物だが，DMI 中で撹拌すると瞬時に反応して銅(I)ヒドリドを生成する．反応で赤黒い溶液が熱を発しながら生成する様子は今でも忘れられない[1]．この知見から，ジシランの活性化，そしてその後につながるジボロンの銅(I)触媒による形式的求核ホウ素化を見つけることができた（図1)[2]．のちのこの銅(I)触媒の化学は世界中の研究者に影響を与え，広く研究されることになった．

機械的刺激に応答する金(I)錯体

　その後，分子科学研究所，スクリプス研究所を経て，2002 年に筆者は北海道大学澤村研究室の助教授になった．さて恩師の伊藤嘉彦先生は，イソニトリルを用いたさまざまな独創的な

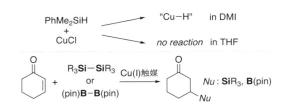

図1　銅(I)触媒によるケイ素とホウ素の反応

反応を開発されたことで有名であった．筆者はこれを活用して新しい遷移金属錯体触媒ができないかと考えた．しかし残念ながらつくった錯体の触媒活性は芳しくなく，担当した学生はまったく結果が出ない．ただ筆者は金(I)錯体が，紫外線を照射すると発光することが多いのを知識として知っていた．そこで，彼に金(I)イソシアニド錯体の発光性を調べてもらうと，すぐにその錯体は紫外線照射下で，きれいな青い発光を示すことを見つけてくれた．

　ところがある日，その学生が暗い顔をして筆者のところにやって来た．「測定中に錯体が壊れました」という．固体サンプルを石英板に挟んで測定すると，真ん中が黄色く発光している．筆者は機械的な刺激で色が変わる化合物の例を知っていたので，その学生に「熱をかけたり，溶媒にさらしたりして，もとの青色に戻らないかを検討してみて」と伝えたところ，この学生は溶媒を振りかけるだけで，もとの青色発光に戻ることを明らかにしてくれた．これを初めての可逆的発光性メカノクロミズムの例として，2008 年に論文を発表することができた（図2)[3]．

　その後，2012 年から当研究室に参加してくれた関朋宏助教（現静岡大学理学部准教授）と，

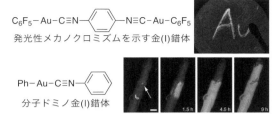

発光性メカノクロミズムを示す金(I)錯体

分子ドミノ金(I)錯体

図2 機械的刺激に応答する金錯体

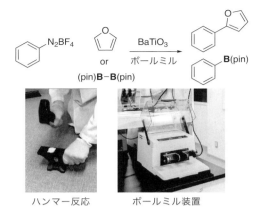

ハンマー反応　　　ボールミル装置

図3 圧電材料を用いたメカノレドックス反応[5]

「機械的刺激に応答する結晶」を多数つくりだすことができた．とくに，最もシンプルな構造をもつフェニル金(フェニルイソシアニド)錯体は，分子ドミノとよばれる興味深い性質を示すことがわかった．結晶の表面にわずかな刺激を与えると，発光色の変化が自発的に広がり，結晶全体を相転移するという珍しい現象である[4]．

圧電材料によるメカノレドックス反応

発光性メカノクロミズムの研究を通じて感じたのは，「有機物の結晶は，意外に構造が変わる」ことであった．この直感をもとに，固体の化学反応や合成反応ができないか考えた．そこで2010年ごろから，固体を粉砕する装置であるボールミルを購入し，固体反応にトライしたが，なかなかはっきりとした結果が出ない．諦めきれないでいたところ，2018年に転機が訪れる．

当時マサチューセッツ工科大学のBuchwald研究室にいた久保田浩司博士が当研究室に参加できることになったので，1年間という期限を決め，メカノケミカル有機合成に再びチャレンジすることにした．まず考えたアイデアが，圧電材料を用いた反応であった．このきっかけとなったのは，産業技術総合研究所九州センターの徐超男先生の研究である．徐先生の化合物は，機械的刺激を与えると自己発光する性質をもつ．この原理は，強誘電性無機化合物に力を与えると分極が起こり，それが化合物に含まれているEuなどの発光中心にとらわれることで発光が起こる．この分極あるいは電荷分離を，ボールミルを使った合成反応に使えないかと考え，フォトレドックス反応を参考に久保田博士に実

験を進めてもらった．最初は収率が低かったが，条件を改善し高い収率で反応が進行するようになった．驚くべきことに，圧電材料のBaTiO₃と反応剤をプラスチックの袋に入れて，ハンマーでたたいただけでも反応が進行した．筆者らはこれを「メカノレドックス」と名づけ，2019年に *Science* 誌に報告した(図3)[5]．

そのほか，固体基質のクロスカップリング，ボールミルによるGrignard反応剤や有機マンガン，有機カルシウムの合成，1分で終了する超高速Birch還元の開発に成功した．ボールミル反応で，まだまだ感動の瞬間が続くだろう．

参考文献
1. H. Ito, T. Ishizuka, K. Arimono, K. Miura, A. Hosomi, *Tetrahedron Lett.*, **38**, 8887 (1997).
2. H. Ito, H. Yamanaka, J. Tateiwa, A. Hosomi, *Tetrahedron Lett.*, **41**, 6821 (2000).
3. H. Ito, T. Saito, N. Oshima, N. Kitamura, S. Ishizaka, Y. Hinatsu, M. Wakeshima, M. Kato, K. Tsuge, M. Sawamura, *J. Am. Chem. Soc.*, **130**, 10044 (2008).
4. H. Ito, M. Muromoto, S. Kurenuma, S. Ishizaka, N. Kitamura, H. Sato, T. Seki, *Nat. Commun.*, **4**, 2009 (2013).
5. K. Kubota, Y. Pang, A. Miura, H. Ito, *Science*, **366**, 1500 (2019).

伊藤　肇（Hajime Ito）
北海道大学化学反応創成研究拠点(WPI-ICReDD)・大学院工学研究院 教授
1968年生まれ．1996年　京都大学大学院工学研究科博士課程修了
＜研究テーマ＞ケイ素・ホウ素の合成反応開発・機能性結晶工学・メカノケミカル有機合成

10 FI 触媒の開発とその応用
──活性種の観察からテレケリックポリマーへ

学生時代に京都大学高分子化学科の東村敏延先生の研究室で，置換アセチレンの重合における金属カルベン種の存在を証明するというテーマに取り組み，高分子化学の基礎と研究の楽しさを学んだ．しかし遷移金属化合物と共触媒から in situ で金属カルベン種を発生させる手法については限界を感じ，当時，メタセシス反応で構造の明確な（well-defined）金属カルベン錯体を次つぎと発表していたマサチューセッツ工科大学の Schrock 先生とカリフォルニア工科大学の Grubbs 先生（両氏は2005年のノーベル化学賞受賞）に強い憧れを抱いた．三井石油化学工業株式会社（現三井化学）に入社後すぐにかかわった Ziegler-Natta 触媒は，洗練された工業化触媒ではあるが in situ で生成する活性種の構造はやはり不明瞭であり，well-defined な錯体触媒への憧れがますます募った．

入社5年目に，この後長くお世話になる藤田照典氏が立ち上げたポストメタロセンプロジェクト[1] に誘われたことが転機となった．まだメタロセン触媒の実用化が緒についたばかりで，メタロセン以外でそれなりの活性を示す錯体が論文上でわずか2, 3例という状態での挑戦に心が躍った．その後，実用的な性能をもつ初めてのポストメタロセンである FI（フェノキシイミン）触媒の発明に至り，筆者は幸運にも発明者の一人として名を連ねることとなった．ほどなくしてアメリカ留学の機会にも恵まれ，ノースウェスタン大学の T. Marks 先生のもとで念願の well-defined な錯体触媒の研究に携わった．Marks 先生は，MAO（methylaluminoxane）に代わる構造の明確なホウ素系の共触媒を用いたメタロセン触媒の活性種の解析で有名な先生で，筆者にとって二つ目の転機となった．

アメリカ留学から帰国すると FI 触媒は，錯体構造と反応性との各種の相関関係が明らかとなり，また高活性リビング重合などメタロセン触媒とは異なる数かずの興味深い現象が見いだされていた．出遅れた感のある筆者は担当テーマを進める傍らで，相関関係の背後にある因果関係を探るべく，Marks 研での経験を活かして，FI 触媒の溶液構造，活性種の同定を（勝手に）行うことにした．

まず，錯体 **1**, **2** の溶液中での動的構造変化を，^{15}N NMR で証明することに成功した[2]（図1）．しかし錯体 **1**, **2** は MAO と反応させると複雑なスペクトルを与え，活性種の同定は困難であった．そこで次にトライしたのが，MAO で活性化するとエチレンやプロピレンのリビング重合が可能な非常に高活性かつ安定な活性種を生成する錯体 **3** である．錯体 **3** を MAO と反応させるとチタンに結合したメチル基のシグナルを明瞭に観測することができ，ここに FI 触媒の活性種が C_2 対称なカチオン性モノメチル錯体であることを世界で初めて示すことができた．また，この活性種の Me$_3$Al への配位子移動による失活プロセスも明らかにした[2]．

ここまで来て活性種の NMR を改めて眺めてみると大きな MAO のシグナルがいかにも邪魔である．もし Marks 研で学んだホウ素系共触媒による活性化ができればより詳細に検討できるが，そのためにはジメチル錯体 **4** を合成す

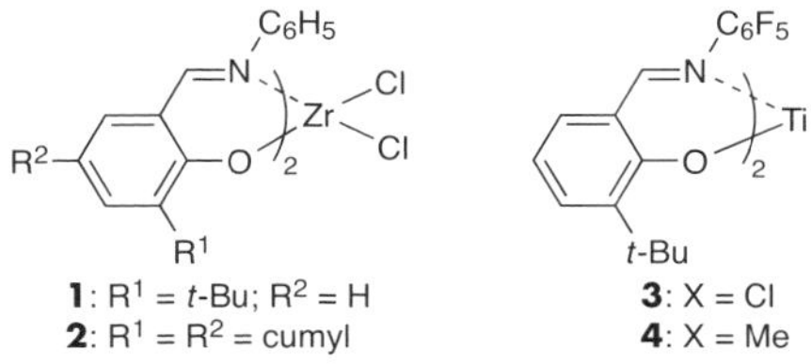

図1の化学構造式

1: $R^1 = t$-Bu; $R^2 = H$
2: $R^1 = R^2 = $ cumyl
3: X = Cl
4: X = Me

図1 検討した FI 触媒の例

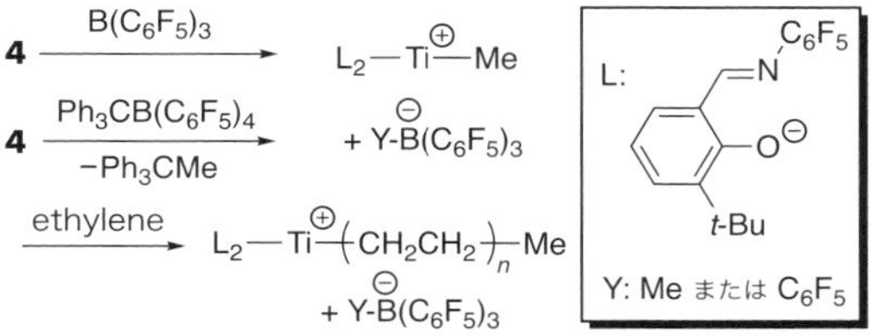

図2の反応式

L: 構造式
Y: Me または C_6F_5

図2 錯体 4 の活性化とリビング重合

る必要がある（図1）．FI 触媒は求電子的なイミン炭素をもつため，メタロセンで用いられる一般的なアルキル化剤との反応はうまくいかなかった（錯体 **3** は C_6F_5 基をもつためさらに困難である）．特異なリビング重合挙動と MAO による活性種の観察の成功により，錯体 **4** は当該分野の研究者にとって明確な合成ターゲットとなっていたにもかかわらず，誰も合成に成功していなかった．

　幸いにも錯体 **3** をアルキル化するのではなく，アルキルチタン化合物（Cl_2TiMe_2）と配位子の Na 塩から錯体 **4** に導く方法に比較的早くたどりついた．錯体 **4** はホウ素系共触媒で量論的に活性化ができ，活性種およびリビング重合の成長種を NMR で観測することができた[2]（図2）．これらの成果を 2005 年のハワイでの学会で発表したところ，講演後に当時ライバルであったコーネル大学の Coates 先生から「われわれも錯体 **4** の合成をずいぶんトライしたが，どうしてもできなかった．Good job!」と声を掛けられたことがとてもうれしかったのを覚えている．

　最後に，FI 触媒の特長を活かしたポリオレフィン材料の開発を紹介したい．ターゲットは大きなポテンシャルをもつ，テレケリック（両末端官能性）ポリオレフィンに定めた．工業的な連続プロセスでの製造を実現するために，ポリマー末端に C–Zn 結合を触媒的かつ定量的に導入できる技術（catalyzed chain growth：CCG）に着目した．CCG により両末端を官能基化するには 2 価のアルキレン（–R–）亜鉛化合物を効率よく合成する必要がある（図3）．この亜鉛化合物の合成，続く CCG によるテレケリックポリオレフィンの合成には，これまで FI チー

ムが積みあげてきた多くの知見が総動員されることとなった．その結果，実用的な連続溶液重合によるテレケリックポリオレフィンの合成を実現することができたのである[3]．

　憧れが専門性を広げるモチベーションとなり，獲得した専門性が相関関係の背後にある原理を探求する武器となった．こうした因果関係を理解しようとする試みが新しい発想の源となり，行き詰ったときの突破口となったように思う．はからずも，「夢をもち，複数の特技（専門性）をつねにアップデートせよ」という東村先生の教え[4]を実践することとなった．今後 AI による機械学習がどれほど発展したとしても，得られた相関関係を真に理解するために人間が専門性を磨き，原理を理解する努力を怠ってはならないと考える．

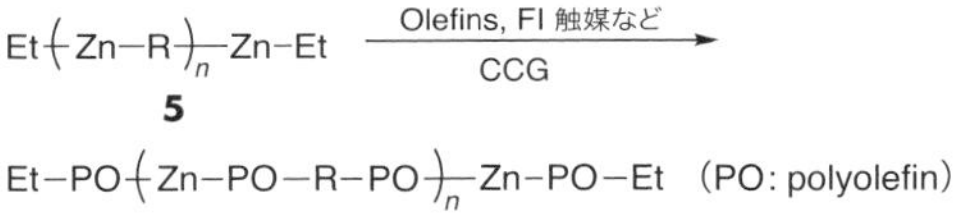

図3の反応式

$$\text{Et}\underset{n}{\{\text{Zn-R}\}}\text{Zn-Et}$$

5

Olefins, FI 触媒など
CCG

$$\text{Et-PO}\underset{n}{\{\text{Zn-PO-R-PO}\}}\text{Zn-PO-Et}$$　（PO: polyolefin）

図3 CCG によるテレケリックポリオレフィンの合成

参考文献
1. 藤田照典，『企業研究者たちの感動の瞬間』，化学同人（2017），p.178.
2. H. Makio, T. Fujita, *Acc. Chem. Res.*, **42**, 1532 (2009) およびその参考文献.
3. H. Makio, T. Ochiai, J.-I. Mohri, K. Takeda, T. Shimazaki, Y. Usui, S. Matsuura, T. Fujita, *J. Am. Chem. Soc.*, **135**, 8177 (2013).
4. 東村敏延，高分子，**40**, 184 (1991).

槇尾　晴之（Haruyuki Makio）
三井化学株式会社 合成化学品研究所 主幹研究員
1967 年生まれ．1992 年　京都大学大学院工学研究科修士課程修了
＜研究テーマ＞有機合成，触媒科学を基盤とするポリマー合成

インドールアルカロイド生合成共通中間体
セコロガニンの全合成
——15 年かかった逆合成と全合成成功の秘訣

学生時代からこれまで一番読み込んだ教科書は，南江堂の『天然物化学——改訂第6版』である．化学構造により分類され，それぞれの化合物について詳細に述べられている本書のなかで，筆者にとって最も重要なパートはそれら化合物の生合成であった．複雑な環構造を見事に構築するドミノ反応や，簡単に予想できない転位反応に心が躍るのである．とくに，ビンブラスチン，ストリキニーネ，キニーネに代表されるモノテルペノイドインドールアルカロイド類（MTIA）は，その生合成経路が多様性に富み，加えてその総数が3000種を超える．この分子群が筆者の心をがっちりと掴んだ結果，教科書に飽き足らず，過去から現代まで単離されたMTIAの論文を読み漁るようになる．その目的はもちろん，生合成経路に思いを馳せるためである．この正解のない趣味に興じていると，こんな特異な反応が，加熱もできない，遷移金属も使えない植物内で本当に進行するのだろうか？という思いに駆られ，実際にフラスコ内で再現してみたくなる．

MTIA の生合成模倣全合成を実現するために必要不可欠なセコロガニン

MTIA の生合成はモノテルペンであるセコロガニンとトリプタミンとの縮合により開始されることがよく知られている．したがって，筆者の願望を叶えるためには，セコロガニンを大量合成することが必須であった．大学院生の頃から開始した逆合成解析は15年の時を経て完成し，実行に移された（図1）．15年で絞りだした逆合成における鍵は，1）有機触媒による不斉 Michael 反応の立体選択性と 2）福山還元反応[1]によるジヒドロピラン環の構築である．

1）全合成のために設計した不斉 Michael 反応の基質は，市販品からそれぞれ1段階で調製したエン-イン構造をもつチオエステル誘導体とスルフィド基を含むアルデヒドである．本反応で使用するジフェニルプロリノールシリルエーテル触媒の開発者である林雄二郎先生の元で助教をしていた経験から，その反応性とエナンチオ選択性については心配していなかったが，ジアステレオ選択性については，おおいに苦慮することになった．最終的に行き着いたのは Michael 受容体の側鎖の三重結合が sp 混成軌

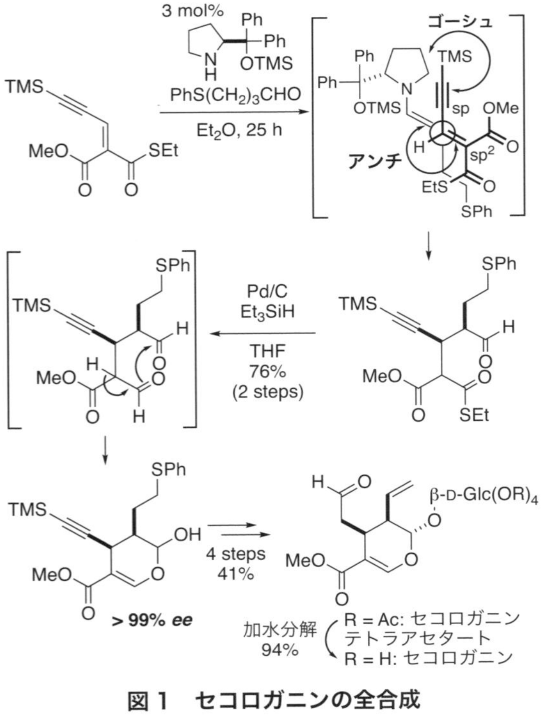

図1　セコロガニンの全合成

道であり，sp² 炭素や sp³ 炭素に比べて立体的にかさが小さいという事実である（sp < sp² < sp³）．通常，第二級アミン型触媒を用いた不斉 Michael 反応における遷移状態では，最もかさ高い官能基が触媒とアンチの関係になり，比較的かさの小さい官能基が，ゴーシュの関係になる．つまり，一般的に用いられる sp³ 炭素のアルキル側鎖をもつ基質と sp 炭素のアルキン側鎖をもつ基質では，マロン酸エステル部の sp² 炭素と比べたときにかさ高さの順序が入れ変わるため，ジアステレオ選択性が逆転するのである．この事実に気がつくのに長い時間を要してしまった．なお，エナンチオ選択性に関しては，わずか 3 mol％ の触媒で 99％ ee 以上の選択性である．

2）もう一つの鍵工程であるジヒドロピラン環の構築反応については，逆合成解析を始めた当初からビスアルデヒド中間体から導かれると考えていた．チオエステル選択的にアルデヒドに還元する福山還元反応は知っていたが，基質として設計した分子には還元に感受性のあるエステル，アルデヒド，アルキンに加えて，パラジウムを被毒化することが知られるスルフィドが分子内に存在するため，逆合成に自信がもてなかった．最終的に，筆者の疑心は福山先生に見事に晴らしていただいた．すなわち，不斉反応により合成した Michael 付加体は，福山還元により，確実にチオエステルだけが還元され，続く自発的な閉環反応を経て，所望のジヒドロピラン環に変換された．素晴らしい官能基選択性を示す，実践的な，切れ味鋭い反応である．

MTIA の生合成模倣全合成の原料となるセコロガニンテトラアセタートは引き続く，糖鎖の導入，アルキンのヒドロホウ素化／酸化，スルホキシド脱離による末端二重結合の構築反応により供給された．市販品から 7 段階，総収率は 25％，一度の合成で 10 グラム以上得ることができる．なお，続く加水分解反応により，セコロガニンの初の全合成を達成した[2]．

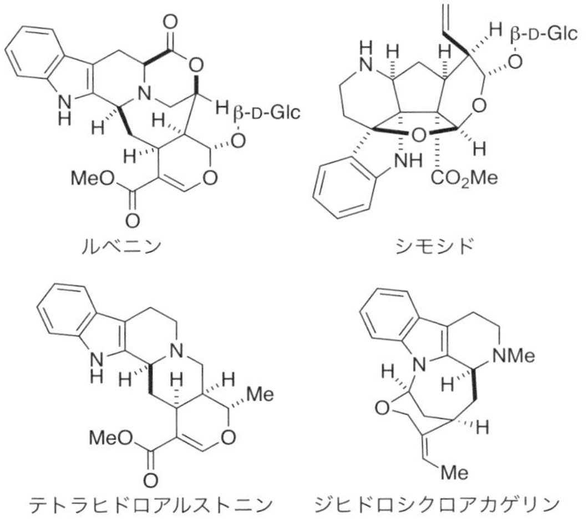

図 2　セコロガニン誘導体から合成した MTIA

（図中：ルベニン，シモシド，テトラヒドロアルストニン，ジヒドロシクロアカゲリン）

セコロガニンはその先へ

セコロガニンおよびその誘導体の供給法を確立したので，MTIA の全合成へと移行した．詳細は割愛させていただくが，セコロガニンテトラアセタートもしくはその誘導体を利用して，生合成に倣った変換反応（バイオインスパイアード反応）をフラスコ内で試していった．生体内反応を意識して，温和な反応条件にこだわって合成を進めた．結果として，20 種以上の MTIA を総工程数 15 段階以下で合成することができた[2,3,4]．図 2 に示すように，多彩な構造をもつアルカロイドに導いている．今後も，手に入れたセコロガニンを最大限利用して，MTIA にまつわる，植物生合成反応の巧妙さ（素晴らしさ）を発信していきたい．

参考文献
1. T. Fukuyama, S. C. Lin, L. Li, *J. Am. Chem. Soc.*, **112**, 7050 (1990).
2. K. Rakumitsu, J. Sakamoto, H. Ishikawa, *Chem. Eur. J.*, **25**, 8996 (2019).
3. J. Sakamoto, Y. Umeda, K. Rakumitsu, M. Sumimoto, H. Ishikawa, *Angew. Chem. Int. Ed.*, **59**, 13414 (2020).
4. J. Sakamoto, H. Ishikawa, *Chem. Eur. J.*, **28**, e202104052 (2022).

石川　勇人（Hayato Ishikawa）
千葉大学大学院薬学研究院 教授
1977 年生まれ．2004 年　千葉大学大学院医学薬学府博士後期課程修了
＜研究テーマ＞植物アルカロイドの化学的研究

並んだ！流れた！光った！
——合成と材料のマリアージュによる「ものづくり」

研究は感動の連続であり，感動は連鎖する．そして朝顔のように螺旋を巻いて花を咲かせながら広がっていく．プロローグとして，螺旋のひと巻き目となるおもな物質を図1に示す．このうち (a) は玉尾皓平先生の研究室で開発した，ケイ素原子が並んだ化合物である．これらの物性評価から，構造–機能相関にかかわる新しい知見が多く得られた．(c) は中村栄一先生の研究室で開発したCZBDFである[1]．正孔と電子の両方がバランスよく高い移動度を示す両極性半導体特性を示し，ホモ接合型という簡単な構造の有機ELで世界初のフルカラー発光を達成した化合物である（流れた，光った）．これらの研究でも多くの苦労と感動があったが，それらの紹介は別の機会に譲る．

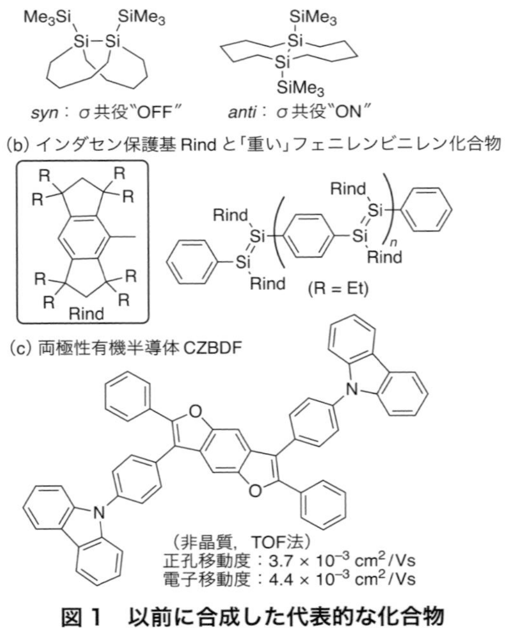

(a) 炭素架橋で立体配座が制御されたオリゴシラン

Me₃Si SiMe₃　　　　　SiMe₃

syn：σ共役"OFF"　　*anti*：σ共役"ON"

(b) インダセン保護基 Rind と「重い」フェニレンビニレン化合物

(R = Et)

(c) 両極性有機半導体 CZBDF

（非晶質，TOF法）
正孔移動度：3.7×10^{-3} cm²/Vs
電子移動度：4.4×10^{-3} cm²/Vs

図1　以前に合成した代表的な化合物

さて，CZBDFの開発を行っていたころ，筆者らのサブグループでは「新反応・新構造・新機能」を掲げ，新反応開発を基点として新たなπ共役系分子を次つぎに創製していた．それら物質を使って，佐藤佳晴博士に有機ELや有機太陽電池の作製と評価をしていただいていたのである．ここでは自分たちがつくった物質でデバイスが高機能化するシーンをリアルタイムで見る機会に恵まれた．佐藤博士は「見たことない材料だけど，やってみないとわからないですよ！」といつも快く引き受けてくださり，評価結果に基づいた次の材料設計も議論していただいた．まさに合成研究と材料研究のマリアージュがそこにあり，斬新な材料開発につながったと考えている．

CZBDFの研究成果から，両極性半導体の重要性を実感した．新たなよい分子設計を探すために，さまざまな共役系のフロンティア軌道を眺めているうちに，インダセンに目が留まった．かつてRindの開発で苦労したインダセン合成への再挑戦である．ちょうどそのころに筆者のサブグループに参画してくれた朱曉張博士が早速この課題に取り組み，置換基が限定的であるものの，1,5-ジヒドロ-*s*-インダセン誘導体の合成法を開発してくれた（図2a）[2,3]．化合物**1**の還元的環化で定量的に発生するジリチオインダセンを鍵中間体として，さまざまな誘導体が構築できるようになった．この方法で合成したオクタフェニルインダセンは，期待どおりの両極性半導体特性を示した．

しかし，もっとスゴいことが待っていた！

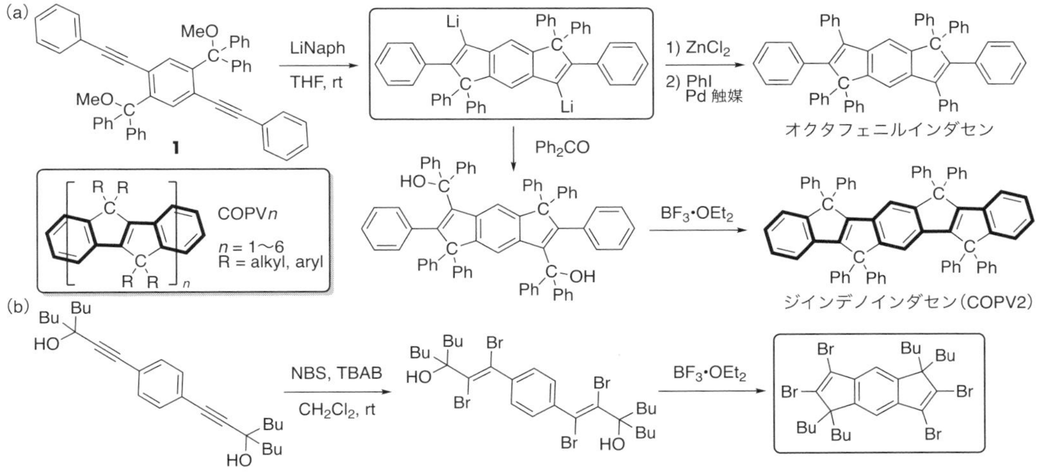

図2 置換インダセン形成法の開発とCOPVの合成

従来の分子では極低温下でのみ発現していた物性が，室温でも顕在化する化合物の合成につながったのである．この意義に気づいたときが，一連の研究のなかで大きな感動の瞬間だった．話を合成に戻すと，このジリチオインダセンをケトンで捕捉したのちにFriedel-Crafts反応を行うと，スチリルスチルベンが4か所で炭素架橋されたジインデノインダセン化合物が得られる．この方法を用いて長さの異なるオリゴマーが得られ（図2a枠内），これらを「炭素架橋オリゴフェニレンビニレン（COPVn）」とよぶことにした．すべてのsp^{2}炭素が同一平面上に並んだ，π共役系の理想形を実体化したものであるといえる．COPVnは図1のオリゴシランと同じ炭素架橋の手法で構造を制御している．

COPVnは分子ワイヤーとして電気が流れ，既存の有機材料では極低温下での観測例しかなかった共鳴トンネルという量子効果が，室温で観測された．また，分子内電子移動系における非弾性トンネル機構の実験的検証という基礎的な知見も得られた．COPVnは光機能性も優れており，非常によく光った．分子長に応じて可視領域の広範囲にわたる発光色を示し，室温で98～100％という高い発光量子収率を示す．安定性が高いため，次世代光源として期待されている有機レーザー材料として有望視されてい

る．これらは，国内外の他分野の研究者と議論を重ねつつ行った共同研究の成果である．

さらにその後，3-フェニルジブロモアリルアルコールからインデンを形成する方法を見いだした[4]．さまざまな化合物に誘導可能なテトラブロモインダセンも合成できるようになった（図2b）．反応機構的にも基質適応範囲的にも，先の還元的環化とは相補的である．この方法を使えば面白いものづくりが期待でき，螺旋の巻き数も増えそうである．

反応開発に立脚した合成研究と材料研究のマリアージュによって，最初は予想もしなかった花が咲いた例だろう．最近，他分野との共同研究の垣根が低くなってきている．本書の若い読者も，自らの経験と方法論を活かして他分野に影響する新しいものづくりに挑戦し，誰も見たことがない花を咲かせてほしい．

参考文献
1. H. Tsuji, E. Nakamura, *Acc. Chem. Res.*, **50**, 396 (2017).
2. H. Tsuji, E. Nakamura, *Acc. Chem. Res.*, **52**, 2939 (2019).
3. 辻 勇人, 中村栄一, 有機合成化学協会誌, **78**, 782 (2020).
4. K. Iwata, Y. Egawa, K. Yamanishi, H. Tsuji, *J. Org. Chem.*, **87**, 13882 (2022).

辻　勇人（Hayato Tsuji）
神奈川大学理学部 教授
1972年生まれ．2001年　京都大学大学院工学研究科博士後期課程修了
＜研究テーマ＞反応開発に基づく機能性物質創製

不飽和スルホニウムイオンの シグマトロピー転位
——六員環遷移状態の魅力

Diels-Alder 反応や Claisen 転位を学部で学んだとき，すごい反応だと素直に感心した．三つの曲がった矢印を書くことは自然と身につき，電子対がくるくる環状に動く様子は，なぜか心を打った．本能的なものなのだろう．

本稿では，思いがけず筆者が研究することになった不飽和スルホニウムイオンの [3,3] シグマトロピー転位について，発見の経緯とその後の展開を紹介したい．

退職間近の奈良坂紘一先生の研究室から，2006 年に吉田優君（現東京理科大学准教授）が博士後期課程に編入してきた．当時の筆者はラジカルを鍵活性種とする有機合成反応の開発に注力していたため，吉田君とはラジカル反応の研究から始めた．あるとき吉田君は，ラジカル反応に使っていたアルケニルスルホキシド **1** を酸無水物で処理すれば，スルホニウムイオンを経由してベンゾチオフェンを合成できるのではないかと提案してきた（図 1 a）．修士課程でカチオンの化学を学んできた吉田君ならではの提案である．ラジカル反応に重点を置いていた筆者は「うまくいきそうやね．面白そうなのでやってみたら」くらいしか，いわなかったように思う．実際，想定どおりに反応が進行し，ベンゾチオフェン骨格の簡便構築法を開発できたのは素直にうれしかった[1]．

反応を開発していくときには，"うまくいきそうな基質"ばかりを試していても面白くない．チャレンジングな基質をバランスよく検討に加えながら"変なこと"が起こるのを見逃さないことが非常に重要である．環化しなさそうな基

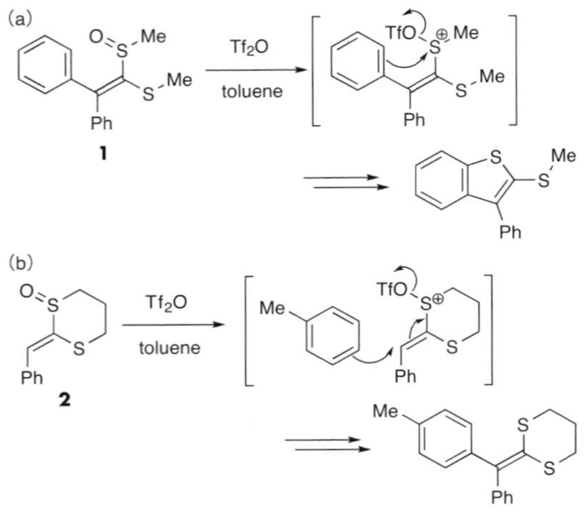

図 1　アルケニルスルホキシドの活性化

質 **2** を同様に酸無水物で処理したところ，溶媒であるトルエンが反応して想定外の生成物が得られた（図 1 b）[2]．スルホニウムイオン中間体が電子密度の低い炭素上で溶媒であるトルエンと Friedel-Crafts 反応を起こしたのだろう．この反応はカルボニル化合物の α 位アリール化と等価な変換とみなせ，有用である．この小さな発見をもとに，トルエン以外の求核種を同様に導入できるのではないかと考えた．

求核剤としてアリルシランを用いたところ，想定どおりにアリル基を導入できた[3]．続いて，アリル化の化学の基本にのっとり，直鎖状のアリルシランを用いて位置選択性を検証してみる（図 2）．当然，分岐状の生成物が得られると考えていたが，得られた生成物は直鎖状のアリル化体 **3** であった．アリル化反応の常識を覆すこの選択性に，筆者はかなり衝撃を受けた．吉田君と反応機構を議論し，アリル化は炭素上では

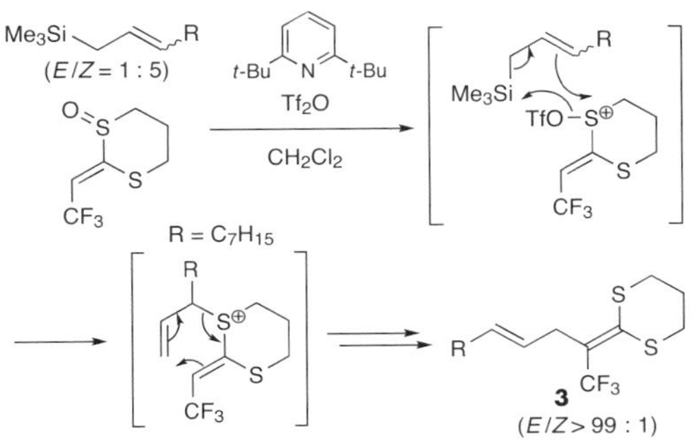

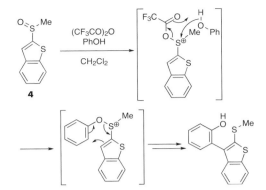

図2　連続的 interrupted Pummerer 反応-シグマトロピー転位の発見

図3　ビアリール合成

なく，まず硫黄上で起こり，いったん分岐状スルホニウムイオン中間体が生成して，ここから正電荷によって加速された［3,3］シグマトロピー転位が起こると考えた．その後，この新しい反応経路に基づいてフェノールからのベンゾフラン合成法を開発するなど[4]，筆者の研究は順調な展開を見せた．今では国内外の研究者が認知し利用するようになった"連続的 interrupted Pummerer 反応-シグマトロピー転位"だが，発見当初はここまで広がりを見せるとは予想すらしていなかった．六員環遷移状態に魅せられるのは，世界共通なのだろう．

当時，このスルホニウムイオンの化学に携わっているメンバーのなかでは「こうした反応が起こるのは **1** や **2** のような特殊なアルケニルスルホキシドだけである」というまことしやかな経験則が定着していた．この内輪の常識を打ち破ったのは村上慧君（現関西学院大学准教授）である．「アリールスルホキシドでもうまくいくはずだ」このとき村上君が最初に選んだ基質はフェニルスルホキシドではなく，ベンゾチエニルスルホキシド **4** であった（図3）[5]．のちに判明するが，芳香族性の高いフェニルスルホキシドではかなり反応条件を工夫しないとうまく反応しない．アルケニルスルホキシドに似た構造をもつ **4** を第一に選択した村上君のセンスの良さに感動したものだ．大きすぎない程度の大股で研究を展開することが重要である．この反応ではベンゾフラン骨格が生じる[4]と予想し

ていたが，実際にはビアリールが得られたことにも驚いた．こうして，遷移金属触媒を用いるビアリール合成とは反応原理がまったく異なる脱水型のビアリール合成法が誕生したのである．

有機合成における感動には2種類ある．苦難の末に高い目標にたどり着いたときの感動と，想定外の現象や真理を自然が教えてくれたときの感動．筆者はおもに後者に支えられて有機合成を楽しんでいる．人それぞれの感動の仕方を許してくれる有機合成は，懐の深い学問である．

なお，一番の感動を享受できるのは，実際に手を動かしている研究者である．真摯に研究と向き合い，その特権を味わってほしい．筆者は最近手を動かす機会はなく，もっぱら若手研究者の献身と運やセンスの良さに感動している．

参考文献
1. S. Yoshida, H. Yorimitsu, K. Oshima, *Org. Lett.*, **9**, 5573 (2007).
2. S. Yoshida, H. Yorimitsu, K. Oshima, *Chem. Lett.*, **37**, 786 (2008).
3. S. Yoshida, H. Yorimitsu, K. Oshima, *Org. Lett.*, **11**, 2185 (2009).
4. H. Yorimitsu, *J. Synth. Org. Chem. Jpn.*, **71**, 341 (2013).
5. T. Yanagi, S. Otsuka, Y. Kasuga, K. Fujimoto, K. Murakami, K. Nogi, H. Yorimitsu, A. Osuka, *J. Am. Chem. Soc.*, **138**, 14582 (2016).

依光　英樹（Hideki Yorimitsu）
京都大学大学院理学研究科 教授
1975 年生まれ．2002 年　京都大学大学院工学研究科博士課程修了
＜研究テーマ＞新規分子変換法の開発

インドールアルカロイド
ハプロファイチンの全合成
——The last synthesis を目指して

全合成研究では，しばしば研究の方向性を大きく左右するターニングポイントに直面し，合成経路の変更や撤退を余儀なくされたり，思いがけない発見で困難を乗り越えたりといったドラマが展開される．本稿では，紆余曲折を経て筆者にとって究極の全合成を達成した（+）-ハプロファイチン（1）の合成研究を紹介する．

モデル化合物を急遽利用して全合成競争に勝利

福山透先生のもとで(+)-1 の右半分にあたる（−）-アスピドファイチンの全合成を達成したのち，(+)-1 の合成に挑戦することとなった．課題であった左部の構築は，（+）-1 と 2 のあいだの骨格転位反応を応用することにした．ところが，化合物 2 に示したヘミアミナール中間体を生成すべくモデル基質 3a を酸化条件に付したところ，予想とは異なる転位が進行し 4 が得られた（図 1）．ここで，窒素上の Ns 基の電子求引性のため，オレフィンの酸化により生じたエポキシドの開裂が予想通り起こらなかったと考え，Ns 基の代わりに電子求引性が低い Cbz 基をもつ 3b を検討した．その結果，反応は予想通り進行し，右部の骨格をもつ 5 が得られた．この場では，Ns 基はまったく役に立たなかったが，のちに取り組んだ収束的全合成では，救世主となった．詳細は，本稿後半にて．

さて，全合成達成には，3b のジメトキシアニリンの代わりに右部アスピドファイチンをカップリングにより導入し，骨格転位を行えばよい．しかし，生合成ではいとも簡単なカップリングがまったく進行しなかったのである．そうこうしているうちに，まったく同じ骨格転位

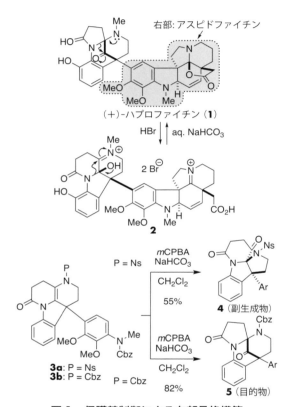

（+）-ハプロファイチン（1）

図 1　保護基制御による左部骨格構築

による左部構築が Nicolaou と Chen らのグループより報告された[1]．この時点で，水面下で進行していた First Synthesis に向けた競争が，初めて日の目を見ることになる．まさに多勢に無勢．相手は大勢のポスドクを抱えた世界的研究室，研究室立ち上げ間もない筆者らは博士課程の植田君（現准教授）と修士の佐藤君が細ぼそと取り組んだ．いち早く First Synthesis を達成するためにはどうすべきか？　ここで，図 1 の反応はモデルではないことに気づいた．つまり，5 のアニリン部位（Ar）をヒドラジンへと変

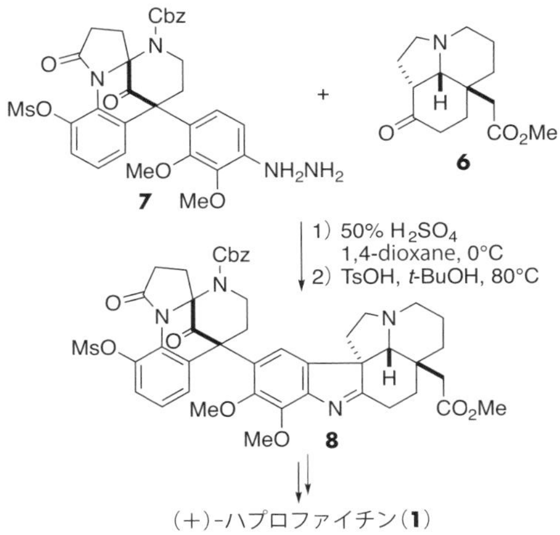

図2の上部には化学構造式（7 + 6、8、(+)-ハプロファイチン(1)への変換）が示されている。

図2　(+)-ハプロファイチンの初の全合成

図3の上部には化学構造式（9 + 10、11a (P = Cbz)、11b (P = Ns)、12、(+)-1への変換）が示されている。

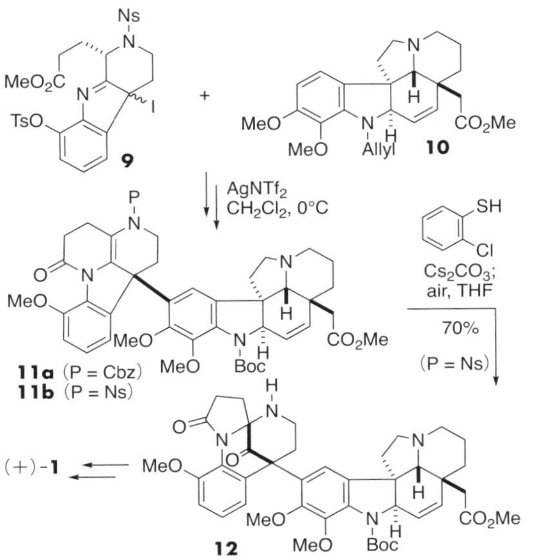

図3　(+)-ハプロファイチンの収束的全合成

換すれば，ケトン **6** との Fischer インドール合成により右部ユニットが構築できるはずだ！佐藤君の，薄層シリカゲル板上で反応が進行する発見を経て **6** を合成し，**7** との反応を試みたところ，右部 **8** の構築に成功した（図2）．こうして初の全合成を達成することができたわけである[2]．筆者らの直後に，Nicolaou，Chen らも全合成も達成している[3]．熾烈な競争を極めた Chen 教授とは，その後交流が続いている．

念願の直接的カップリングと合成終盤での酸化的骨格転位を実現した収束的全合成

初の全合成には満足せず，故目 武雄先生が取りあげた尾中忠正博士の言葉，"The first synthesis of nothing at all. The "last" synthesis is everything." における "The last synthesis" をめざし，当初計画した収束的全合成に向けて検討を再開した[4]．課題は合成終盤での，二つのユニットの直接カップリングと，酸化に敏感な数多くの官能基をもつ **11a** のオレフィン部位選択的な酸化–骨格転位である．前者は，左部 **9** を $AgNTf_2$ で活性化したのちに，右部 **10** を加える従来とは逆の加え方で実現できた（図3）．後者は，まったく予期しない発見によって乗り越えることができた．**11a** の酸化は，オレフィン以外が優先し複雑な混合物を与えた．そこで，図1のモデル反応に立ち返って再検討した．すなわち酸化剤に対する反応性の向上を狙い，Ns 保護体 **3a** の脱保護により無保護基のモデル基質を調製しようとしたのである．すると，脱保護に続き，酸化と転位が一挙に進行し，左部骨格を与えた．Ns 基の脱保護に用いたチオールが，溶存酸素によってチイルラジカルを生成し，オレフィンのラジカル的な酸素酸化と骨格転位を引き起こしたのである．初の全合成では役に立たなかった Ns 基が，新たな発見につながった瞬間だ．こうして，二つのブレイクスルーがあいまって，収束的全合成を達成することができた[5]．

参考文献
1. K. C. Nicolaou, U. Majumdar, S. P. Roche, D. Y.-K. Chen, *Angew. Chem. Int. Ed.*, **46**, 4715 (2007).
2. H. Ueda, H. Satoh, K. Matsumoto, K. Sugimoto, T. Fukuyama, H. Tokuyama, *Angew. Chem. Int. Ed.*, **48**, 7600 (2009).
3. K. C. Nicolaou, S. M. Dalby, S. Li, T. Suzuki, D. Y.-K. Chen, *Angew. Chem. Int. Ed.*, **48**, 7616 (2009).
4. 目武雄, 有機合成化学協会誌, **32**(10), 763 (1974).
5. H. Satoh, K. Ojima, H. Ueda, H. Tokuyama, *Angew. Chem. Int. Ed.*, **55**, 15157 (2016).

徳山　英利 (Hidetoshi Tokuyama)
東北大学大学院薬学研究科 教授
1967 年生まれ．1994 年　東京工業大学大学院理工学研究科博士課程修了
＜研究テーマ＞天然物全合成，反応開発，医薬開発

天然物合成から始まる創薬
——有機化学との出会い

筆者は将来化学者になるという夢をもち進学先を選んだわけではなく，受験で合格したのが東京工業大学第3類（化学工学専攻）であったというのが正しいところである．大学では準硬式野球部で野球に明け暮れ，化学とは縁遠いが充実した学生生活を過ごしていた．しかし最後の1年だけは卒業研究に没頭しようと一念発起し，学生のあいだで「一番厳しい研究室」といわれていた辻二郎先生の研究室の門を叩いた．先生はパラジウム触媒を使った有機化学で有名であるが，その意味合いもよくわからず日々実験に没頭しているうちに有機合成化学の魅力，すなわち自分で反応をデザインして，それを自ら実験し，うまくいってもいかなくてもその結果は自分に返ってくる，そして実験を重ねれば新しい知見が蓄積されるという喜びを実感し，その面白さに引き込まれてしまった．

大学院に進学後は高橋孝志先生のご指導のもと，ステロイド骨格のCD環新規構築法（図1）の開発[1]に取り組み，「有機化学は面白い！」という感覚はさらに深まっていった．先生はユニークで人情味に厚く，有機合成に対しアツい情熱をもっておられた．先生からの大きな影響を受け有機化学を職業にする決意を固め，製薬企業での創薬研究者の道を選択するに至った．

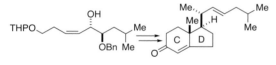

図1　ステロイド骨格のCD環新規構築法

製薬企業での創薬研究から タキソール全合成への挑戦へ

創薬研究に携わるなかで，生体内で起こるさまざまな事象も突き詰めれば化学反応であることを改めて認識した．生体内反応を有機化学で考えることによって，創薬研究の理解がより深まると同時に有機化学の魅力にいっそう引き込まれた．担当した外用抗炎症ステロイド研究において，臨床試験まで進んだ化合物（MCI-635）を創製できた．残念ながら医薬品として上市するには至らなかったが，大学院時代の知見を活かして，これまで当該分野で大きな課題であった局所での抗炎症作用を維持しつつ全身での副作用を軽減した化合物（図2）を創製[2]したことは，研究者として大きな自信と経験になった．

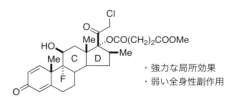

・強力な局所効果
・弱い全身性副作用

図2　外用抗炎症ステロイド MCI-635

企業での経験を積みながら1992年4月に東工大で学位を取得するなど，有機化学研究者として成長できている実感はあったが，それと同時に「世界で自分の力を試したい」という想いが日ごとに強くなり，ついに研究留学にチャレンジするに至った．恩師の高橋孝志先生の勧めもあり，当時の天然物合成の最高峰であるアメリカ・サンディエゴのスクリプス研究所のK. C. Nicolaou先生に留学を申し出たところ，まったく面識のない無名の一企業研究者の願いを叶

えていただき 1992 年 11 月から 2 年にわたって師事する機会を得た．こうして世界で自分の力を試すべく，抗がん剤タキソールの全合成への挑戦が始まった．

タキソールはセイヨウイチイの樹皮から単離された天然物で，1971 年に構造が決定され 1994 年に抗がん剤として FDA（米国食品医薬品局）に承認された化合物である．当時からそのユニークな構造とともに，がん細胞の有糸分裂を阻害するメカニズムが世間の注目を集めていた．しかし，天然から得られるタキソールはきわめて微量であり，安定供給に課題がある化合物であった．このような背景のもと，当時 20 以上の研究室で世界初となるタキソールの全合成を目指して激しい競争が繰り広げられていた．

ライバルたちが先行するなか，筆者らは合成戦略として"コンバージェント合成法"を採用した．すなわち，まずはタキソールの A 環，C 環を別べつに合成し，その後，A，C 環を下部，上部でカップリングして B 環を形成し，最後に D 環を形成する方法である（図 3）．

このなかでも最後の D 環の形成は困難を極めた．D 環を形成するには 5 位へのヒドロキシ基導入が鍵となるが，モデル化合物には 5β-ヒドロキシ基が導入されたため，その前提で全合成経路を組み立てていた．その後，度重なる失敗を踏まえ，筆者は当時入手できた天然の 10-デアセチルバッカチン III を用いた分解研究を実施し，モデル化合物とタキソール合成中間体では導入される 5 位ヒドロキシ基の立体配置が逆であることを突き止めた．その結果をもとに，合成経路を変更し D 環合成を達成し，さらにはタキソール全合成への道筋をつけることができた．

そして忘れもしない 1994 年 1 月 19 日，天然物から得られた 10-デアセチルバッカチン III と筆者らが合成した化合物の分析結果が一致し，筆者らはついに目的を達成した．夜 11 時を過ぎていたが，筆者の一報を受けて Nicolaou 先生が駆けつけてくださり，祝福の握手を交わし

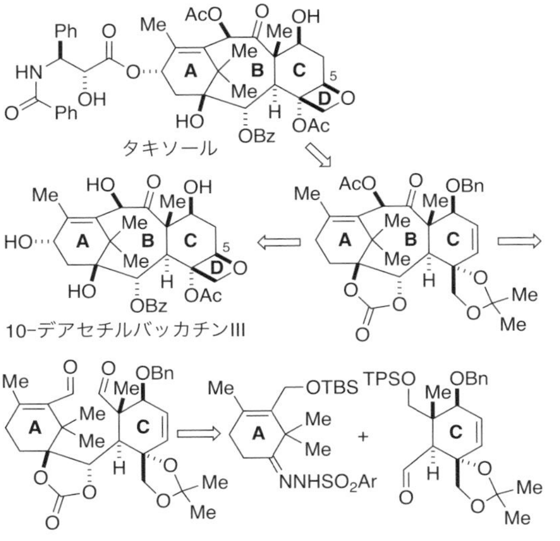

図 3　タキソールの全合成

たことは今でも忘れられない．先生はすぐに論文の準備にとりかかり，その研究成果は 1994 年 2 月 17 日に *Nature* にて公表された[3,4]．

近年の創薬においては，低分子医薬のみならず中分子医薬や核酸医薬などの技術革新が盛んに行われている．これらはすべて生体内で起こっているさまざまな化学反応を理解することから生まれた技術であり，医薬品が求められる限り有機合成化学の必要性および重要性は変わらないと確信している．

本書をきっかけに 1 人でも多くの方が有機合成化学を志し，世界という大きな舞台で活躍されることを祈念する．

参考文献
1. T. Takahashi, H. Ueno, M. Miyazawa, J. Tsuji, *Tetrahedron Lett.*, **26**, 4463 (1985).
2. H. Ueno, A. Maruyama, M. Miyake, E. Nakao, K. Nakao, K. Umezu, I. Nitta, *J. Med. Chem.*, **34**, 2468 (1991).
3. K. C. Nicolaou, R. K. Guy, *Angew. Chem. Int. Ed.*, **34**, 2079 (1995).
4. K. C. Nicolaou, Z. Yang, J. J. Llu, H. Ueno, P. G. Nantermet, R. K. Guy, C. F. Claiborne, J. Renaud, E. A. Couladouros, K. Paulvannan, E. J. Sorensen, *Nature*, **367**, 630 (1994).

上野　裕明（Hiroaki Ueno）
田辺三菱製薬株式会社 代表取締役
1958 年生まれ．1983 年　東京工業大学大学院理工学研究科修士課程修了
< MISSION >病と向き合うすべての人に，希望ある選択肢を

16 製薬企業とアカデミアが タッグを組んだ！
——光酸化還元触媒反応のオンデマンド開発

製薬企業とアカデミアがタッグを組み，新しい有機合成を拓く．本稿では，このエキサイティングな挑戦を紹介する．武田薬品工業株式会社と筆者の研究室が共同で取り組んだ，光酸化還元触媒による炭素–ヘテロ元素結合形成反応の開発である．

2019 年 2 月 23 日，武田薬品工業株式会社の佐々木悠祐さんから，Takeda Exploratory Challenge（TEC）[1] というプログラムの枠組みでの共同研究の話をいただいた．創薬研究を加速する「光エネルギーを活用したラジカル反応」を共同で開発できないかという提案である．アカデミアと製薬企業がタッグを組み，新しい有機合成反応を開発し，社会が必要とする有機分子をオンデマンド供給することが目標である．武田薬品工業のメディシナルケミストたちが，創薬研究に貢献する分子および反応技術を提案し，それを筆者の研究室でデザインする．薬学出身かつ薬学に身を置く者として，とても魅力的な話であった．

佐々木さんの熱意のこもったメールを，少し改変して記載する．「欧米諸国の製薬企業と比べて，日本の製薬企業はアカデミアとの結びつきが薄く，この現状を打開したい．世界のメガファーマなどは，アカデミアとコラボレーションすることで，新しい有機合成反応を開発し，基礎科学の発展におおいに貢献している．創薬現場で本当に使えるオリジナル反応を見いだしたい．この試みは，ケミカルスペースの開拓にもつながる．有機合成反応の開発において，日本の製薬企業とアカデミアがタッグを組み，学

術誌への発表まで到達することができれば，インパクトのある出来事になる」という熱いものであった．

筆者は，企業との共同研究はさまざまな柵（しがらみ）があると思い込み，二の足を踏んでいた．その一方で，「光エネルギーを活用したラジカル反応」の開発に舵を切り始めていた筆者の研究室にとっては，創薬に展開するチャンスでもあった．何事も挑戦である．

さまざまな話し合いを経て，製薬企業のニーズとアカデミアのシーズが見事に一致したことから，武田薬品工業株式会社リサーチ・ニューロサイエンス創薬ユニットの化学研究部門（現アジア NCE プロダクション研究所，一川隆史所長）との共同研究が 2019 年 7 月 11 日にスタートした．メディシナルケミストたちが，いくつかの有機分子や有機合成反応技術を提案してきた．どれも斬新かつすばらしいアイデアであり，彼らの能力の高さに圧倒された．何よりも，基礎科学に貢献したいという熱意と有機合成化学への愛が感じられたのである．そのなかで，佐々木さんと徳永礼仁さんが提案した，炭素–ヘテロ元素結合形成反応を用いた，かさ高いジアルキルエーテル合成になんとなく魅力を感じた．

ジアルキルエーテルは，医薬品もしくは医薬品候補化合物に必要不可欠な骨格である．ジアルキルエーテルの合成法としては，脂肪族アルコール求核剤とアルキル求電子剤を用いた炭素–酸素結合形成反応が理想的である．しかし，複雑かつかさ高い構造をもつジアルキルエーテ

ルの合成は，いまだ到達困難な課題となっている．つまり Williamson エーテル合成法では，S_N2 置換反応の特性に起因してかさ高いジアルキルエーテルを与えるのは困難である．また強力な酸存在下での S_N1 置換反応では，官能基許容性に問題があった．

武田薬品工業のメディシナルケミストたちと密に連携しながら，当研究室の長尾一哲助教を中心とするチームが，触媒系を設計していった．圧倒的なスピードで研究が進み，可視光（青色LED）と光酸化還元触媒（フェノチアジン触媒）を組み合わせて用いることで，脂肪族アルコールと脂肪族カルボン酸誘導体から炭素–酸素結合形成反応を起こし，かさ高いジアルキルエーテルが合成できることを発見した（図1）[2]．

筆者の研究室にて，反応の進行を初めて確認できたとき，チームメンバーから電話がかかってきた．筆者はちょうど出張中で，埼玉県の大宮駅にて電話を受けた．最近，物忘れの激しい筆者がそこまで覚えているほど，当時，感動していたのだと思う（大宮駅なので記憶にあったのかもしれないが）．その後，それぞれの研究場所で，同じ実験環境をつくりだし，再現よく反応を進行させることには苦労した．

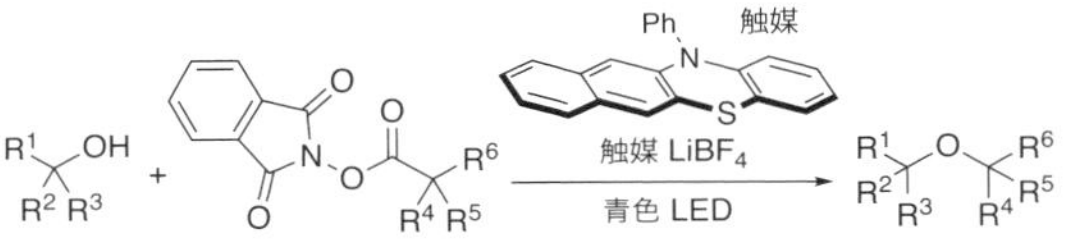

図1　光酸化還元触媒による炭素–ヘテロ元素結合形成反応

この研究を実施する最中に，スクリプス研究所のグループが電気化学的手法を用いたジアルキルエーテル合成を *Nature* に報告した[3]．内容が類似していたこともあり，一同衝撃を受けたが，標的分子の狙いどころは間違っておらず，産学連携研究の重要性も再認識できた．そのスクリプス研究所のグループもまた，製薬企業との共同研究成果であった．

結果として，2019 年 7 月 11 日にスタートした共同研究における成果「光酸化還元触媒によるジアルキルエーテル合成」は 2020 年 1 月 3 日，アメリカ化学会誌において公表された．あっという間の出来事であった．佐々木さんを含め武田薬品工業のメンバーは，「企業単独ではとてもこのようなことは成しえなかった．日本でもこんなコラボレーションが実現できるとは，あまりに上手くいきすぎて驚いた」と語っていたと記憶している．

共同研究が始まって 3 年半ほど経過した現在，共同研究はさらに加速している[4,5]．今もなお，皆が楽しんで研究をしている．

大学院生が青色 LED を照射しながら反応を仕込み，LC-MS や GC-MS のような質量分析装置を使って反応を追跡し，自動精製装置で生成物を単離する．NMR はオートサンプラーが稼働し，その傍で計算機が走る．そして，オンライン会議にて，企業研究者たちと研究の進捗に関して議論する．時代とともに，有機合成化学の研究スタイルは変わり，そして進化していく．有機合成化学は魅力ある学問分野として，次世代につながっていくに違いない．

参考文献
1. https://www.takeda.com/jp/our-stories/innovation/a-decade-of-powering-innovation-from-within/
2. S. Shibutani, T. Kodo, M. Takeda, K. Nagao, N. Tokunaga, Y.Sasaki, H. Ohmiya, *J. Am. Chem. Soc.*, **142**, 1211 (2020).
3. J. Xiang, M. Shang, Y. Kawamata, H. Lundberg, S. H. Reisberg, M. Chen, P. Mykhailiuk, G. Beutner, M. Collins, A. Davies, M. Del Bel, G. M. Gallego, J. E. Spangler, J. Starr, S. Yang, D. G. Blackmond, P. S. Baran, *Nature*, **573**, 398 (2019).
4. R. Kobayashi, S. Shibutani, K. Nagao, Z. Ikeda, J. Wang, I. Ibáñez, M. Reynolds, Y. Sasaki, H. Ohmiya, *Org. Lett.*, **23**, 5415 (2021).
5. M. Nakagawa, K. Nagao, Z. Ikeda, M. Reynolds, I. Ibáñez, J. Wang, N. Tokunaga, Y. Sasaki, H. Ohmiya, *ChemCatChem*, **13**, 3930 (2021).

大宮　寛久 (Hirohisa Ohmiya)
京都大学化学研究所 教授
2007 年　京都大学大学院工学研究科博士課程修了
＜研究テーマ＞ラジカルが拓く新触媒・新反応・新機能の開拓

17 選択的オートファジー機構にもとづく創薬技術：AUTACs
——生命科学に入り込む面白さ

学部4年生になった私は「生命科学に興味があるなら，まず有機化学を勉強すべきだ．生物学者が，あとから有機合成化学をマスターするのは難しい」と諭され，天然物合成を始めた．インターネット検索のない当時は，膨大な情報を自分で記憶しておく必要があった．ひとつの分野だけでも手一杯であったから，生命科学への興味はいったんお預けになった．

大学院を終えて10年たった2005年に生命科学の教授として赴任し，化学100％の研究体制を改めた．インターネットなどの情報インフラが整ったいまなら，相応の覚悟さえあれば，生命科学とのダブルメジャーが可能になると考えた．そうはいっても，最初は生命科学分野の共同研究者がほしいものだ．このときのR. F. Hirschmann教授（ペンシルベニア大学，医薬化学）の言葉が思い起こされた．「生物学者は研究対象や手法の変更が難しく，化学者の側が専門を変えて相手に合わせることがコツ」「生命科学における重要性は，合成が難しい大きな化合物に限らない」という個人的助言であった．

新テーマに選んだのは，赤池孝章博士らと共同で発見した内因性物質8-ニトロcGMPである[1]．新規内因性物質を追いかけていけば，自然に生命科学に切り込むことができるという目算であった．まず，この化合物は細胞内タンパク質のシステイン残基と容易に反応することに気づいた（S-グアニル化，図1）．これは本来のcGMPにはない特徴である．

グアニル化修飾によって細胞で何が起こるのか？　蛍光顕微鏡を使って探りを入れたところ，

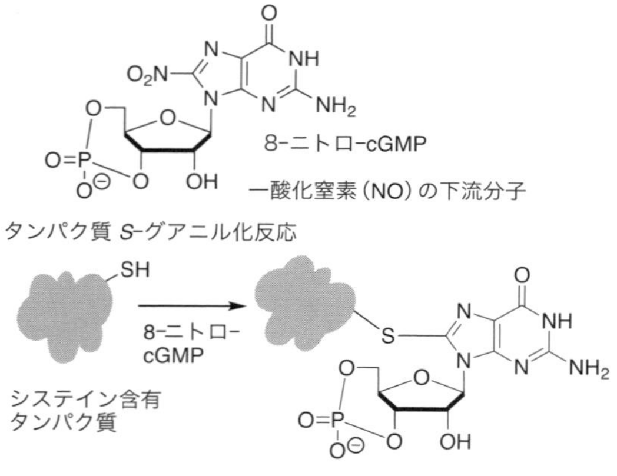

図1　8-ニトロcGMPによるタンパク質のS-グアニル化反応

細胞内のリソソームに集積が見られた．このヒントからオートファジー研究に足を踏み入れた（図2）．有機化学にない実験手法は，学生を他の研究室に派遣して取り入れた．

1990年代の大隅らによるATG分子群発見を契機に，オートファジー研究は爆発的に発展していた（2016年ノーベル生理学医学賞）．細胞質を無差別に分解すると当初は提案されたが，やがて特定物質を分解する選択的オートファジーが明らかになり，選択性は最先端の研究課題である．たとえば，ほ乳類細胞に感染したA群レンサ球菌を観察すると，菌を取り囲むようにオートファジーの隔離膜が伸びていく（2004年）．しかし，相手を見分ける「目」をもたない隔離膜が細菌を見分ける機構は未解決のまま残されていた．

この先行研究を見直す過程で，菌の周囲にS-グアニル化が見られることに気づいた．試しにS-グアニル化を抑制すると菌の排除が遅

図2　マクロオートファジーの機構

れるので，この修飾がオートファジーをよび寄せる「目印」と考えられた．分解選択性を理解する重要な発見であり，これで生命科学者としてもやっていけるという喜びを感じた．

　この研究は2年間ほど審査と格闘し，細胞生物学の主要誌に掲載された（2013年）[2]．背伸びした甲斐は十分にあり，これを契機に第一線の生命科学者からの招待が舞い込んだ．インターネットの時代でも，研究者と直接会う意義は大きい．自己流のオートファジー研究がずいぶんとブラッシュアップされた．

　さて，私たちをつくる細胞の寿命は，数日から数十年までの幅がある．神経など長寿命の細胞では，長年蓄積する有害物質が加齢関連疾患の原因となる．私たちが発見した「目印」を応用すれば，選択的オートファジーの医療応用が期待できるのではないだろうか．狙いをつけた相手に *S*-グアニル化構造を導入する手法をつくればよいのだ．

　そこでAUTACを考案した（図3）．*S*-グアニル化にヒントを得たグアニン誘導体（分解タグ）と，細胞内標的に結合する標的化リガンドを連結する設計で期待どおりの標的分解効果が得られた[3]．標的化リガンドを選べば，タンパク質以外にミトコンドリアを分解することも可能である．有害物質を分解除去する医薬を一般にデグレーダー（degrader）とよぶが，AUTACはオートファジーを活用する世界初のデグレーダーである．ほかのデグレーダー（たとえばPROTACs）は別の分解機構（プロテアソーム系）を利用する．オートファジーを用いる利点は，分解できる対象（ミトコンドリア，病原体など）が幅広いことである．なお，AUTACの

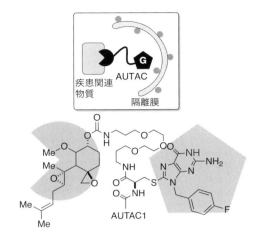

図3　細胞内標的のオートファジー分解を促進するAUTAC
AUTAC1はMetAP2タンパク質の分解を促進する．

着想から実現に至る6年間の大半は化学合成に費やした．生命科学と化学の両方を備えた筆者らの利点を活かせたと思う．

　内因性物質の機能解明は生命科学そのものであり，兄弟関係の研究分野である天然物化学とは少し様相が異なる．ここでの化合物は暗闇における懐中電灯の役割を果たし，未解明の生命現象にどこまでも深く迫ることができる．次つぎに興味深いテーマが見えてきて，いまは選択的オートファジーから細胞内の液-液相分離や細胞老化にも手を広げている．

　自分だけのオリジナル分子は，研究のユニークネスを高める．内因性低分子の存在や機能は，ゲノム情報から直接解読するのが難しいため，今後も化学の活躍が待たれる．

参考文献
1. T. Sawa et al., *Nat. Chem. Biol.*, **3**, 727 (2007).
2. C. Ito et al., *Mol. Cell*, **52**, 794 (2013).
3. D. Takahashi et al., *Mol. Cell*, **76**, 797 (2019).

有本　博一（Hirokazu Arimoto）
東北大学大学院生命科学研究科 教授
1966年生まれ．1990年　慶應義塾大学大学院理工学研究科修士課程修了
<研究テーマ>オートファジー，薬剤耐性菌に有効な抗菌薬，天然物合成

18

しぶとく七転八起して
"RE"-search を楽しもう！
——試行錯誤から導かれたアイデアで新境地へ第一歩

新しい挑戦と合理的な改善を継続できるか？ 有機合成研究においても単発的な search に終始せず，何度でもしぶとく "RE"-search を繰り返し，次の一手を系統的に案出・実践していけば，おのずと研究者としての成長につながる．貴重な実体験が礎となり，個々の強みを活かした新境地が拓かれることを願い，ほろ苦い試行錯誤とその後の展開の一例を紹介する．

東北大学平間正博先生の研究室で，シガトキシン（CTX1B）の左端を合成する機会に恵まれた．多段階合成で研究者としての足腰を鍛えつつ，博士課程で生物有機化学に軸足を移すことを決意した．抗シガトキシン抗体の調製に必要なフラグメントを合成するため，AB 環部 1-5R の迅速構築に取り組んだ（図 1）[1]．大石徹先生が率いられていた全合成では，閉環オレフィンメタセシス（RCM）を駆使していた．筆者は斬新な合成法を開発すべく，RCM 反応 2 → 3 を検討した[2]．トリエン 2 に Grubbs 触媒を作用させると環化が 30 分以内に進行し，ほぼ完全なジアステレオ選択性で 3 が得られ，その収率は 95％！ 小躍りして喜んだのはつかの間，次の 3 と 4 との交差メタセシス反応のあとでは，直前の工程で制御した 5 位の立体化学が逆転した 5-5S が主生成物となってしまった．一見不可解な立体化学の逆転であったが，A 環の開環を伴う交差メタセシスが進行し，生じた中間体 A の RCM で 5-5S が形成する機構で説明がついた．その結果，側鎖を導入した A 環部を一挙にワンポット合成する計画 2 + 4 → 1-5R は，はかなく潰えてしまった．

次に，溝呂木-Heck 反応 6 + 7 での側鎖導入を試みた．この反応は位置選択的に進行したが，5 位エピマー 5-5S がまたも優先して生成してしまう．そこで側鎖を立体選択的に導入するため，π-アリル錯体を β 面に発生させトランスメタル化を経る戦略を試みた．Pd 触媒による

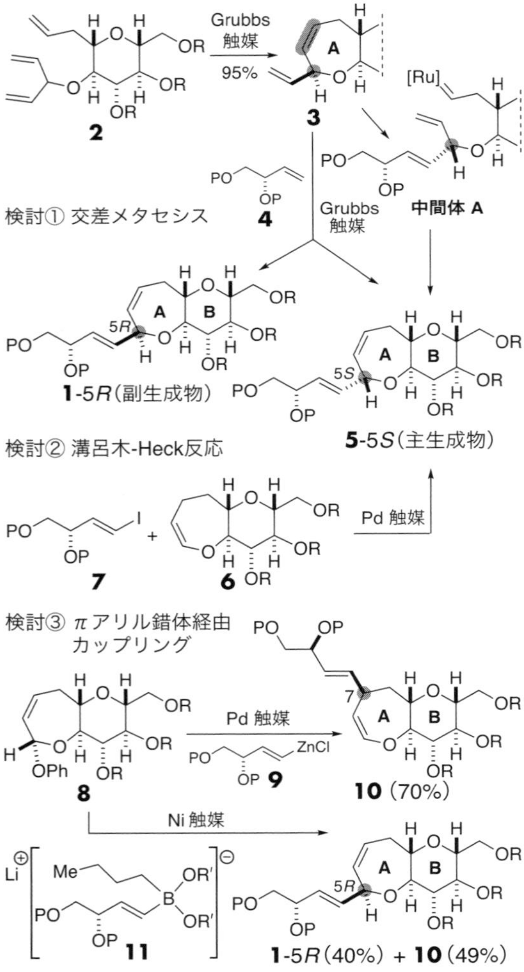

検討① 交差メタセシス

検討② 溝呂木-Heck反応

検討③ π アリル錯体経由カップリング

図1 CTX1B-AB 環部 1 の合成における試行錯誤

基質 **8** と亜鉛反応剤 **9** とのカップリングでは，面選択性を制御できたものの，今度は逆の位置選択性となり，**10** が主生成物となった．Ni 触媒によるホウ素アート錯体 **11** との反応でようやく目的の **1**-**5R** が収率 40％で得られた．しかし，一連の試行錯誤では，立体異性体 **5**-**5S** や位置異性体 **10** が優先し，分子に弄ばれた（もてあそ）ような顛末となった．

意に反して立体/位置異性体を幾度となく合成するはめになった七転八起の実体験を通じて，生物活性天然物の構造をあえて改変した天然物類似化合物群を設計し，系統的に創りだす合成化学には未開拓で無限の可能性があるかもしれない!? という想いがひそかに芽生えた．この想いはその後，アメリカ留学と北海道大学への異動を含む数年間のときを経て，こだわりのアイデアとして発酵していった．

マラリアの治療を革新したアルテミシニンをモチーフとした合成研究において，セスキテルペンに類似した三環性骨格の縮環部立体化学を系統的に改変するアイデアを提起した（図 2）．

アルテミシニンの合成は多数検討されていたが，縮環部の立体化学をわざわざ改変するアプローチは誰もやりそうにない．また，7-6 縮環骨格の多様化を実現し，既存の全合成との違いを明示しようという想いがわきあがってきた．

このアイデアに基づき，6 系統の縮環分子群をつくり分ける迅速合成プロセス（4 〜 6 工程）を開発した．さらに，アルテミシニンに特徴的なペルオキシド架橋の導入位置や立体化学もダイナミックに改変した．その結果，分子を形づくる骨格や立体化学，活性発現に重要な官能基を系統的に多様化した天然物アナログ群を創製することで，創薬候補化合物の探索と同時に構造活性相関を把握し，活性発現を担うファーマコフォアの三次元構造を絞り込むことに成功した[3]．生合成と相補的なアプローチで生体機能性分子群を創製する合成戦略の開拓につながった．試行錯誤から約 10 年後，独自の新境地への第一歩をようやく踏みだすことができた．

思慮不足や失敗データとみなされる試行錯誤のなかにも，七転八起している本人だけに自然がそっと教えてくれるメッセージがあるはずだ．当面は役に立たなくても，数年後にはオリジナリティーの源泉となる宝物に変身しているかもしれない．"RE"-search を続ける若い読者にとって，少しでも励みとなれば幸甚である．意外な発見やアイデアにめぐり会える感動の瞬間を願って！

参考文献
1. H. Oguri, *Bull. Chem. Soc. Jpn.*, **80**, 1870（2007）.
2. H. Oguri, S. Sasaki, T. Oishi, M. Hirama, *Tetrahedron Lett.*, **40**, 5405（1999）.
3. H. Oguri, T. Hiruma, Y. Yamagishi, H. Oikawa, A. Ishiyama, K. Otoguro, H. Yamada, S. Ōmura, *J. Am. Chem. Soc.*, **133**, 7096（2011）.

大栗　博毅（Hiroki Oguri）
東京大学大学院理学系研究科 教授
1970 年生まれ．1998 年　東北大学大学院理学研究科博士課程修了
＜研究テーマ＞天然物を基盤とした多官能性分子群の設計・骨格多様化合成・機能創製

セスキテルペン類似三環性骨格　アルテミシニン類似ペルオキシド含有骨格　アルテミシニン

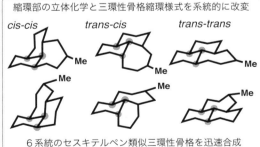

縮環部の立体化学と三環性骨格縮環様式を系統的に改変

cis-cis　*trans-cis*　*trans-trans*

6 系統のセスキテルペン類似三環性骨格を迅速合成

ペルオキシド架橋の導入位置・立体化学の多様化

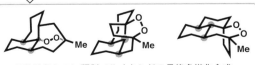

アルテミシニン類似ペルオキシドの骨格多様化合成
抗感染症活性分子の創製・ファーマコフォアの把握

図 2　アルテミシニンアナログ群の骨格多様化合成

19

アミンは Pd/C の触媒毒
それとも活性化剤？
—— 芳香族化合物の還元的脱ハロゲン反応を加速した！

　不均一系触媒には，分離・回収・再使用が容易で連続使用できるといったプロセス化学上の利点があるが，既存の均一系触媒と同等以上の触媒活性や選択性が求められる．私は新しい機能性不均一系パラジウム（Pd）触媒の開発と，不均一系白金族触媒がもつ未知の機能開拓研究を行ってきた．これらの研究は，Pd/C を触媒とした接触水素化反応でアミン類が共存すると，ベンジルアルキルエーテルの水素化分解が選択的に抑制される現象を見いだしたことを端緒として[1]，広範な不均一系触媒機能研究へと発展してきた．

　私は思いついたら試さずにはいられない性分で，研究室で一緒に研究を進めていた職員や学生にはだいぶ迷惑をかけたのではないかと反省しきりである．ただし，たまには当たる（思いがけない結果が得られるといったほうが正しい？）こともあり，幸いにも何度か新しい発見に遭遇できた．その一つに，触媒毒であるはずのアミン類を添加すると，Pd/C 触媒による芳香族化合物の還元的脱塩素反応を促進することを見いだした研究がある．Pd/C を触媒とした芳香族ハロゲン化物の還元反応が進行すると，脱離した HCl が触媒毒として作用するため反応効率は徐々に低下し，最終的に触媒は失活する．この場合，HCl をクエンチするために NaOH といった無機塩基を加えればよいのだが，強塩基を使うと基質適用性に問題がでてくる．そのため，立体的に Pd 金属に配位しにくい Et₃N を 1.2 当量（触媒毒性の発現を恐れて小過剰量）添加したところ，脱塩素反応が一気

に進むようになり，常温・常圧下におけるさまざまな基質の脱塩化法として使えることがわかった（図 1）[2]．

　また反応の経時変化（図 1）をよく観察すると，Et₃N を添加した反応の脱塩素反応の速度（グラフの傾き）が無添加の場合と比べて明らかに大きくなっていることに気づいた．

　これを受けて反応機構についてさまざまな検討をしたところ，TCNQ などの一電子捕捉剤が微量共存すると反応が停止すること，Et₃N に代えて Mg 粉末を添加しても効率よく反応が進行すること，そして HCl をクエンチしたと考えていた Et₃N 塩酸塩も，HCl ほどではないが触媒毒性を示すことなどが決め手となって，この反応は Et₃N あるいは Mg 金属から芳香環への一電子移動で生成するアニオンラジカル中間体が鍵となって進行していることが明らかになった．

　Et₃N の添加はきわめて効果的で，臭素やヨウ素はもとより，フェノール性ヒドロキシ基に由来する芳香族トリフラートやメシラートをも容易に脱離する．蛇足だが，芳香族トシラート

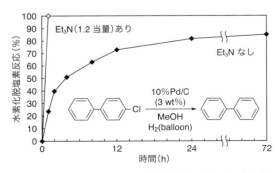

図 1　芳香族化合物の還元的脱塩素反応の経時変化

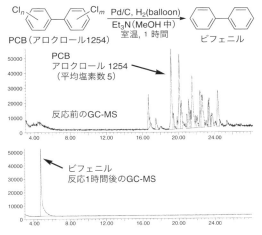

図2 アロクロール 1254 の分解（常温・常圧）

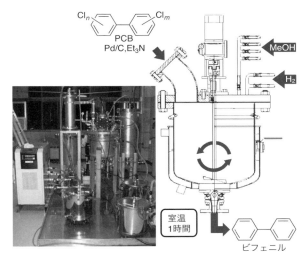

図3 50 L スケールのパイロット研究

の場合には，一電子移動がトシル基の芳香環側で優先するため脱離しない．

　ところで PCB やダイオキシン，DDT に代表される難分解性の芳香族塩素系環境汚染物質は環境ホルモン様の毒性に加え，人体を含め自然界での残留性が高いために社会問題となっている．筆者らの開発した Pd/C と Et₃N（あるいは Mg）を組み合わせた芳香族塩素化合物の触媒的脱塩素化反応は常温・常圧下で進行するため，PCB を中心とした芳香族塩素系環境汚染物質を温和に分解，無害化する手法として適用することができた．たとえば，ビフェニルの分子内に平均約5個の塩素原子をもつアロクロール 1254 の分解無害化反応は，塩素に対し 1.2 当量のトリエチルアミン存在下，常温・常圧 1 時間で完結し，アロクロールの環境基準値である 0.5 ppm を下回る分解性能が示された（図2)[3〜5]．

　この研究は 2008 年度独立行政法人新エネルギー・産業技術総合開発機構（NEDO）大学発事業創出実用化研究開発事業費助成金の採択課題として取りあげていただいた．さらに，50 L スケールのパイロットプラント研究を実施するチャンスにも恵まれ，幸い筆者が所属する岐阜薬科大学の本部学舎移転の時期に重なったこともあり，移転まで 2 年はあったが，使わなく

なる旧学舎の研究室一部屋を改築して装置を導入する許可をもらい，1 ロット数 kg スケールの実用化に向けた検討を門口泰也 准教授（現第一薬科大学教授）をはじめとする多くの研究協力者の尽力により進めることができた（図3）．

　Pd/C を触媒とした接触水素化反応では触媒毒であるはずのトリエチルアミンを共存させることで，芳香族脱塩素反応が効率よく進行した．予想とは違うメカニズムで反応が進行する幸運が隠れており，その後さらに幸運が重なった結果であるが，幸いうまくモノにすることができた．ささやかながら感動の瞬間であり，旨味を追及してのめり込んだ結果である．

参考文献
1. H. Sajiki, *Tetrahedron Lett*., **36**, 3465 (1995).
2. H. Sajiki, A. Kume, K. Hattori, K. Hirota, *Tetrahedron Lett*., **43**, 7247 (2002).
3. A. Kume, Y. Monguchi, K. Hattori, H. Nagase, H. Sajiki, *Appl. Catal. B Environ*., **81**, 274 (2008).
4. Y. Monguchi, S. Ishihara, A. Ido, M. Niikawa, K. Kamiya, Y. Sawama, H. Nagase, H. Sajiki, *Org. Process Res. Dev*., **14**, 1140 (2010).
5. S. Ishihara, A. Ido, Y. Monguchi, H. Nagase, H. Sajiki, *J. Hazard. Mater*., **229-230**, 15 (2012).

佐治木　弘尚（Hironao Sajiki）
岐阜薬科大学薬学部 教授
1959 年 生まれ．1984 年　岐阜薬科大学大学院薬学研究科博士前期課程修了
＜研究テーマ＞固体金属触媒の開発と結合活性化を利用した官能基変換法の研究

20

反応開発から構造有機への転位
——思いついたらやってみよう

　学部 4 年生となり，内本喜一朗先生の研究室に配属され，念願叶って大嶌幸一郎先生（当時助教授）のもと研究生活をスタートした．卒論のテーマは Brook 転位を活用したカスケード反応の開発であった（図 1）．ケイ素の炭素から酸素への転位を利用して求電子剤と逐次的に反応させることを狙っていたが，求電子剤 E⁺ を入れる前にケイ素の転位が起こり，うまくいかない．悩んだ末に，添加剤により溶媒の極性を変えて転位のタイミングを制御することを思いついた[1]．すぐに実験してみて，このアイデアがうまくいったときの感動は忘れられない．このような体験を何度も味わいたくてこれまで研究を続けてきたような気がする．自分で実験しなくなって久しいが，研究室の学生たちにも「感動の瞬間」を自分自身で味わってほしいと願っている．

図 1　ケイ素の転位反応

とりあえずやってみる

　大嶌研での助手を経て，大須賀篤弘先生の研究室の助教授となったのが転機となった．ポルフィリン研究のメッカである研究室のスタッフとして，構造有機化学の素人を採用するのは勇気のいることだったと思う．着任したはいいが，ポルフィリンのことはさっぱりわからない．と

りあえず学生に「ポルフィリンは芳香族」「メソ位の反応性が高い」ことを教えてもらった．手始めにポルフィリンの C–H 結合を官能基化しようと考えた．ベンゼン環の C–H 結合活性化反応の華々しい発展を見ながら，芳香族であるポルフィリンを基質にしようと考えたわけで，いささか安易な発想である．反応として容易に実施できるイリジウム触媒を用いた C–H 結合ホウ素化反応に目をつけた．メソ位でホウ素化が進行して **2** が得られると予想して，学生に次のような反応を試してもらった（図 2）．

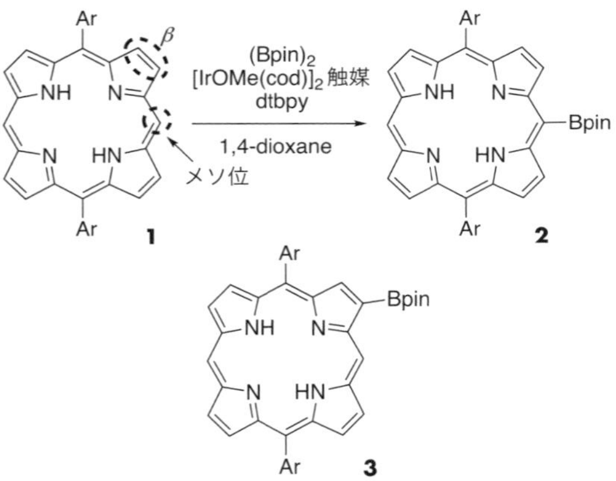

図 2　ポルフィリンのホウ素化反応

　反応が進行したという報告を学生から受けたが，「当然反応するだろう」と思っていたので，そのときにはたいして感動しなかった．ところが，後日報告された ¹H NMR スペクトルはメソ位ではなく，β 位にホウ素が導入された **3** のみが得られたことを示していた[2]．大須賀先生からポルフィリンの β 位選択的な反応は前例がないと教えていただいて，面白いかもと思い

始めるようになった．実際，その後ホウ素化ポルフィリンを足掛かりとして多くのポルフィリン誘導体を合成し，その構造有機化学を堪能することになる．とりあえずやってみたことが大きな研究の流れになり，実は大発見であったことに後から気づき，じわじわと感動した．感動の「瞬間」がある発見ばかりではないのである．当初は，既知反応を応用しただけという後ろめたさがあった．しかし，この発見を契機として切り拓かれたポルフィリン化学の新展開を目の当たりにし，何でも試してみるものだなぁと思い直した．自分で新反応を見つけることにこだわっていたら，この発見はなかっただろう．

直結ビピロールとの出会い

当時，水を溶媒とした反応を開発していたので，当然のようにポルフィリン合成も水中で行ってみた．水中で使える Lewis 酸である希土類トリフラートを用いて，ピロールとペンタフルオロベンズアルデヒドを酸縮合させ酸化した（図3）．

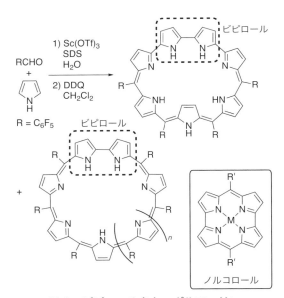

図3　ビピロールをもつポルフィリン

粗生成物をカラム精製すると，緑色や青色のカラフルなバンドがカラムの上から下まで現れて美しかったが，精製はたいへんだった．生成

物を同定した結果，二つのピロールが直結したビピロール構造をもつ複数の新規ポルフィリン類縁体が生成していることを見つけた[3]．これが自分で NMR まで測定した最後の実験となった．ポルフィリンといえばピロールのあいだに架橋炭素が一つずつあるものと思い込んでいたので，この発見は新鮮だった．

ビピロール構造をもつ化合物にノルコロールがあることを学生から教わった．ノルコロールは，その反芳香族性に由来する不安定性のため数多あるポルフィリン類縁体のなかでも難攻不落であることをこのときに知る．まさか，後のちノルコロールの化学に深くかかわることになるとも知らずに…[4]．

新しい機能を目指して分子設計するのが構造有機化学の王道だろう．しかし，反応開発の経験から得た感覚に基づいて見た目にも美しい分子を設計・合成し，その物性や機能を探求するのが楽しくなり，いつのまにか構造有機化学から抜けだせなくなってしまったようだ．

有機化学は大規模な装置も，扱いづらい生きものも必要としない．容易に実験でき，自分の思いつきを短時間で確かめることができる．手を動かしていると大なり小なり「感動の瞬間」がやってくる，報われやすい学問だと思う．これからもやって来るだろうその瞬間を楽しみにしている．

参考文献
1. H. Shinokubo, K. Miura, K. Oshima, K. Utimoto, *Tetrahedron Lett.*, **34**, 1951 (1993).
2. H. Hata, H. Shinokubo, A. Osuka, *J. Am. Chem. Soc.*, **127**, 8264 (2005).
3. S. Hiroto, H. Shinokubo, A. Osuka, *J. Am. Chem. Soc.*, **128**, 6568 (2006).
4. 野澤 遼，忍久保 洋，化学，**72**（4），29 (2017).

忍久保　洋（Hiroshi Shinokubo）
名古屋大学大学院工学研究科 教授
1969 年生まれ．1995 年　京都大学大学院工学研究科博士課程中途退学
＜研究テーマ＞π電子化合物の合成と機能の探求，ポルフィリン類縁体，反芳香族化合物の合成と物性

21

ナノカーボンと有機合成化学
——感動は数限りなく

有機合成化学の愉しみのひとつは，感動がさまざまな形で舞い降りてくることではないだろうか．おこがましくも「ロールモデル」などといえるものではないが，若いどなたかの頭の片隅に，感動の瞬間を待ち望む芽として，小さな欠片でも残ってくれればと思い，私が出会ってきたよろこびの瞬間をいくつか紹介する．

[研究前夜]　中村栄一先生（当時助教授）の分子軌道法の講義後，「実際の計算化学を見せてあげよう」という言葉に釣られて研究室の見学に赴いた．狭い部屋のなかで，中村正治氏（当時修士課程学生）が「これがケトンの伸縮振動」と，うごめく分子を画面上で見せてくれた．「ぜひ，自分でもやってみたい」と魅せられた瞬間だった．

[学士]　「ダイヤモンドよりも高価だ」．炭素同素体フラーレンは，私が卒業研究を始めた1993年当時にそういわれていた．当時助手の山子茂先生が岡崎で作製してきた真っ黒なススをトルエンで煮込み，慣れない溶剤で頭がクラクラするなか，漏れ出てきた濾液が薄い赤紫色であったことに感動したのは，今でも忘れられない．「三つ子の魂百まで」は，研究人生にもあてはまるのである．最初の一歩を踏みだしたばかりの高揚感のなかで，感動できる瞬間を自ら探し，体験することが，研究人生を決めるのかもしれない．

[修士・博士]　初めて自分で分子を設計したのは「両腕フラーレン」と名づけた両親媒性フラーレンだった．先輩の徳山英利氏（当時博士課程学生）が着手した二重付加環化反応を仕上げる

なかで，「面白い分子をつくってみたい」と思いついた分子である．市販反応剤から8段階の合成を仕上げたのが，修士課程の終わりごろ．その後「DNAと相互作用しているらしい」ことは杉浦幸雄先生（当時京都大学）の研究室で学んだ電気泳動から見つけたものの，その意味がわからなかった．「で，機能は？」の問いへの解答を求め，「蛍光剤追いだし実験」を文献からなんとか見つけだし，「疎水性効果と静電相互作用の組合せによりDNAに強く結合する」ことをやっと証明できたとき…感動というよりは「どうにか博士号がとれるかも」という安堵を感じた瞬間だった[1]．博士課程で感動したのは，ジアミン架橋ダンベル型フラーレン二量体の結晶構造が見えた瞬間だった[2]．構造決定の済んでいない生成物の入ったNMRチューブのなか，小さな結晶を見つけ，X線構造解析を試みた．まったく予想していなかった分子が「ぱっ」と初期構造に現れた瞬間，「おぉっ」と声が漏れた．小さいながらも「発見」の醍醐味を初めて味わったときだった．

[短期留学]　博士1年の夏，アメリカ・プリンストン大学に3か月の武者修行に行かせてもらった．まだ新進気鋭だったD. Kahne教授（ダン）の研究室で，オリゴ糖を合成していたのだが，ある日，ダンから「ブルバレンの置換体合成について調べて面白そうなことがあるかどうか議論してみないか」と誘われた．IDカードもないなかで図書館に忍び込んで論文を漁り，実験の合間に時間を見つけてなんとかまとめ，数日後「こんな感じです」という報告とともに議論に臨ん

だ．忙しそうで，なかなか会えないダンと議論できたことがとてもうれしかったのだが，その議論のあと「ヒロ，アメリカに残ったらどうだ．ここで博士号をとれば良いじゃないか」といってもらったことが何よりもうれしかった．おそらくその瞬間が「博士号取得後の針路」について，おぼろげながら考えはじめたきっかけだった．

[助手・助教授] 駆けだしの若手教員として十年弱を過ごすなかで，数多くの感動の瞬間が激務と疲労を乗り越えさせてくれたのは間違いない．ここでは，若手教員としての最後の作品を取りあげよう．「分子を設計すること」とは，分子構造に意味や意義を織り込むことで，ときにはそこで，合成化学のセンスをも問われる．こうした過程全体を愉しみとしてとらえはじめたころ，生物由来の脂質を模した分子を設計した[3]．「電子顕微鏡で分子とその動きなどは見えない」という当時の「常識」に挑む研究のなかで，関連研究者を納得させるための意味や意義を織り込んだ分子である．研究も佳境となり最初の電子顕微鏡写真を見るために，共同研究者のいる筑波へとでかけた．撮影した写真を見せてもらっていたそのとき…「いた！」．自ら設計した分子がカーボンナノチューブのなかに捕らわれた姿だった…ゾワッと鳥肌が立った瞬間である．さらにその後，連続写真のなかに自分の分子が，うねうねとうごめく姿を垣間見たとき，さらにもう1回，鳥肌が立ったのだった．

[教授] 自ら実験をしなくなった今，貴重な感動の瞬間は，自分の研究がだれかの琴線に触れたことがわかったときだろう．そうした機会は，ともに研究に挑む研究室のメンバーとの議論のなかではもちろんのこと，講義や講演会の機会にも訪れる．たとえば，ハーバード大学のB. I. Halperin先生に分子ベアリング固体内での慣性回転について熱く議論していただいたとき[4]，コーネル大学のR. Hoffmann先生に講演で紹介した未発表データ（図1）について「とても美しい分子で面白かったので，出版前の原稿を読

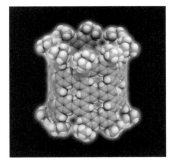

図1　フェナインナノチューブ C$_{304}$H$_{264}$
若い学生さんには，ジブロモベンゼンから9段階の合成経路を自ら描いてみてほしい（総収率0.7%）．日本の有機合成化学の力量が垣間見られるはずだ．

ませてほしい」といわれたときなどが印象深く，記憶に残っている[5]．この原稿を執筆しはじめた2022年は，長かったコロナ禍がようやく収束の気配を見せはじめた年となった．そんななかででかけたゴードン会議では，講演後にたくさんの参加者が「面白かった」と目を輝かせて話しかけてくれた．ともに歩んでくれた共同研究者への感謝とともに「科学は面白く，多くの人たちと喜びをわかちあえる」という感動を新たにした瞬間だった．その際，1人の大学院生が洒落た方法で2ドル紙幣新札をプレゼントしてくれた．とても貴重な「2ドル紙幣講演賞」なので，額縁に入れて飾っている．

若い皆さんには，ぜひ，琴線をピンと張り，それが高く，長く鳴る瞬間を待ち望んでほしい．

参考文献
1. E. Nakamura, H. Isobe, N. Tomita, M. Sawamura, S. Jinno, H. Okayama, *Angew. Chem. Int. Ed.*, **39**, 4254 (2000).
2. H. Isobe, A. Ohbayashi, M. Sawamura, E. Nakamura, *J. Am. Chem. Soc.*, **122**, 2669 (2000).
3. M. Koshino, T. Tanaka, N. Solin, K. Suenaga, H. Isobe, E. Nakamura, *Science*, **316**, 853 (2007).
4. T. Matsuno, Y. Nakai, S. Sato, Y. Maniwa, H. Isobe, *Nat. Commun.*, **9**, 1907 (2018).
5. Z. Sun, K. Ikemoto, T. M. Fukunaga, T. Koretsune, R. Arita, S. Sato, H. Isobe, *Science*, **363**, 151 (2019).

磯部　寛之 （Hiroyuki Isobe）
東京大学大学院理学系研究科　教授
1970年生まれ．1998年　東京大学大学院理学系研究科博士課程中途退学
＜研究テーマ＞物理有機化学，有機合成化学，ナノカーボン化学

22

ノーベル賞技術の改良と社会実装
——クロスカップリング反応と導電性高分子の工業化

　有機合成化学は日本のお家芸であり，ノーベル賞につながった学術成果も多い．私は企業研究者という立場で，二つのノーベル賞技術（① クロスカップリング反応，② 導電性高分子）の改良と工業化に取り組んできた．ノーベル賞を受賞された鈴木章先生，白川英樹先生との交流も含めて，その経験と感動を振り返りたい．

クロスカップリング反応の工業化

　クロスカップリング反応は，炭素–炭素結合形成反応としてきわめて重要であり，産業界でも農薬，医薬，電子材料といった有機ファイン製品の合成手法として，急速に普及している．

　私は 1994 年に東ソー株式会社で研究リーダーとなったのを契機に，クロスカップリング反応の研究開発を開始した．当時のクロスカップリング反応技術は，① 高価な触媒（Pd，Ni）が必須，② 安価な Cl 原料が不活性いう課題があった．若い研究メンバーとともにこの課題に取り組み，鉄系触媒を用いるクロスカップリング反応技術を開発した（東ソー Fe 触媒法）．東ソー Fe 触媒法は，① 安価・安全触媒，② Cl 原料にも活性という利点をもち，経済性に優れた技術である．筆者らは，2000 年に東ソー Fe 触媒法を用いるレジストモノマー（PTBS）の工業化を達成した．これは，鉄系触媒を用いるクロスカップリング反応の世界初の工業化例である．

　2006 年に有機合成化学協会が主催する講演会で，① 鈴木章先生（北海道大学名誉教授）がクロスカップリング反応の学術的成果を，② 私が産業での利用例について，同時に講演するという機会に恵まれた．講演後に「江口さん，東ソー Fe 触媒法は面白いね．Cl 原料でも反応が進行するのはすごいことだよ．今度，山口県へ行くから，工業化したプラントを見学させて！」と声をかけていただいた．その後，毎年，山口と北海道を相互訪問する交流が続いている．

　そして 2010 年に，ついに鈴木先生が「ノー

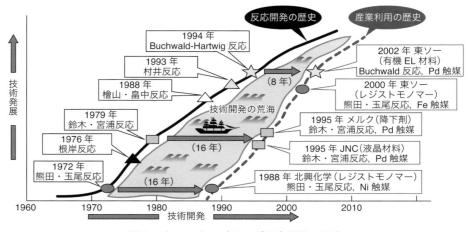

図1　クロスカップリング反応開発の歴史

ベル化学賞」を受賞された．受賞発表の2日後に鈴木先生宅に招かれ，ご夫妻と深夜まで祝杯をあげ続けた日の感動は，生涯一の思い出となっている．翌2011年に私どもも「有機合成化学協会賞・技術的」を受賞させていただいた．図1にはクロスカップリング反応開発の歴史をまとめた[1]．クロスカップリング反応は，日本の学術研究者と企業研究者が先導して発展させた「世界に誇る反応技術」であることがわかる．

導電性高分子の工業化

2014年に有機材料研究所長になり，導電性高分子の研究開発に力を入れた．導電性高分子は，一般的に不溶性（難加工性）で，産業利用における障害となっていた．この課題を解決したのがPEDOT/PSSである．PEDOT/PSSは，導電性高分子（PEDOT）と水溶性ドーパント（PSS）から構成されており，コロイド粒子の水分散体（スラリー液）として入手できる．このため，各種基材への塗布加工が可能となり，光学フィルムの帯電防止といった産業利用が始まった．

近年，プリンテッド・エレクトロニクスの発展に伴い，水（または有機溶媒）に完全溶解する導電性高分子のニーズが高まっている．筆者らはこの課題解決に取り組み，水に完全溶解する自己ドープ型導電性高分子（SELFTRON™）の開発に成功した（図2）．この研究では，高度な有機合成技術（分子設計＋オリジナル製法）が開発成功のポイントとなった．SELFTRON™は，自己ドープ型導電性高分子として世界最高値の電気伝導度（最高値 = 1089 S/cm）を示す[2]．さらに水に完全溶解するため，印刷方式による高品質な薄膜形成が可能となった．現在では，タッチセンサーや光学フィルム，有機EL，電解コンデンサーなど，さまざまな分野での産業利用が進展している．

この研究成果が，2018年の日本化学会誌『化学と工業』の「我が社の自慢」に掲載された．この記事が導電性高分子でノーベル化学賞を受賞された白川英樹先生（筑波大学名誉教授）の目に留まり，「ぜひ，東ソーの導電性高分子を見てみたい！」と筆者らの研究所を訪ねて来られた．突然の来訪に感激しながら，SELFTRON™の物性や特長を一生懸命にご説明した．白川先生は自ら，塗布実験や電気伝導度測定を実施し，「江口さん，東ソーの導電性高分子はすごいね．こんなに電気伝導度が高くて，塗りやすい製品は見たことないよ」と感想を述べられた．その後も白川先生とは交流が続いており，開発に携わる若手研究員の大きな励みになっている．

有機合成は日本のお家芸

クロスカップリング反応では，京都大学の中村正治教授，畠山琢次教授，中尾佳亮教授，北海道大学の澤村正也教授との共同研究を実施して技術の幅を広げた．導電性高分子では，山梨大学の奥崎秀典教授との共同研究により，理論的な解析を深めている．

30余年の企業研究生活を通じて，上記以外にも数多くの産学連携を経験し，「有機合成は日本のお家芸である」ことを強く実感している．いつの日か，一緒に仕事をした先生から「江口さん，ノーベル賞を受賞できました！」という連絡が入ることをひそかに期待している．

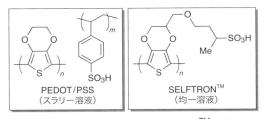

図2　PEDOT/PSS と SELFTRON™ の構造式

PEDOT/PSS
（スラリー溶液）

SELFTRON™
（均一溶液）

参考文献
1. 鈴木章監修，山本靖典，江口久雄，宮崎高則 著，『トコトンやさしいクロスカップリング反応の本』，日刊工業新聞社（2017）．
2. H. Yano, K. Kudo, K. Maromo H. Okuzaki, *Sci. Adv.*, **5**, eaav9492（2019）．

江口　久雄（Hisao Eguchi）
東ソー・ファインケム株式会社 代表取締役社長
1960年生まれ．1988年　九州大学大学院総合理工学研究科修士課程修了
＜研究テーマ＞有機ファイン製品の開発・工業化

23

金属錯体と光触媒の融合
——環境調和型有機合成反応の開発を目指して

今から30年前，卒論研究の配属先として第一希望の有機合成化学研究室に配属されたのが最初の感動であった．学部講義で学んだ物理有機化学と有機反応機構論に魅せられていた筆者に与えられた卒論研究のテーマは，酸素添加酵素であるシトクロム P450 を模倣した鉄ポルフィリン錯体を触媒とするスルフィド合成であった[1]．酸素も酸化反応もまったく関係していない反応開発であったが，今にして思えば，それはまさしくバイオインスパイアード反応の開発であり，筆者の専門とする生体材料と人工物を組み合わせて天然機能を凌駕することを目指したバイオインスパイアード触媒開発の原点はここにあったと思う．

光駆動型バイオインスパイアード金属錯体触媒

活性中心に金属錯体をもつ金属酵素は，おもに中心金属の酸化還元により目的とする酵素反応を触媒しており，電子の授受が反応を支配する要因の一つとなっている．金属錯体は金属イオンの価数によってその性質や反応性を大きく変化させる．生体内で炭素骨格の異性化反応，メチオニンの生合成，および脱塩素化呼吸などの多彩な反応を触媒しているビタミン B_{12} 依存性酵素を例にあげると，中心のコバルトイオンは，Co(III)，Co(II)，Co(I) といった価数変化を伴い，有機金属構造をもつ補酵素型 B_{12} を鍵中間体として生成し，前述の酵素反応を行っている（図1）．補酵素型 B_{12} は超求核性をもつ Co(I) 種と求電子剤との反応により生成するので，生体内では電子伝達系からの電子供給により還元状態である Co(I) 種を生成している．こ

れをフラスコ内で再現するには，水素化ホウ素ナトリウムや金属亜鉛などの各種還元反応剤を用いればよく，簡単に酵素モデルシステムを構築することができる．酵素モデル反応の真骨頂は，そこからどのような反応を模倣し再現するかであり，筆者も補酵素型 B_{12} を中間体とする物質変換反応の開発に注力していた．

そのような折，新着の化学雑誌を眺めていると，ルテニウムトリスビピリジン錯体を光増感剤として用い，光駆動型電子移動反応でメチルビオローゲンの電荷を制御して，メチルビオローゲン類と包摂化合物へのホスト−ゲスト複合挙動を制御している論文が目に留まった[2]．このシステムを用いれば，光駆動型のビタミン B_{12} 酵素モデル反応システムを構築できるのではと思いつく．早速ルテニウムトリスビピリジン錯体を購入して実験したところ，光誘起電子移動反応により B_{12} モデル錯体であるコバルト錯体が還元され Co(I) 種が生成し，またさまざまな有機ハロゲン化合物の脱塩素化反応を触媒することを見いだした[3]．フォトレドックス触媒という言葉も浸透していなかった 2003 年のことである．均一系光増感剤で反応が進行する

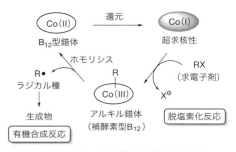

図1　コバルト錯体の触媒サイクル

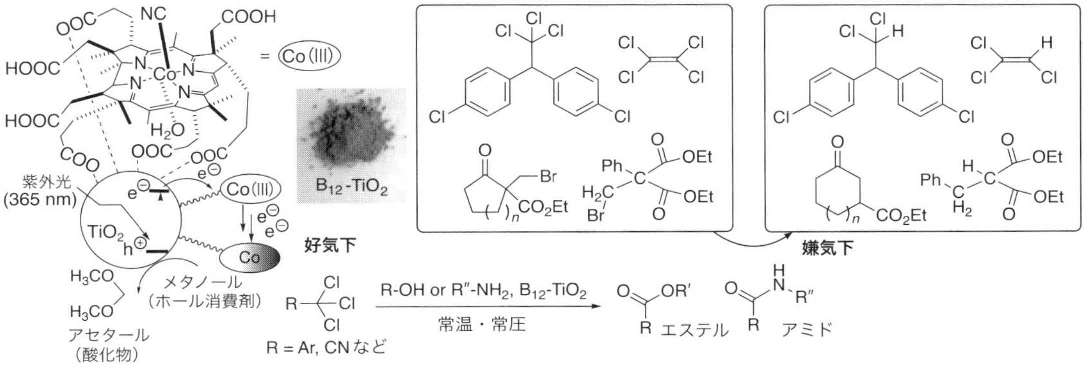

図2　B$_{12}$-酸化チタンハイブリッド触媒による光駆動型物質変換反応

のならば，電位さえマッチしていれば不均一系光触媒でも同様の反応が進行すると考え，酸化チタンを用いたところ，光照射により反応溶液はCo(I)種に特徴的な緑色へと変化した．感動の瞬間である．そこで酸化チタンの表面にB$_{12}$モデル錯体を化学修飾したハイブリッド触媒（B$_{12}$-TiO$_2$）を合成し，触媒の回収容易な不均一系の光触媒システムとして，ビタミンB$_{12}$依存性酵素モデルとなる官能基転位反応や脱塩素化反応へと応用した（図2）．これに気をよくして意気揚々と，今でいうところのTop10%ジャーナルに論文を投稿したが，掲載には至らなかった．紆余曲折の末，ようやく論文を発表できたのは，2009年であった[4]．

空気を酸素源とするカーボンリサイクル反応の開発

いくら有益な反応システムを開発しても，そこで行うのが魅力的な反応でなければ，衆知を集めることができない．ここで学んだ教訓である．卒論研究で行った酸化酵素を模倣したスルフィド合成はまさしくその点を目指したものであったと思い至ったのもそのころである．そのような折，B$_{12}$-TiO$_2$触媒を用いて，脱塩素化反応と酸素添加反応が組み合わさった，トリクロロメチル化合物からのエステルおよびアミド合成反応を偶然見いだすことができた．空気酸化されやすいCo(I)種を活性種として用いる場合は，嫌気性条件下で反応を行うのが常法であるが，あえて好気性条件下で反応を行うと，空気中の酸素を取り込んだ生成物が得られた．こ

の反応を利用して，環境汚染物質であるトリハロメタン類やフロンから，エステルやアミドへとワンポットで変換できるさまざまな反応を開発することができた[5]．感動の瞬間である．この反応は天然酵素が行う脱塩素化反応の機能を利用した環境汚染物質からの有用化合物合成であり，空気中の酸素を酸素源とし，有機ハロゲン化合物を炭素源とするカーボンリサイクル反応ともいえる．環境汚染物質を有用化学物質へと変換するこの反応が，環境問題の解決と炭素資源循環システムの確立の両方に貢献できるのではないか，と夢は膨らむ．そのためには，環境中に広く希薄に存在しているこのような化学物質をいかに集めるかが次の課題である．これが実現できたときが，次の感動の瞬間であると信じている．

参考文献
1. M. Takeuchi, H. Shimakoshi, K. Kano, *Organometallics*, **13**, 1208 (1994).
2. W. S. Jeon, A. Y. Ziganshina, J. W. Lee, Y. H. Ko, J.-K. Kang, C. Lee, K. Kim, *Angew. Chem. Int. Ed.*, **42**, 4097 (2003).
3. H. Shimakoshi, M. Tokunaga, T. Baba, Y. Hisaeda, *Chem. Commun.*, **2004**, 1806.
4. H. Shimakoshi, E. Sakumori, K. Kaneko, Y. Hisaeda, *Chem. Lett.*, **38**, 468 (2009).
5. H. Shimakoshi, Y. Hisaeda, *Angew. Chem. Int. Ed.*, **54**, 15439 (2015).

嵩越　恒（Hisashi Shimakoshi）
九州大学大学院工学研究院 教授
1970年生まれ．1995年　同志社大学大学院工学研究科博士前期課程修了
＜研究テーマ＞環境調和型有機合成反応の開発

24

O-プロパルギルオキシムの
触媒的骨格転位反応
——副生成物の考察から予期しないヘテロ環合成法へ至るまで

筆者は博士課程で炭素–水素結合やヘテロ原子–水素結合の付加反応を研究していた．ところが，ある日の抄録会に選んだアルキニルアリルエーテル **1** を 2 価白金触媒でカスケード型環化–アリル基転位反応をさせた Fürstner の報告[1] から「金属触媒によりアルキンへの炭素–酸素結合の分子内付加が進行する」という研究に衝撃とインスパイアを受けた．これがきっかけとなり，触媒的骨格転位の研究を今日まで続けている（図 1a）．アリル基に代わる官能基として着目したのがアセタールで，白金触媒によるアセタール C–O 結合の分子内付加による多置換ベンゾフラン **4** の合成法を開発した（図 1b）．この方法論はインドールやベンゾチオフェン，ベンゾセレノフェン骨格の構築法へと展開でき，転位基もアシル基，スルホニル基，シリル基など多様な官能基に適応できることを明らかにできたが，徐々にやり尽くしたテーマの閉塞感と対峙することになった．

この状況は副生成物の調査から突如打開された．3-カルバモイルインドール **6** を合成するアミドの転位反応において，3 位がプロトン化した副生成物 **7** の形成が問題となっていた（図

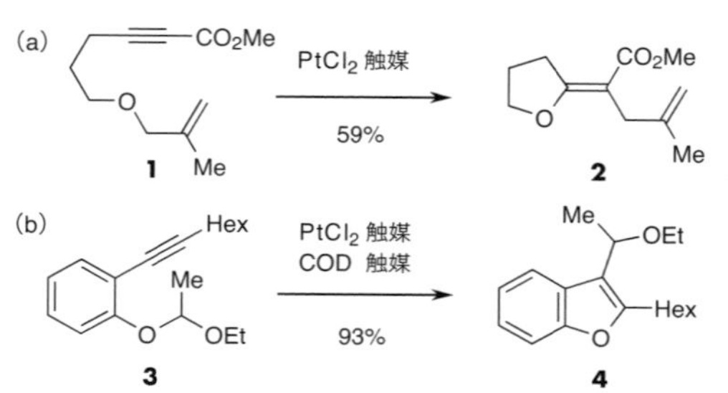

図1 白金触媒による C–O 結合分子内付加反応

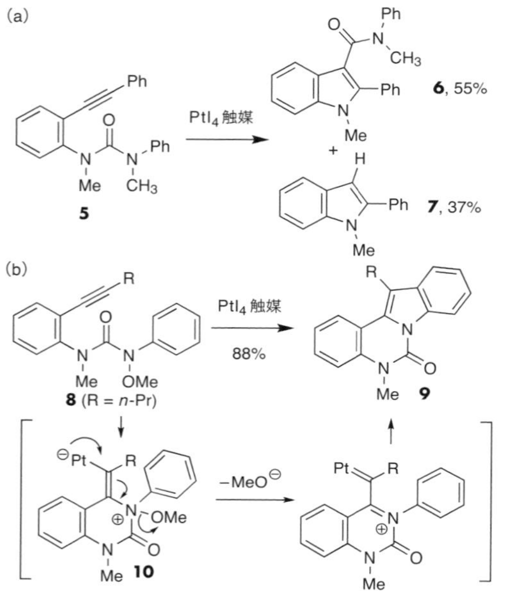

図2 N–O 結合の開裂を伴う環化反応

2a）．筆者らは転位するアミド基上のメチル基をプロトン源とする仮説を立て，その解決法を検討していた．そのとき，研究報告会で筆者のグループではない学生から Weinreb アミド型の提案を受けたのである．実験を担当していた学生は基質 **8** をすぐに調製し反応させてみたところ，驚いたことにまったく予期しない四環式化合物 **9** が得られた（図 2b）[2]．この化合物の生成は白金により π 活性化されたアルキンへのアミド窒素の求核攻撃によって生じたビニル白金中間体 **10** から N–O 結合の開裂を経由すると考えた．

筆者はこの N–O 結合開裂に俄然興味をもった．ところが，基質 **8** は調製に数工程を必要としたため，より柔軟な基質設計が鍵であると

考えた．この視点で文献を調査したところ，Shin らが金触媒によるプロパルギルオキシスルホンアミド **11** の環化反応[3]において，1,3-ジケトン **12** が生じる反応を 1 例報告しており，同様の反応機構が提唱されていた（図 3 a）．一方で，筆者は学生時代，万有仙台シンポジウムで聴いた奈良坂紘一先生(当時東京大学教授)のアミノ Heck 反応[4]についての講演以来，「いつかオキシムを使いたい」と思っていた．*N*-プロパルギルオキシアミン構造の有効性の仮説とオキシムへの興味をハイブリッドした形で *O*-プロパルギルオキシム **13** の構想が生まれた（図 3 b）．

実際，銅触媒を作用させると，またもまったく予期しない四員環骨格が効率的に構築されることを見いだした．当初βラクタム **15** として報告し，その生成を説明するのに苦しんでいたが，その後の研究により構造がその等電子構造である四員環ニトロン **14** であることが判明し，初報を撤回することになった．分子構造の決定を細心の注意をもって総合的に行わなかったことを反省する．痛恨であったが，同時に反応機構を理解することができ安堵した．

この骨格転位反応では当初予測した N–O 結合ではなく C–O 結合の開裂を経て進行しており，触媒的 [2,3]-転位と *N*-アレニルニトロン中間体 **16** の 4π 電子環状反応により説明できる．歴史あるニトロン-オキシム間の転位反応において，そのプロパルギル版の転位を見いだしていたことに気づき，これは望外の喜びであった．また合成法の観点からも，適切な官能基修飾とπ-Lewis 酸性金属触媒の選択により，八員環ニトロン **17** やイソキサゾールの脱芳香族オレフィン異性体 **18** など，これまでに例のないヘテロ環化合物を合成するユニークな手法を開発することができた（図 3 c）[5]．研究途上では「こんなマニアックな研究のために生まれてきたのか」と自問自答することもあったが，6 原子の配列が巧みに変化するこの骨格転位反応

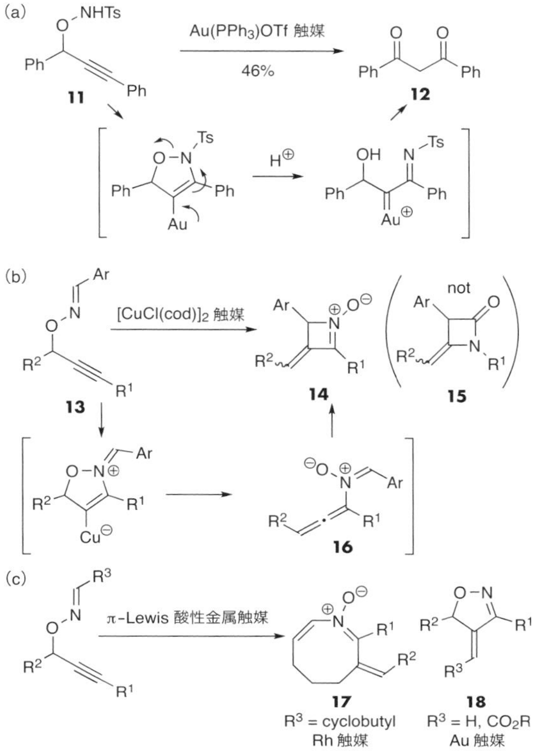

図 3　*O*-プロパルギルオキシムの骨格転位反応

との避逅（かいこう）を今は誇りに思っている．

以上のように，ナイーブな発想から始まり失敗しながらも洞察し続けた結果，当初の構想からは想像もつかない反応系にたどり着いた．自由にアイデアを議論できる共同研究者とともに研究を継続できたことと，挑戦の原動力となった論文と図書館で出会えたことに心から感謝したい．

参考文献
1. A. Fürstner, H. Szillat, F. Stelzer, *J. Am. Chem. Soc.*, **122**, 6785 (2000).
2. I. Nakamura, Y. Sato, M. Terada, *J. Am. Chem. Soc.*, **131**, 4198 (2009).
3. H.-S. Yeom, E.-S. Lee, S. Shin, *Synlett.*, **2007**, 2292.
4. H. Tsutsui, K. Narasaka, *Chem. Lett.*, **28**, 45 (1999).
5. 中村達，寺田眞浩，有機合成化学協会誌，**77**, 971 (2019).

中村　達（Itaru Nakamura）
東北大学大学院理学研究科 准教授
1973 年生まれ．2001 年　東北大学大学院理学研究科博士後期課程修了
＜研究テーマ＞金属触媒を用いた新規分子変換法の開拓

25

収率 0％ = no reaction？
—— 痕跡量の副生成物から始まった新たな研究展開

「No reaction」と「収率0％」．同じようだが，意味はまったく異なる．前者は"何も起こらなかった"を意味するが，後者は単にほしいモノが得られなかっただけで，"ほかに何が起こったのかは不明"である．この二つの違いに注意を払いながら研究を進めなければ，目の前にある重大な発見を取り逃がしてしまう．すなわち，研究の醍醐味の一つ，「セレンディピティ」を楽しむことはできないのだ．本稿では，ほんの痕跡量生じた一つの副生成物から始まった，筆者らの新たな研究展開の一端を紹介する．

2018年，筆者らはこれまで取り組んできた二核金属錯体を用いる反応開発の一環として，独自に開発したルテニウム二核錯体を触媒として，ピナコールボラン（HBpin）をホウ素化剤として用い，ある基質のホウ素化反応を試みていた．さまざまな反応条件や添加剤を検討しても目的物の収率が5％前後という超低空飛行が続くなか，配位子としてトリフェニルホスフィン（PPh₃）を添加したところ，目的物がまったく得られなくなった（収率0％）．ここで「ダメ

な反応条件」と無視してとおり過ぎていたら，このあとの展開はなかっただろう．なぜ0％になったのか？　学生と一緒に粗生成物の ^{1}H NMR と GC-MS をよく見てみると，GC-MS のクロマト上に，配位子として添加した PPh₃ やその酸化体よりも小さいピークとして，"PPh₃ のホウ素化体"（$m/z = 388$，ホウ素の同位体に由来する $m/z = 387$ がある）が痕跡量あることに気がついた．おそらく PPh₃ が錯体に配位することでいつもの経路が阻害され，代わりに PPh₃ のリン原子に対してオルト位がホウ素化されたのだろう．だがしかし，待てよ？　遷移金属触媒を用いる sp^2C−H 結合変換反応は数多の報告があるが，ホウ素化に限らず，第三級ホスフィンである PPh₃ を基質とする反応は見たことがない．これは，第三級ホスフィンを基質量用いると金属に配位して触媒の失活を招くことや，リン原子に対してオルト位の C−H 結合を活性化すると不安定な四員環メタラサイクルを生じることに起因する．ひょっとして筆者らの二核錯体は，二つの金属を介して五員環メタラサイクルをつくることで，これを可能にしているのではなかろうか（図1）．

そこですぐさま PPh₃ を基質量用いて HBpin との反応を試みたところ，o-ボリルフェニルホスフィンが触媒的に高収率で得られることがわかった！　"新触媒で新反応"を目指す筆者らとしては万々歳の結果だったが，喜びも束の間，反応条件の最適化をすすめると，なんと普通の単核ルテニウム錯体でも同様に反応が進行することが明らかとなった．すなわち，前述の作業

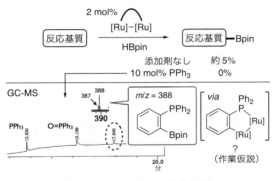

図1　最初の発見と作業仮説

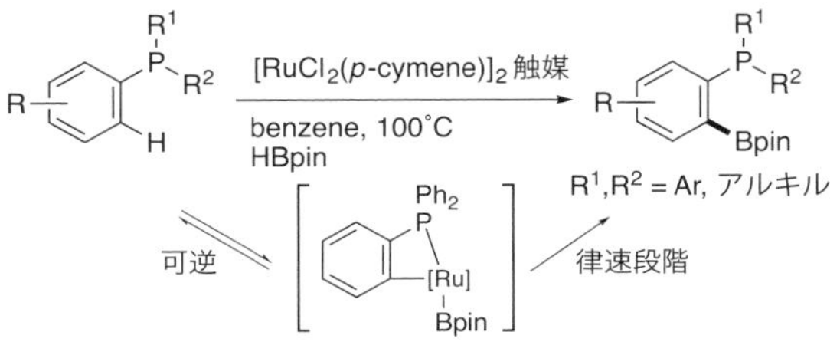

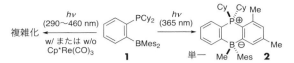

図2 第三級ホスフィンの C–H 結合ホウ素化反応

図3 Ambiphilic ホスフィン–ボランの光骨格転位反応による炭素–炭素結合の切断

仮説は間違っていたのである．ガッカリしたものの，有用反応開発の観点からは入手が容易なルテニウム錯体でできるほうが好ましい．気を取り直して検討を進めた結果，市販の[RuCl₂(p-cymene)]₂ を触媒として用いることで，さまざまな第三級アリールホスフィンの後期誘導化を可能にするオルト位 C–H 結合ホウ素化反応として確立することに成功した（図2)[1]．反応機構解析の結果，この反応の律速段階はメタラサイクル形成後の還元的脱離過程であり，それゆえひずんだ四員環メタラサイクルからの反応が円滑に進行するものと考えている．

さて，ホウ素化の次は，ケイ素化…と2匹目，3匹目のドジョウをねらうのもひとつの手である．しかし筆者らは，この反応が Lewis 酸と Lewis 塩基を併せもつ ambiphilic ホスフィン–ボラン化合物の効率的合成法として有望である点に着目し，これを起点とする新しい化学の開拓に取り組んだ．その一つとして，遷移金属錯体の配位子としての利用を模索していたところ，**1** と Cp*Re(CO)₃ 錯体との錯形成を光照射下で行うと，反応系が複雑化してしまった．学生にはつねづね，no reaction は面白くないが，complex mixture は面白い（ことが起こっているかもしれないので追うべし）と伝えている．そこでさまざまな対照実験を行ってもらったところ，レニウム錯体がなくても複雑化し，さらに照射光を 365 nm に絞ると複雑化せずに単一化合物が生成することが明らかとなった．いったい何が起こったのか？すぐに単離して，単結晶 X 線結晶構造解析を行ったところ，1,4-ホスファボリン骨格をもつホスホニウム–ボ

ラート **2** であることが判明した（図3)．すなわち，メシチル基のオルト位 sp³ 炭素–sp² 炭素結合に対してホウ素が挿入するという，今まで見たことのない反応が進行していた！すぐさま方向転換し，これを従来例のない「ホウ素による炭素–炭素結合切断を伴う光骨格転位反応」としてまとめることができた[2]．Ambiphilic な性質をもつがゆえ，**1** の励起三重項がリン/ホウ素ビラジカル様の反応性をもつことが鍵となっている．これは ambiphilic ホスフィン–ボラン化合物の光反応性を初めて明らかとし，ホウ素による炭素–炭素結合切断を実現した希有な例である．

痕跡量の副生成物から始まった一連の研究は，有機金属一辺倒であった筆者らを，有機典型元素化学と光化学という新しい研究分野に導いてくれた．最初のホウ素化反応の組合せ（Ru 触媒，HBpin，PPh₃ 配位子）は，数多（あまた）の研究者によって過去幾度となく試されてきた反応条件であろう．筆者らがホウ素化体を逃さず発見し研究を展開することができたのは，少しの幸運と，研究員たちの不断の努力のおかげである．まさに "Chance favors the prepared mind" である．だから，有機化学研究はやめられない．

参考文献
1. K. Fukuda, N. Iwasawa, J. Takaya, *Angew. Chem. Int. Ed.*, **58**, 2850 (2019).
2. T. Ito, N. Iwasawa, J. Takaya, *Angew. Chem. Int. Ed.*, **59**, 11913 (2020).

鷹谷 絢（Jun Takaya）
東京工業大学理学院化学系 准教授
1977 年生まれ．2004 年 東京工業大学大学院理工学研究科博士課程修了
＜研究テーマ＞新触媒・新反応の開発（有機金属化学,有機典型元素化学,有機光化学）

26

2 種類の結合を交換する？
異種結合交換反応
—— つなげたい気持ちを抑え，結合を交換する

二つの分子がある．合成化学者ならば，なんとかこれをつなげたいと試行錯誤するだろう．これまで数多に報告された触媒的クロスカップリング反応がこの試みの成果だ（図1a）．一方で，二つの分子をつなげず，互いの分子の一部を着せ替えることはできるだろうか（図1b上式）．本稿では，筆者らが発見した「分子着せ替え反応」である，芳香族化合物の触媒的異種結合交換反応について述べる．

金属触媒を用いて二重結合を交換する反応は，ノーベル化学賞を受賞したオレフィンメタセシス反応だ．三重結合も交換することができる．これら多重結合の交換反応に対して，単結合の触媒的交換反応は少なく，数報しか報告されていなかった．たとえば，置換芳香族化合物の異なる種類の単結合を交換する．これが実現すれば，理想的には安価で容易に入手可能な一方の芳香族化合物から，高付加価値をもつ化合物への転成が可能となる．反応は，芳香族化合物の各結合の金属への酸化的付加により生成する錯体の配位子交換(アリール交換)，還元的脱離により進行すると想定できる（図1b下式）．しかし，簡単なものではなく，立ちはだかる大きな障壁が二つある．一つは，交換する両結合が触媒で活性化できるものでなければならないこと．二つとも酸化的付加錯体とならなければ，交換は進行しない．もう一つは，配位子交換を含むすべての反応は可逆であり，平衡を生成系に偏らせなければいけないことだ．これらの課題を解決するような，活性な触媒と巧みなカラクリを反応に組み込まなければならない．そこで筆

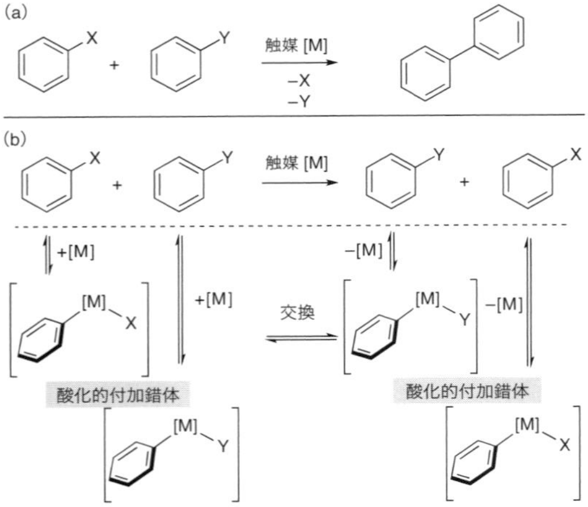

図1 **(a)芳香族化合物のクロスカップリング反応，(b)芳香族化合物の異種単結合交換反応**

者らはこれらの課題を解決し，この高難度反応の実現に挑戦した．

幸いにも，筆者らは一つ目の課題を解決できそうな触媒を所有していた．ニッケルにdcyptと名づけたジホスフィン配位子をもつ触媒（Ni/dcypt触媒）が芳香族エステルのエステルとハロゲン化アリールを活性化できることがわかっていた[1]．否定的にいえば両方とも反応してしまうのだが，結合交換反応と考えると，最適に思えた．そこで，芳香族エステルとハロゲン化アリールを同時に投入すれば，エステルの炭素–炭素結合と炭素–ハロゲン結合の交換が起こるのではないかと期待したのである．実際に反応では，ごく少量ではあるが，エステルの炭素–炭素結合と炭素–ハロゲン結合が交換した芳香族化合物が得られた（図2a）．残念ながら還元条件であったためか，交換後のハロゲン化アリールは脱ハロゲン化がおもに進行した．続

いて，第二の課題である可逆反応を生成系に偏らせるため，原料の芳香族エステルが生成物の芳香族エステルよりも酸化的付加しやすい化合物を探索した．その結果，電子不足芳香族エステルであるニコチン酸エステルを使うと，効率よく反応が進行することがわかった[2]．一方で，高付加価値な化合物をつくれたかというと，生成物の芳香族エステルの酸化的付加を遅くするため，生成物は安息香酸エステル誘導体となった．生成物の価値は落ちたが，触媒的異種単結合交換の概念実証は示すことができた．実は，文献を検索すると，発見直後に類似の形式の反応が報告されていたが，ニッケル触媒や活性化しにくい結合の交換反応としては初となる結果であった．

　これに気をよくした筆者らは次なるステージへと進む．生成物の価値をあげるため，芳香族エステルと芳香族スルフィドへの交換反応へ挑んだ（図2b）[3]．スルフィドは悪臭があり，金属触媒を不活性化してしまうため使いにくい．臭いのしない安価な芳香族スルフィドを用いて，芳香族エステルと交換できれば，安価で悪臭のない新たな芳香族スルフィド合成が実現できる．Ni/dcypt 触媒は，炭素−硫黄結合も活性化できることはわかっていたため，課題1はクリアできそうであった．問題は課題2だ．そこで，次のトリックを考えた．ピコリン酸エステルの酸化的付加錯体は Ni/dcypt で脱カルボニル化が進行し，ジアリールエーテルになることは見いだしていた[4]．そこで，これが交換反応で生成するようなピリジンスルフィドをスルフィドドナーとして用いたのである．つまり，生成物の酸化的付加錯体のみ不可逆反応が進行する反応を組み込んだ．期待どおり反応は円滑に進行し，さまざまな芳香族スルフィドを結合交換反応で合成することに成功した．なお，ピリジンスルフィドは沸点の高いピリジンチオールのアルキル化により合成できるため，試薬の調製においても悪臭のあるアルキルチオールを用いる

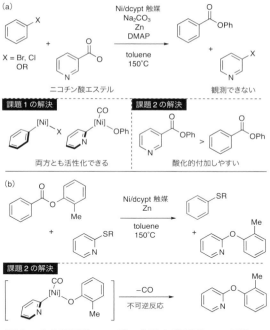

図2　(a) 芳香族ハロゲン化物と芳香族エステルの結合交換反応，(b) 芳香族エステルと芳香族スルフィドの結合交換反応

必要はない．

　以上，最近開発した新奇反応を紹介した．少なくとも二つの課題を乗り越えなければならないが，二つの芳香族化合物の組合せで，無限の可能性がある．つなぎたい気持ちを抑えて，結合のみを交換することで単純な芳香族化合物においても新反応につながる．それを，目前のフラスコで見られる．これが合成化学研究の醍醐味である．

参考文献
1. R. Takise, K. Muto, J. Yamaguchi, K. Itami, *Angew. Chem. Int. Ed.*, **53**, 6791 (2014).
2. R. Isshiki, N. Inayama, K. Muto, J. Yamaguchi, *ACS Catal.*, **10**, 3490 (2020).
3. R. Isshiki, M. B. Kurosawa, K. Muto, J. Yamaguchi, *J. Am. Chem. Soc.*, **143**, 10333 (2021).
4. R. Takise, R. Isshiki, K. Muto, K. Itami, J. Yamaguchi, *J. Am. Chem. Soc.*, **139**, 3340 (2017).

山口　潤一郎（Junichiro Yamaguchi）
早稲田大学理工学術院 教授
1979年生まれ．2007年　東京理科大学大学院工学研究科博士課程修了
＜研究テーマ＞新規反応の開発・生物活性分子の合成とケミカルバイオロジー

27

遷移金属によるC−F結合の活性化
——発想の転換による酸化的付加によらないアプローチ

　不活性結合の活性化は，有機合成化学における最重要課題であろう．炭素−フッ素（C−F）結合は，炭素−水素（C−H）結合と比べても結合解離エネルギーが高く，その活性化はひときわ困難に思える．近年，低原子価遷移金属による酸化的付加を利用したC−F結合の活性化が精力的に検討されているものの，こうした直接的な切断は必ずしも容易ではない（図1）.

　正攻法では難しいなら，別の手（＝トリック）を探すのも有機合成化学の醍醐味である．筆者らは自身の経験を踏まえ，酸化的付加によらない，遷移金属種のβ-フッ素脱離を用いるC−F結合の活性化法にたどり着いた．

　電子不足な1,1-ジフルオロ-1-アルケンや2-トリフルオロメチル-1-アルケンでは，求核攻撃を受けやすく，β位のフッ素で安定化されたカルバニオンを経てフッ化物イオンが脱離する．つまり，付加-脱離を経たフッ素の求核置換（S_NV，S_N2'型）反応が起こる．筆者らはこれを利用して，ビニル位やアリル位のフッ素を選択的に求核種で置換し，含フッ素ヘテロ環などの構築を行っていた（図2）[1,2]．こうした研究の自然な成り行きとして，その延長線上に遷移金属によるC−F結合活性化の糸口を見いだした．

　「アルカリ金属求核種を遷移金属種に換えたって，β-フッ素脱離による置換が起こるに違いない！」そんな直感に胸が熱くなった．

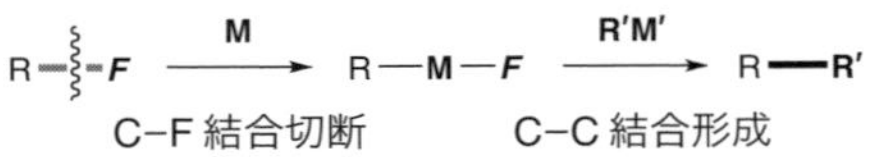

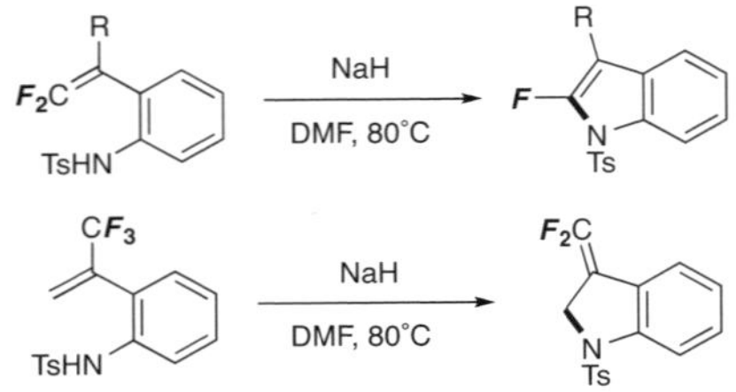

図2　付加-脱離による含フッ素ヘテロ環の構築

　こうして1999年に生まれたのが，ジルコノセンによる1,1-ジフルオロエチレンの脱フッ素カップリングである（図3）[3]．ジフルオロエチレンから置換基（X）を選んでジルコナシクロプロパン **A** をつくると，直感どおりβ-フッ素脱離が優先し，フッ素をジルコニウムで置換したフルオロビニルジルコノセンが得られた．最後に，パラジウム触媒でヨウ化アリールとカップリングして，アリール置換を達成した．

　この手法のポイントは，C−F結合の隣に炭素−金属結合をつくることにある．この状況にもち込みさえすれば，かのC−F結合もβ-フッ素脱離で簡単に切断できる．ここで,従来法（図1）と本法の違いが鮮明になった．

　「C−F結合の切断と新たな結合形成の順番を逆にすればいいんだ！」

　ならば，と挑んだのがβ-フッ素脱離を経由する分子内Heck型環化，つまりパラジウム触媒による挿入-脱離であった．筆者らは2005

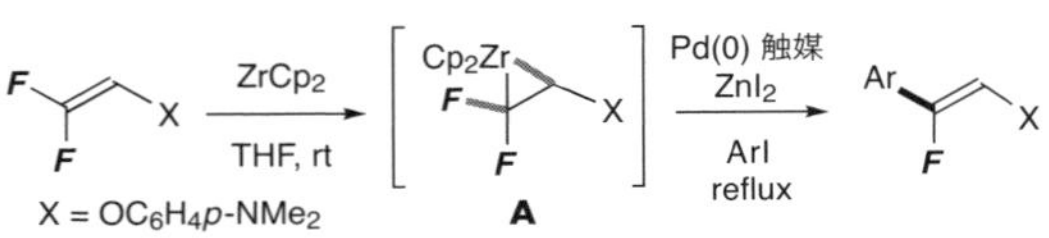

図1　酸化的付加によるC−F結合の活性化

図3　ジルコノセンによる脱フッ素カップリング

年，オキシム誘導体から5-*endo*環化でフルオロピロール合成に成功した（図4a）[3]．ジフルオロアルケン部位をもつオキシムエステルに0価パラジウムを作用させるとN–Pd種が生成し，この5-*endo*アルケン挿入によって，まずC–N結合を形成（**B**の発生），次いで*β*-フッ素脱離によりC–F結合を切断すれば，ビニル位フッ素の変換が完了する．さらに翌年，トリフルオロメチルアルケン部位をもつオキシムエステルで同様の挿入-脱離を行い，アリル位フッ素の変換による5-*endo*環化も達成した（図4b）[3]．

これらのビニル位およびアリル位C–F結合の変換法は，大きな課題であったC–F結合の活性化に新たな指針を与え，発展の契機となった．現に2015年以降，ジフルオロアルケンあるいはトリフルオロメチルアルケンを用いて，その不飽和結合の挿入と*β*-フッ素脱離を組み合わせることにより，遷移金属触媒でC–F結合の活性化を行う報告が急増している．

β-フッ素脱離に組み合わせる素過程は，もちろん挿入だけに限らない．たとえば，低原子価遷移金属と2種の不飽和化合物による酸化的環化をフルオロアルケンに使うと，C–C結合を形成しつつフッ素脱離可能なメタラサイクルが構築できる．2014年に筆者らは，0価ニッケルを用いてトリフルオロメチル基の二つのC–F結合を活性化し，［3+2］環化を達成した（図5）[3]．ニッケルの存在下で，トリフルオロメチルアルケンにアルキンを作用させると，アリル位とビニル位，両C–F結合の変換を経てフルオロシクロペンタジエンが得られる．こう

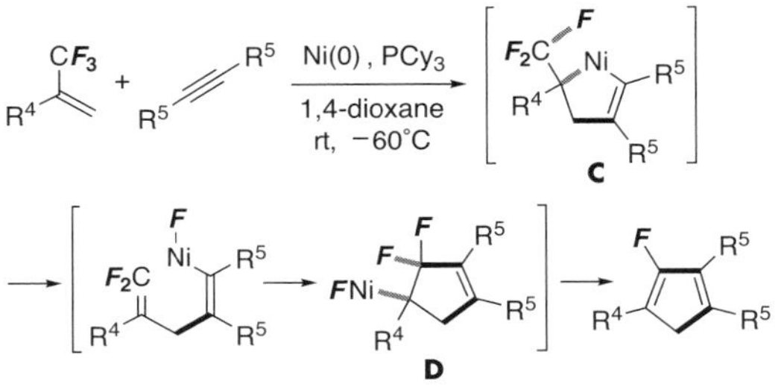

図5 ニッケルによるダブル脱フッ素環化

した組合せには，やはり積み上げてきた経験がものをいう．酸化的環化によって生じるニッケラサイクル**C**から最初の*β*-フッ素脱離が起こり，ジエニルニッケルを生じる．続く5-*endo*挿入によって生じるシクロペンテニルニッケル**D**から2度目の*β*-フッ素脱離が起こって，生成物の2-フルオロシクロペンタジエンを与える．ここでは，図4aでの5-*endo*挿入の成功が伏線になっている．

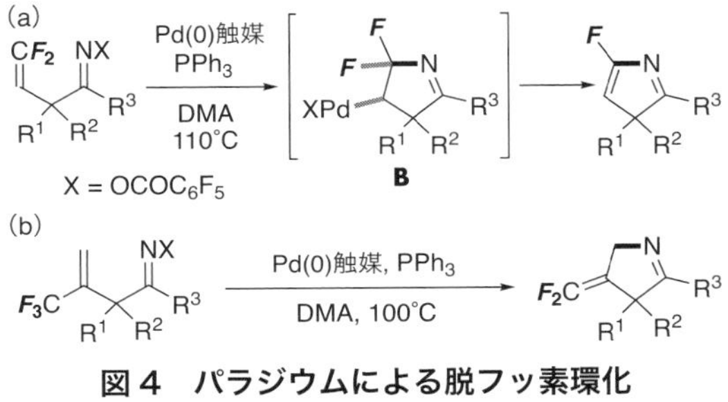

このように，本法にはさまざまな有機遷移金属化学の素反応過程が使えるわけで，"いかにして新たな結合形成をしながらフッ素脱離可能な前駆体に導くか"これが本法におけるC–F結合活性化の鍵である．C–F結合活性化へ多様な可能性を秘める筆者らの報告に続いて，遷移金属による*β*-または*α*-フッ素脱離を用いた合成反応が活発に研究され，さらなる展開を見ることに心が躍る．こうした変換法に，「そんなのC–F結合の活性化とはいえない」と批判される向きもあろう．しかし，有機合成化学者にとっては，それこそが醍醐味であるトリック成功の証であり，一番の感動の瞬間かもしれない．

参考文献
1. J. Ichikawa, *Chim. Oggi*, **25**(4), 54 (2007).
2. J. Ichikawa, *J. Synth. Org. Chem. Jpn.*, **68**, 1175 (2010).
3. T. Fujita, K. Fuchibe, J. Ichikawa, *Angew. Chem. Int. Ed.*, **58**, 390 (2019).

市川 淳士（Junji Ichikawa）
相模中央化学研究所 招聘研究員
1958年生まれ．1985年 東京大学大学院理学系研究科博士課程中途退学
＜研究テーマ＞フッ素と金属の特性を活用する有機合成反応の開発

図4 パラジウムによる脱フッ素環化

(a)

X = OCOC₆F₅

(b)

28

意図的研究展開
——アセタールの化学から

研究できることは幸せである．とはいっても新しく試す実験の多くは，うまくいかない．失敗続きである．それだからこそ，たまにうまくいくと，とても幸せになる．思い描いたことが実現すると気持ちがよい［意図的研究展開］．自分の才能を少し認め，いくばくかの自信が湧く．一方，思いがけない結果に導かれて新しい研究課題に出会うこともある．これもまた楽しい．ある種の運命を感じる．そのような［非意図的研究展開］については他所[1,2,3]で書かせていただいたので，本稿では若かりしころの［意図的研究展開］について述べさせていただく．

「何を研究するか」ということを初めて明確に考えたのは先生からいただいた反応開発と全合成の研究課題がひと段落つき，博士論文が書ける目星がついた博士課程後半のころであったと思う．「あと1年あまりの研究課題は自分で考えてよい」とのありがたいお言葉を賜り，自分の浅い経験を振り返りいろいろと考えた．そのなかで4年生のときに経験した，糖を用いた合成研究の過程で「ヘミアセタール ⇄ ヒドロキシアルデヒドの互変異性（図1）」に面白さを感じたことを思いだし，その利用に思いを巡らせ，遠隔不斉誘起への利用を思いついた．

カルボニル基に対する求核付加反応による1,2-不斉誘起は確度が高く立体選択的合成法の基本中の基本としてよく知られている．それに比して，より遠隔の1,3-, 1,4-, 1,5-不斉誘起と

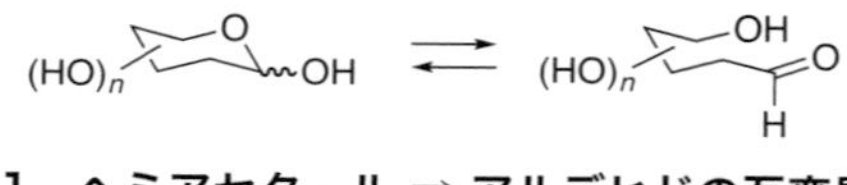

図1 ヘミアセタール ⇄ アルデヒドの互変異性

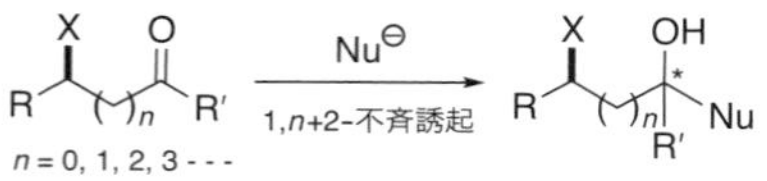

図2 求核付加反応による不斉誘起

なるとその立体制御は途端に難しくなる（図2）．

たとえば1,2-不斉誘起で有効なキレーション制御法を遠隔不斉誘起に適用しようとしても，中員環キレーション構造がエントロピー的に不利となり難しい．これに対してヘミアセタールを基質とすれば，中員環キレーション構造をうまく形成できるのではないかと考えた．すなわち，ヘミアセタール **1** に有機金属反応剤 R'Met を反応させると，環状アルコキシド **2** となる（図3）．これが開環してアルデヒドが現れ R'− と反応する際には自動的に中員環キレーション構造 **3** を形成しているので，求核付加反応が立体選択的に進行すると期待したわけである．

この考えはうまくいった［意図的研究展開］．酸素親和性の高い有機チタン反応剤［MeTi(Oi-Pr)$_3$］をヘミアセタール **1a**, **1b** に作用させると，それぞれ syn-1,4-ジオール **4a** もしくは syn-1,5-ジオール **4b** が高い選択性（$syn/anti$ = 12：1 〜 5：1）で得られた[4]．感動．対応する鎖状アルコキシアルデヒド **5** の反応

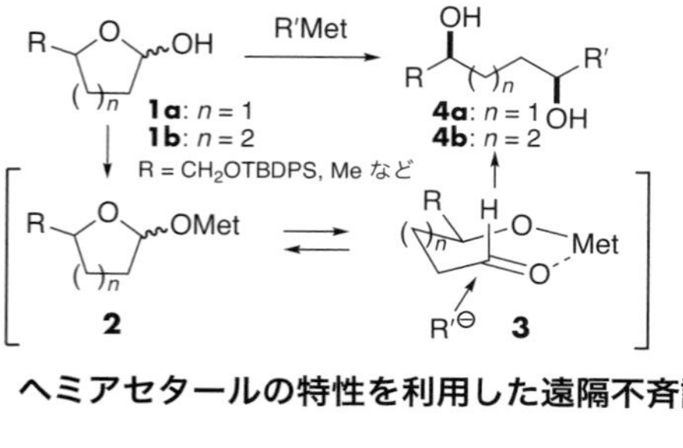

図3 ヘミアセタールの特性を利用した遠隔不斉誘起

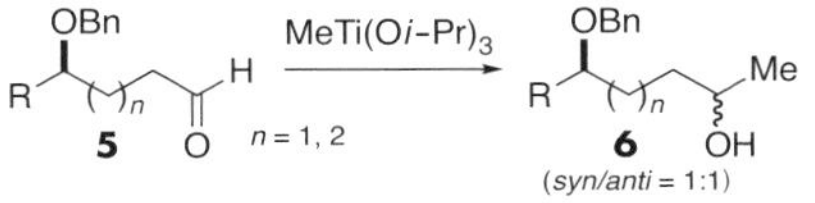

図4 鎖状アルデヒドに対する求核付加反応

（図4）が非ジアステレオ選択的に進行するのと
比較すると，ヘミアセタールの反応の優位性は
明らかである．このように机上の考えが具現化
することはうれしい．研究者の卵としていくば
くかの自信を得た．

アセタールとのつき合いはまだ続く．東京工
業大学に助手の職を得て初期に着想したのが
「アセタール系［1,2］-Wittig 転位の開発」であ
る．［1,2］-Wittig 転位（図5）という古くから知
られているが実用性に欠けていたエーテル系カ
ルボアニオン転位を環状アセタール（広義の O-
グリコシド）に適用すれば，C-グリコシドのよ
い合成法になると考えた．まずはモデル系とし
て単純な環状アセタール **7** に n-BuLi を作用
させてみると，期待したように［1,2］-転位体 **8**
が得られた［意図的研究展開］．感動．しかしな
がら β-脱離が併発して **9** が副生するため，**8**
の収率はとても低かった（図6）．いろいろと条
件を検討しても収率は改善されず，この研究は
ほぼお蔵入りになった．しかしながらアメリカ
での留学期間を挟んだ数年後に気を取り直し，
再考してアセタール炭素の α 位にアルコキシ
基をもつ基質 **10** で同様な反応を試してみると，
すこぶるうまくいく．収率よく，しかも高ジア
ステレオ選択的に転位体 **11** が得られた（図7）[5]．

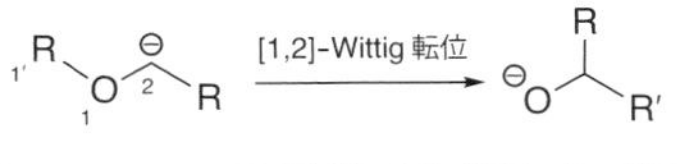

図5 エーテル系［1,2］-Wittig 転位

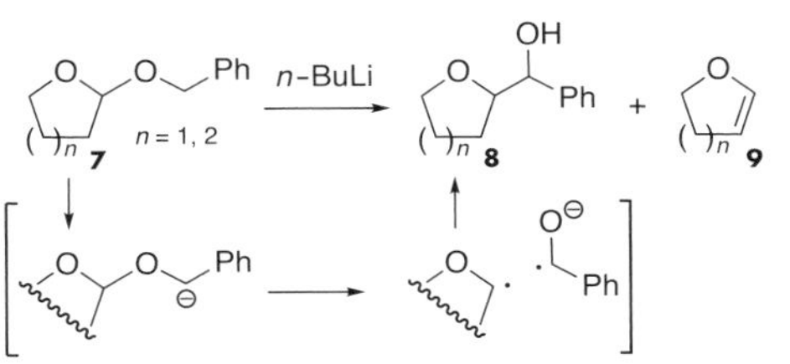

図6 アセタール系［1,2］-Wittig 転位（1）

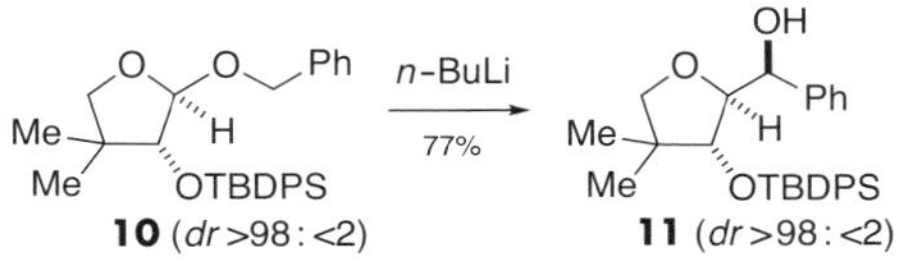

図7 アセタール系［1,2］-Wittig 転位（2）

感動．これは置換基の立体障害によってアセ
タール炭素の α 位水素への塩基の接近が困難
となり β-脱離が妨げられた結果と考えられる．
本来，糖由来の O-グリコシドの転位を目指し
ていたので **10** のように α 位にヒドロキシ基（も
しくはその誘導化基）をもつ基質を用いるべき
であったのにモデル系として単純化しすぎた
α-デオキシ体 **7** を用いたことが災いしていた
のだ．反省．新反応開発時のモデル系選択の大
切さを再認識した．その後，このアセタール系
［1,2］-Wittig 転位を利用してザラゴシン酸A
の全合成にも成功した［意図的研究展開］．その
一方で，ヘミアセタールの類縁体であるヘミア
ミナールを用いた転位に関する検討過程で不斉
ケイ素の化学に導かれ，またエナンチオ選択的
Wittig 転位の開発過程で動的面不斉分子を見
いだすなどの［非意図的研究展開］が続出し，よ
り大きな感動と出会うことをこのころの私はま
だ知らない．

研究は予想どおりにうまくいけば「感動」．予
想外の面白いことが起これば「大感動」．いつも
感動しているのは，おめでたすぎるかもしれな
いが，研究はたくさん感動して楽しくやるのが
よいのである．

参考文献
1. 友岡克彦, 有機合成化学協会誌, **59**(5), 492 (2001).
2. 友岡克彦, 化学と工業, **70**, 255 (2017).
3. 友岡克彦, 有機合成化学協会誌, **80**(9), 872 (2022).
4. K. Tomooka, T. Okinaga, K. Suzuki, G.-I. Tsuchihashi, *Tetrahedron Lett.*, **28**, 6335 (1987).
5. K. Tomooka, H. Yamamoto, T. Nakai, *J. Am. Chem. Soc.*, **118**, 3317 (1996).

友岡 克彦（Katsuhiko Tomooka）
九州大学 先導物質化学研究所 教授
1960年生まれ．1988年 慶應義塾大学理
工学研究科博士課程修了
＜研究テーマ＞有機合成法の開発，キラル
分子科学の開拓

29 生体内で働く遷移金属触媒の開発
——いかに経験と偶然の産物を自分の研究に取り込むか

独立して研究室を構えた2012年に、「有機合成化学でこれからは何が大事になるか」、「どれだけ独自性をだせるか」と思いひたっていたとき、ふと、「マウスの体内で生物活性分子を合成する」アイデアが浮かんだ。天然物誘導体や薬剤を生体内にある疾患の現地で合成して、副作用なく治療する「生体内合成化学治療」のアイデアである。今になって考えると、ちょうど同時期に世界中の研究者が同じことを考えて、クリック型反応を中心としたトライアルを始めたところである。筆者がこれまで滞在した研究室での経験と、日々の実験で得られる偶然の産物をくまなく活用し、この10年後には世界に先駆けてマウスのがん組織で薬剤骨格を触媒的に合成することに成功した。熱意をもって行動すれば、有機合成化学者に不可能はない。

フラスコ内で分子を合成するために、いまや遷移金属触媒を使わない手はない。もしマウスの体内でも金属触媒反応を自在に実施できれば、さまざまな生物活性分子を合成して体内の現地で機能を果たすことができる。しかし、細胞内や体内の反応場は「水」であり、さらにグルタチオンをはじめとする生体分子が金属触媒を被毒するために、実際のところ生体内の環境で金属触媒は容易には使えない。一部の金属ナノ粒子は反応に使用できるが、それだけで致死量となるような、とんでもない量の粒子をがんに植えつける必要がある。

血中の主要タンパク質であるアルブミンにクマリン分子（図1a）を入れると、疎水性ポケットにうまくはまり込んで蛍光を発する。筆者はポスドク時代にこのことを知り、スペクトル測定研究に携わった経験がある。いまだ日の目を見ないこの測定研究であるが、研究者の勘が働き、アルブミンの疎水性ポケットに遷移金属触媒を入れてみようと考えた。ポスドクのときに使用したクマリンを介してHoveyda-Grubbs第二世代のルテニウム触媒を入れたところ、触媒が疎水性ポケット内で顕著に安定化され、さまざまな基質の閉環メタセシス反応が触媒的に

（b）アミノ基に糖鎖パターンの付与　　　（a）金属触媒を疎水性ポケットで保護

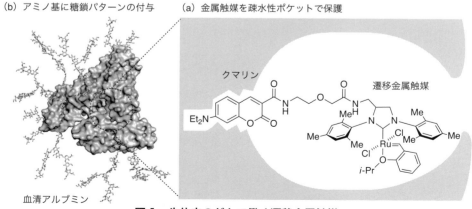

クマリン

遷移金属触媒

Et₂N

Me

Me

Me

Me

Me

Cl

Cl

Ru

i-Pr

血清アルブミン

図1　生体内のがんで働く遷移金属触媒

進行したのである（図 1）[1,2]．グルタチオンがいまにも析出しそうな 20 mmol/L という濃度条件であっても，触媒反応が円滑に進む現象にはたいへん驚いた．

さらに悪ノリで，「全血（すべての成分を含んだ血液）でやってみたら？」と研究員に指示をしたところ，翌日に彼は余裕の表情で教授室にやってきた．0.5 mol％の触媒と基質をマウスやヒツジの血と混合し，12 時間待つと環化体がほぼ定量的に生成するというのである．これは有機溶媒中ではなく，水中でもなく，全血中の反応である．通常，血中で金属触媒は血球やタンパク質にとらえられて反応しない．12 時間も安定に存在するなど，常識では考えられないことである．にわかに信じられず，さらに 50 種類の基質で反応させたところ，血中でクロスメタセシス反応まで進行するではないか！「マウス体内での金属触媒反応の世界を，これで変えられる！」と思った．その後の研究で，アルブミンの疎水性ポケットは金属を保護するだけでなく，世界中で切望されていた生体寛容性の人工金属酵素として働くことがわかった．

さて，それではこの人工金属酵素をどのようにしてマウス体内のがんに選択的に送り込めばよいか？　筆者は助教時代に，複数の糖鎖分子から構成される糖鎖クラスターが，体内の同じような細胞のなかから，特定のがん細胞を「糖鎖パターン」で選択的に認識することを明らかにしていた．つまり，がん細胞を認識する糖鎖クラスターを人工金属酵素の表面に有機化学反応で結合させればよい．ここで，学生のときに開発した高速で進行するアザ電子環状反応を思いだした（後に筆者が「理研クリック反応」と命名）．そしてアルブミン表面の複数個のアミノ基に対して理研クリック反応を行うと，数分で効率的に糖鎖のクラスターを導入することができたのだ（図 1b）．こうして，マウス体内の特定のがんを即座に見つける人工金属酵素が完成した[3]．

マウス体内のがんで本当に選択的な金属触媒反応が実施できるかどうかを確かめるために，静脈から人工金属酵素を注射したのち，金属触媒反応が起こると光る仕組みの分子を注射した．有機合成化学しか知らない筆者がマウスを解剖し，がんを取りだしてきてタンパク質を抽出し，優位な蛍光を認めたときには感激した．「どの雑誌に掲載されてもかまわない．査読者が何癖つけようとも，体内で金属触媒反応が起こっていることは間違いない！」と確信した．

筆者のマウスでの合成研究は，単に反応場を体内に設定しているだけで，反応自体は有機合成化学にほかならない．天然物合成では，よい反応と試薬を開発してはじめて効率的な全合成が達成される．それと同様に，筆者の「生体内で働く遷移金属触媒」によって，その後，多種多様な「生体内合成化学治療」が実現できた[4]．

現在，生体内での有機合成化学はトレンドのひとつとなりつつあるが，今後，細胞レベルでの研究を超えて，マウスやヒト体内レベルでの金属触媒反応を行うには，筆者らの技術を使うことが必要不可欠になると自負している．学生のときから 28 年間，先生方に有機合成化学をご指導いただき，製薬企業も含めていろいろな研究活動を経験し，偶然の産物と発見を自分なりに消化して研究に取り込んできた賜物である．

参考文献
1. S. Eda, I. Nasibullin, K. Vong, N. Kudo, M. Yoshida, A. Kurbangalieva, K. Tanaka, *Nat. Catal.*, **2**, 780 (2019).
2. K. Vong, S. Eda, Y. Kadota, I. Nasibullin, T. Wakatake, S. Yokoshima, K. Shirasu, K. Tanaka, *Nat. Commun.*, **10**, 5746 (2019).
3. K. Vong, T. Tahara, S. Urano, I. Nasibullin, K. Tsubokura, Y. Nakao, A. Kurbangalieva, H. Onoe, Y. Watanabe, K. Tanaka, *Sci. Adv.*, **7**, eabg4038 (2021).
4. I. Nasibullin, I. Smirnov, P. Ahmadi, K. Vong, A. Kurbangalieva, K. Tanaka, *Nat. Commun.*, **13**, 39 (2022).

田中　克典（Katsunori Tanaka）
東京工業大学物質理工学院 教授／理化学研究所開拓研究本部 主任研究員
1973 年生まれ．2002 年　関西学院大学大学院理学研究科博士後期課程修了
＜研究テーマ＞生体内での生物活性分子の合成

オンリーワンといえるような
テーラーメイド触媒の開発を目指して
——レディメイドからテーラーメイドへのパラダイムシフト

　やればできそうな研究をやるのもよいが，険しくてもやるべき研究があれば，あえてそれに臨むことがときには必要だ．研究は「落胆」と「感動」の繰返しであり，その道のりが険しければ険しいほど「落胆」も「感動」も大きい．

　有機反応を意のままに操るには，エナンチオ，ジアステレオ，位置，配向，化学，基質などのさまざまな選択性を制御する必要がある．そのためにはほしい物質に導く遷移状態（TS）を安定化する「鍵穴」を触媒に付与しなければならない．しかも，鍵穴は基質の取込み段階での分子認識と反応後の生成物の放出をも担うため，動的な化学変化に適応する配座柔軟性を必要とする．従来の小分子触媒は基質適用範囲の広いレディメイド触媒として優れているが，裏を返せば，鍵穴は小さく浅いばかりか，立体配座も堅いので，多様な選択性制御には適さない．

　生体内に目を向けると，水溶媒中の，さまざまな物質が共存する環境で，それぞれの酵素は特定の基質を活性化し選択的に生成物を与える．酵素の本体はタンパク質であり，その構造は堅すぎず柔らかすぎず，酵素は基質や反応剤と非共有結合を介して誘導適合する．酵素はこの高度な触媒機能を生体内で発現するのに数万〜数十万の分子量を要しており，進化の過程で生物が獲得したテーラーメイド触媒といえる．

　一方，フラスコという閉じた環境のなかで，有機反応を行うには，必要な基質，反応剤，触媒，溶媒だけを加えればよく，テーラーメイド触媒といっても酵素のように巨大分子の必要はなく，分子量数千の中分子触媒を精密設計すれ

ばよいはずである．このとき，中分子ではなく超分子として触媒設計すれば，合成にかかる過度な負担を回避できる．

　筆者は酵素を凌駕するテーラーメイド人工触媒の開発をやるべき研究の一つと考え挑戦した．研究対象には酸触媒によって1段階で進行するDiels-Alder（DA）反応を選んだ（図1）．メタクロレイン **1a** とシクロペンタジエン **2** のDA反応では両者間の立体障害が支配的となり *exo*-**3a** が優先的に生成する．一方，アクロレイン **1b** と **2** のDA反応ではHOMO-LUMO相互作用が支配的となり *endo*-**3b** が優先的に生成する．このように *endo/exo* 選択性は基質依存性が高く，*endo*-**3a** や *exo*-**3b** をDA反応で直接合成するのは難しい．この課題を克服すべく，それぞれの遷移状態を安定化するテーラーメイド触媒の開発を目的に，当初は環状の鍵穴をもつ超分子触媒を検討していたが，立体配座が堅くなりすぎ，細部にわたるチューニングも難しく不斉環境をどのように設計するかといった問題も重なり，まったく成果が得られなかった．そこで，配座柔軟性を考慮し，U型の超分子触媒設計に注目した．このときに役立ったのが有機亜鉛のアルデヒドへの不斉付加反応用に筆者らが開発したキラル配位子 **4** である[1]．**4** とボロン酸と $B(C_6F_5)_3$ を1:1:2のモル比で混合調製した超分子錯体 **A** を用いて **1a** と **2** のDA反応を試したところ，驚くべきことに99％ee の *endo*-**3a** が主生成物として得られた[2,3]．DFT計算によれば，2分子の $B(C_6F_5)_3$ の配位によって二重活性化されたB

中心は強い Lewis 酸性を発現し，**1a** に配位して活性化すると同時に sp² から sp³ に変化する（誘導適合）．その際，B 中心に配位した **1a** に対し 2 分子の B(C₆F₅)₃ は *syn* の立体配座になって **1a** を包摂する．この狭い鍵穴が *endo*-**3a** に導く TS を安定化した．

この成果を元に，**1b** と **2** の DA 反応で *exo*-**3b** を得る触媒設計についても検討した．*exo*-**3b** に導く TS のサイズは *endo*-**3b** に導く TS よりも大きいので，**4** の 3,3′ 位をホスホリル基から平らなカルボニル基に置き換えた **5** を用い，B 中心近傍の鍵穴を広げてみた．**5** とボロン酸と B(C₆F₅)₃ を 1：1：2 のモル比で混合調製した超分子錯体を触媒 **B** として用いて **1b** と **2** の DA 反応を試したところ，期待どおり，94％ *ee* の *exo*-**3b** が主生成物として得られた[2,3]．

さらに，**B** に似た **C1** を触媒にプロパルギルアルデヒド **6** と **2** の DA 反応を試すと，90％ *ee* の **7** が高収率で生成した[4]．通常の条件では 1 回目の DA 反応よりも 2 回目のほうが速く，**7** を高収率で得ることはできない．さらに驚くべきことに，**C2** を触媒に **6** とトリエン **9** の DA 反応を試すと，97％ *ee* の **10** のみが高収率で生成した[4]．一方，触媒なしで加熱すると 2 種類の DA 体 **10** と **11** が 1：1 で生成した．また，BF₃·Et₂O などの触媒を用いると **9** の重合のみで DA 体はまったく得られなかった．

この研究課題は研究室発足当初から細々と検討を重ねてきたものの，まったく成果に恵まれず，これを担当する学生はたいへんだという噂が筆者の耳にも届いていた．それでも忍耐強く研究を続け，触媒 **A** の成果が得られたときの感動は今も忘れない．ただ，この時点でまだ触媒作用の原理を十分に理解できていたわけではない．その後，触媒 **B** の成果が得られたことで，筆者らはすでにテーラーメイド触媒の合理的設計に成功していると確信した．そして，これがオンリーワンの分子技術であることを実証するため，触媒 **C** を用いて超高難度な選択的反応

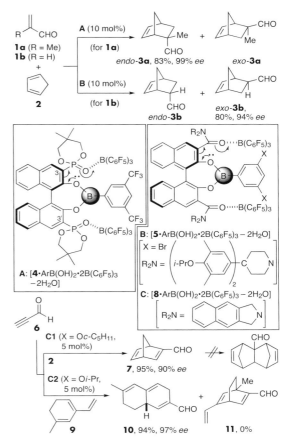

図1 テーラーメイド超分子触媒 **A**，**B**，**C**

を開発した．

この研究の 99％ は「落胆」の積み重ねであり，それが 1％ の「最高の感動」につながったと申し添えたい．そして，これは皆が強い信念をもって心をひとつに成し遂げた成果であり，波多野学博士が率いた共同研究者らに深く感謝する．

参考文献
1. M. Hatano, K. Ishihara, *Chem. Rec.*, **8**, 143 (2008).
2. M. Hatano, T. Mizuno, A. Izumiseki, R. Usami, T. Asai, M. Akakura, K. Ishihara, *Angew. Chem. Int. Ed.*, **50**, 12189 (2011).
3. M. Hatano, K. Ishihara, *Chem. Commun.*, **48**, 4273 (2012).
4. M. Hatano, T. Sakamoto, T. Mizuno, Y. Goto, K. Ishihara, *J. Am. Chem. Soc.*, **140**, 16253 (2018).

石原　一彰（Kazuaki Ishihara）
名古屋大学大学院工学研究科 教授
1963 年生まれ．1991 年　名古屋大学大学院工学研究科博士後期課程修了
＜研究テーマ＞酸塩基複合化学を鍵とする高機能触媒

31 グリコシル化反応の開発物語
——単純な反応に潜むおもしろさ

「たかがグリコシル化反応，されどグリコシル化反応」．グリコシル化は，こんな表現がピッタリな反応かもしれない．グリコシル化は，単純な反応である．糖をほかの分子に，グリコシド結合で結合させればよい．しかし，グリコシル化反応の100年以上にわたる長い歴史のなかで，いまだ，万能なグリコシル化反応は存在しない．このことが，他分野の人には取り扱いにくいものにしている．

筆者がこのような性格をもつグリコシル化反応に最初に出会ったのは，博士課程のときに取り組んだマクロライド抗生物質エライオフィリンの全合成研究であり，これは，2,6-ジデオキシ糖をもっていた．運よく，最初の全合成が達成でき，その後，竜田邦明先生に助手として採用していただいたばかりのころ，グリコシル化反応に関する総説[1]を書く機会をいただいた．まだ，電子ジャーナルなどない時代，必死に図書館に通い詰め，完成させた．その後，この総説は，被引用回数が1000回を超え，しばしば，グリコシル化反応に関するバイブルとよばれるようになった．本稿では，このような経緯を経て，筆者が比較的最近開発したもののなかで，思いがけないことからヒントを得て開発したグリコシル化反応を紹介する．

助教授になると，大学院の授業をもつようになった．ここでは酵素反応の"すばらしさ"を化学の言葉で解説する授業をすることにした．そのなかに，リゾチームがムコ多糖を位置選択的に切断することも取りあげた．リゾチームはムコ多糖を位置選択的に切断する．なぜだろう

か？ それは，切断される糖がリゾチームと結合すると，立体配座がもともとのイス型から，反応中間体の配座である半イス型になること，さらに反応中間体のオキソニウムカチオンが，リゾチームの52番目のアスパラギン酸残基のアニオンによって安定化されることが大きな要因として説明されている．ある時，気がついた．これをグリコシル化反応に応用できないだろうか？ リゾチームのようなものを人工的にデザインすることは難しいが，上記の二つの要素を，あらかじめ糖に組み込んでおくことはできる．すなわち糖の2位と3位間に二重結合を入れると，立体配座が半イス型に近いボート型になる．また，反応中間体で生じるオキソニウムカチオンは，アリルカチオンとして安定化する．この仮説をもとに，2,3-不飽和糖を糖供与体として合成し，反応性を検討した．その結果，予想どおりに2位と3位がデオキシの糖より，ずっと反応性が高いことがわかった．

また，糖の2位と3位間に二重結合をもち，かつ4位のヒドロキシ基を酸化してケトンにした2,3-不飽和-4-ケト糖を糖供与体としてデザインした．これらは，糖の2位がちょうどMichael付加の反応点に相当し，$\delta+$性を帯びていることから，糖の1位がカチオンである反応中間体を不安定化し，今度は反応性が低下すると予想した．検討の結果，予想どおりだった．

上記の3種の糖は1位に同じ脱離基をもつにもかかわらず，糖供与体として有意な反応性の差をもち（図1），それぞれを用いた化学選択的グリコシル化反応が可能であることを実証し

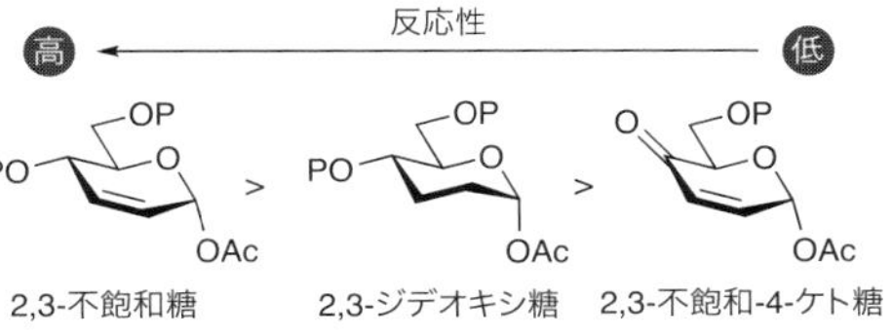

図1 2,3-不飽和糖と反応性

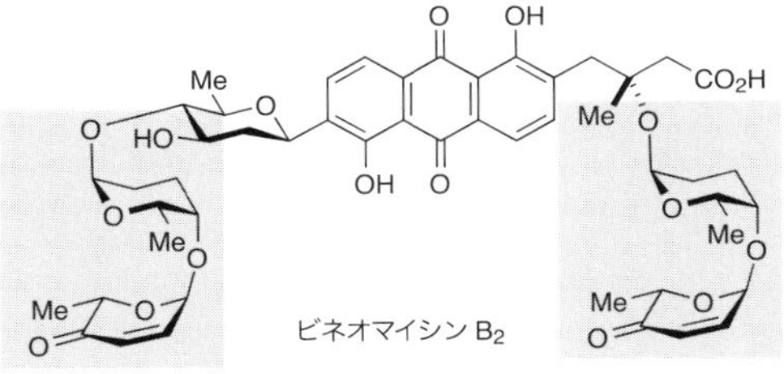

2,3-不飽和糖　2,3-ジデオキシ糖　2,3-不飽和-4-ケト糖

ビネオマイシン B₂

図2 2,3-不飽和糖を用いた全合成

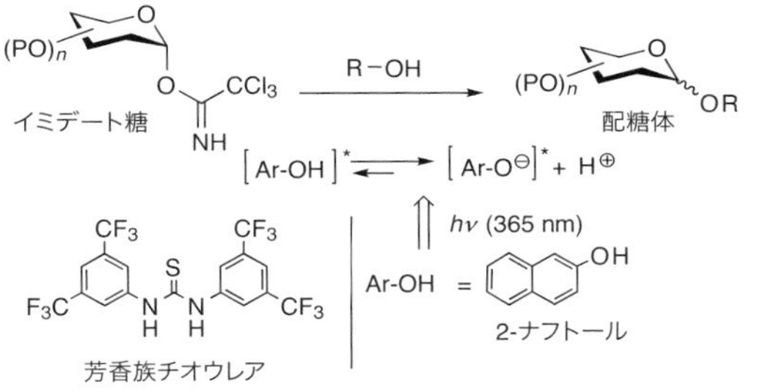

図3 光グリコシル化反応

イミデート糖　　配糖体

芳香族チオウレア　　2-ナフトール

た．さらに，これを利用して，それまで誰も合成を達成していなかった，抗生物質ビネオマイシン B_2 およびビネオマイシン A_1 の初の全合成を達成した（図2）[2]．

筆者は，「グリコシル化反応の開発」とともに，一方で「生体高分子を光分解する生体機能分子の創製研究」の研究を進めている．このこともあり，あるとき有機光化学に関する教科書に，何気なく目をとおしていた．すると，そこには2-ナフトールの光励起状態における酸性度に関する記載があり，2-ナフトールの光励起状態での酸性度が基底状態より著しく高いことが書かれていた．しかし有機合成化学では，このことを光照射下における酸触媒として利用する試みは行われていなかった．そこで筆者は，2-ナフトールを有機光酸触媒として用いた光グリコシル化反応を検討した．その結果，糖供与体としてトリクロロイミデート糖を用いた，いろいろなアルコールとのグリコシル化反応が効果的に進行することを見いだした（図3）[3]．ここから，光グリコシル化反応に関する新しい世界が広がった．

次に，新たな有機光触媒の候補として，芳香族チオウレア（Schreiner's thiourea）に着目した．芳香族チオウレアは，有機合成反応において水素結合供与性の有機触媒として，多くの反応に用いられている．しかし，その有用性は芳香族チオウレアが中程度の水素結合供与性しか示さないため限定的である．筆者は芳香族チオウレアの窒素アニオンは芳香環や硫黄原子による共鳴効果により安定化するため，芳香族チオウレアの酸性度は光照射によって向上すると予想した．そして光励起状態にある芳香族チオウレアは，糖供与体としてのトリクロロイミデート糖を活性化可能であり，光グリコシル化反応が進行すると予想した．検討の結果，予想どおり，光照射下，グリコシル化反応が効果的に進行することを見いだした（図3）[4]．

これらの例のように，研究のヒントは思わぬところに潜んでいる．目の前の研究だけにとらわれ，視野を狭くしてはいけない．心に少し余裕をもち，少しの暇（？）を見つけて，あたりの景色を見渡してみるのも必要かもしれない．そこに，予想もしない楽しさと感動の種があると実感している．

参考文献
1. K. Toshima, K. Tatsuta, *Chem. Rev.*, **93**, 1503 (1993).
2. S. Kusumi, S. Tomono, S. Okuzawa, E. Kaneko, T. Ueda, K. Sasaki, D. Takahashi, K. Toshima, *J. Am. Chem. Soc.*, **135**, 15909 (2013).
3. R. Iwata, K. Uda, D. Takahashi, K. Toshima, *Chem. Commun.*, **50**, 10695 (2014).
4. T. Kimura, T. Eto, D. Takahashi, K. Toshima, *Org. Lett.*, **18**, 3190 (2016).

戸嶋　一敦（Kazunobu Toshima）
慶應義塾大学理工学部 教授
1960 年生まれ．1988 年　慶應義塾大学大学院理工学研究科博士課程修了
＜研究テーマ＞糖および抗生物質の合成と生体機能光制御分子の創製研究

32

グアニジンアルカロイド類の合成
—— 発想の根源となる天然物の合成標的を求めて

生物活性天然物の全合成研究は，標的とする化合物の選定がきわめて重要である．その標的は，研究の成否やその後の研究発展に大きな影響を与える．また標的の選定過程で，研究者の研究哲学の形成にも大きな影響を与える．

学生時代，理化学研究所で中田 忠先生のご指導のもと，研究に対する姿勢など多くを学びながら，天然物合成化学の研究に魅了された．その後，理化学研究所に入所し，中田先生にお世話いただき，ハーバード大学の岸義人先生のもとで研究をさせていただく機会を得た．

岸研究室でも実に数多くのことを学んだが，天然物の合成研究に向き合うなかで，「合成化学」ではなく「合成科学」に取り組んでいることを強く感じた．

グアニジンアルカロイド類を合成標的に

帰国後，独自に研究を推進する環境をいただいた．そこで新たに合成に取り組む天然物の選定にあたり，「研究の発想の起点となる化合物」との考えから，グアニジンアルカロイドであるクランベスジン系およびバツェラジン系天然物の合成に取り組むこととした（図1）．その理由は，1）グアニジン官能基が生体高分子である核酸やタンパク質に含まれるリン酸，カルボン酸とイオン／水素結合を介して相互作用することから，これら天然物の生物活性への理解，またケミカルバイオロジー研究や創薬研究への展開が当該結合を企図することで望めること，2）グアニジンはカルボニル基などと相互作用しその LUMO を下げることから触媒としての機能創出が期待できること，そして何より，3）1977

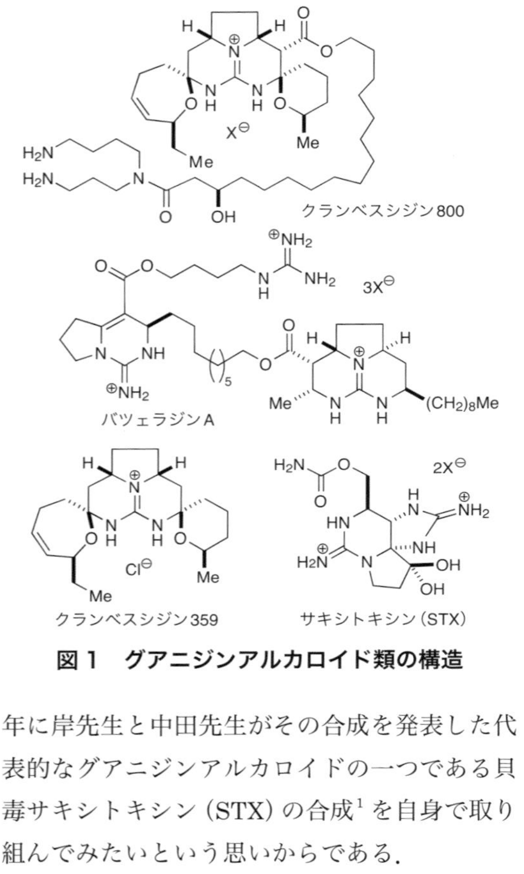

図1　グアニジンアルカロイド類の構造

年に岸先生と中田先生がその合成を発表した代表的なグアニジンアルカロイドの一つである貝毒サキシトキシン（STX）の合成[1]を自身で取り組んでみたいという思いからである．

クランベスジン類およびバツェラジン類にそれぞれ特徴的な，C_2 対称性をもつ五環性および三環性グアニジン骨格の合成法を開発し，これらを基盤にクランベスジン 359 やバツェラジン A などを合成した．さらに STX の基本骨格がバツェラジン A の左部二環性グアニジン構造と類似していることから，バツェラジン A の合成で得た知見をもとに，STX の第一世代合成法を開発することができた．しかしこの合成法では，STX の多様な類縁体の網羅的合成

は困難であった．すなわち STX の特異な環状ビスグアニジン構造を構築するとき，この合成法では強酸性かつ加熱条件を要した．この条件下では STX の三環性骨格は構築できるが，グアニジン上の保護基がすべて脱落する．生じる化合物は水溶性が非常に高く，多様な STX 類縁体を合成するための後の変換反応がきわめて困難であった．

そのなかで，当時博士課程の学生であった岩本 理博士（現第一三共株式会社）が，隣接基関与を利用する優れた環化反応を開発した（図2）．環化前駆体に−20℃で ZnCl₂ を作用させると，アセチル基がアシルオキソニウムカチオンを生じながら環化する．このとき5位置換基がアキシアル位に配向を変え，ついでグアニジンが4位を攻撃するので，グアニジンの保護基が脱落することなく高収率で STX 骨格が形成される[2]．

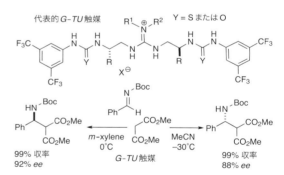

図2 隣接基関与を利用する STX 骨格の合成法

これを契機にさまざまな STX 類縁天然物の合成が可能となり，また山下まり先生（東北大学）との共同研究による STX 類縁体を基盤とした，Na$_V$Ch 阻害剤開発研究も可能となった．

グアニジンの化学的機能探索：有機触媒の創製

一方，クランベスジン類の構造をヒントに，構造自由度の高いグアニジン-ビス（チオ）ウレア型有機触媒（G-TU 触媒）を設計した．グアニジン上に導入した長鎖アルキル基（R^1：C$_{18}$H$_{37}$）は，この触媒を用いた反応を有機溶媒／水系で行うことを想定し，たとえ触媒の構造自由度が高くとも有機触媒どうしまたは反応基

質間での多点相互作用により特異なキラル空間が構築され，従来の概念とは異なる不斉触媒反応が実現できると期待して研究を開始した．研究は五月女宜裕博士（現理化学研究所）が中心となって展開され，さまざまな不斉反応を開発した[3]．そのなかで本触媒類は，ほかとは異なるきわめて特異な反応特性を示すことをいくつも発見した．たとえばこの触媒の一つは，溶媒を変えるだけで生成物の絶対立体化学が逆転したり（図3），反応温度の上昇に伴い生成物の不斉収率が上昇する，などである．これらは通常の不斉触媒特性とは異なる．熱力学的解析によりこの触媒反応では生体内の酵素反応と類似し，エントロピーを駆動力とすることがわかった．

この触媒の予期せぬ特性を，山中正浩先生（立教大学）との共同研究で計算科学の面から解析し，当初期待した触媒-反応基質間の多点相互認識の重要性によることを明らかにした．天然物から発した「合成科学」を実感した瞬間である．

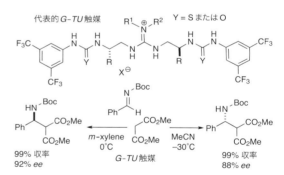

図3 G-TU 触媒の代表的構造とエントロピー型不斉反応

参考文献
1. H. Tanino, T. Nakata, T. Kaneko, Y. Kishi, *J. Am. Chem. Soc.*, **99**, 2818 (1977).
2. O. Iwamoto, T. Akimoto, K. Nagasawa, *Pure Appl. Chem.*, **84**, 1445 (2012).
3. Y. Sohtome, K. Nagasawa, *Org. Biomol. Chem.*, **12**, 1681 (2014).

長澤 和夫（Kazuo Nagasawa）
東京農工大学大学院工学研究院 教授
1965 年生まれ．1993 年 早稲田大学大学院理工学研究科博士課程修了
＜研究テーマ＞天然物の全合成，有機触媒開発，核酸や核内受容体を標的とするケミカルバイオロジー

33

C₈–BTBT の「再」発見
——学生の行動力，侮りがたし

　「エレクトロニクスが期待する機能を示し，熱に安定で，ちょっと真空で引っ張れば気化するような有機物を分子設計して合成して目的のものが得られれば，それこそノーベル賞ものの快挙であろう」．ずいぶん昔に読んだ入山啓治先生の著書[1]のこのフレーズが頭の片隅にあったのかもしれない．

　テトラチアフルバレン(TTF)誘導体からなる有機電荷移動錯体を用いた超伝導体を研究していたころ，2000 年 7 月 の International Symposium on Synthetic Metals 2000（合成金属に関する国際会議）で有機電界効果トランジスタ(organic field-effect transistor：OFET)に関する B. Batlogg 教授の講演で刺激を受け，OFET に応用できる新しい有機半導体の探索を 2002 年ごろから開始した．当時，ペンタセンなどの低分子半導体は蒸着プロセスにより高性能な OFET 素子を与え，一方，ポリ（3-ヘキシル）チオフェン（P3HT）などの高分子半導体は，特性は劣るものの溶液プロセスで素子を作製することができるということが「分野の常識」であった．したがって，溶媒に可溶な低分子半導体で高性能材料を得るという考えは有機半導体分野では異端であったように思う．

　筆者の研究室でも低分子蒸着材料を標的にチオフェン環の縮合したさまざまな化合物を合成，評価するなかで，[1]benzothieno[3,2-b][1]benzothiophene（BTBT）にフェニル基を置換した誘導体がペンタセンを凌駕する半導体特性（キャリア移動度 2.0 cm²/V s）を示すことを見つけたのが 2005 年であった[2]．このころより，低分子有機半導体で溶液プロセス可能な材料をあえて探索することとした．

　最初に試した材料は TTF にピロール環が縮合した pyrrolo-TTF の窒素原子上に直鎖アルキル基を導入した化合物で，溶液塗布により良好な製膜性を示し，また半導体特性も何とか見ることができるものであった[3]．この結果を隣で見ていた蒸着プロセス用の BTBT 誘導体を研究テーマとしていた修士課程の学生が，毎週土曜日午後の報告会で「BTBT にオクチル基を入れた化合物（C₈-BTBT）を合成し，溶解性も高いので，来週は塗布プロセスでトランジスタをつくって特性を測ります」と報告した．それを聞いた筆者は「安直な分子設計は残念な結果に終わる」という意味のコメントをしたと記憶している．

　辛辣なコメントに臆することもなく，翌週，件（くだん）の学生は C₈-BTBT の薄膜を溶液スピンコートでシリコン基板上に製膜し，金電極を蒸着して OFET 素子としたのちに半導体特性を測定した．その特性は，当時研究室で蒸着プロセスにより作製された最良の OFET 素子には劣るものの，先の「分野の常識」を覆すには十分に優れたものであった．驚きと興奮，そして混乱しつつ，次に何をすべきか考えた．徹底的なプロセスの最適化，別合成バッチによる再現性の確認，そして一般性を確かめるために，アルキル鎖長の異なる化合物を合成する，などなど．否，まず学生に「恐れ入りました」と伝えねば…．

　その後，製膜条件の最適化，鎖長の異なる誘導体の合成と評価，薄膜中の分子配列調査など

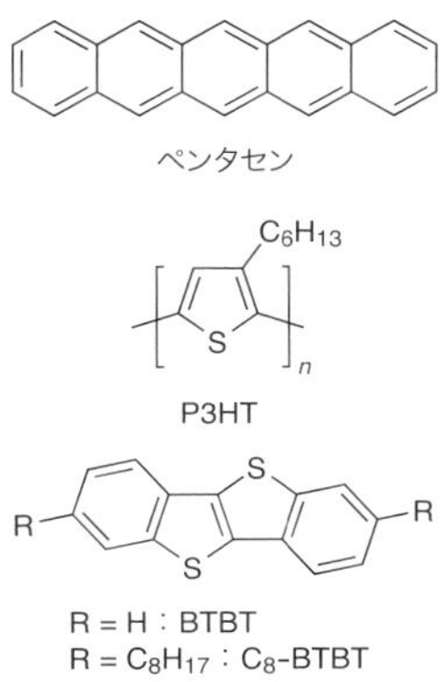

ペンタセン

P3HT

R = H：BTBT
R = C$_8$H$_{17}$：C$_8$-BTBT

図1　本稿における有機半導体の分子構造

を経て，アルキル BTBT 誘導体は，キャリア移動度 1.0 cm^2/V s 以上の OFET 素子を与える，まさに常識破りの可溶性低分子有機半導体であることが確かめられた[4]．C$_8$-BTBT の研究を始めた時点の 2006 年 9 月で，化合物自体は液晶材料としてすでに報告されていた[5]．しかし，この化合物が塗布プロセスに適する高移動度半導体であることを夢想した研究者は，この学生のみだったのであろう．

　これらの成果は，2007 年 3 月の日本化学会と応用物理学会で発表された．ポスター発表が割り当てられた応用物理学会では，ポスターセッションの約 3 時間，質問者が絶えることなく，汗だくになりながら話し続けた．その後，サンプル提供や共同研究の依頼を数多くいただいただけでなく，企業との共同開発を経て，C$_8$-BTBT は試薬として市販が開始された．さらに，C$_8$-BTBT は高性能低分子有機半導体として世界的に受け入れられ，現在では塗布プロセスによる有機デバイス作製において標準的に用いられている．また，可溶性 BTBT 誘導体は筆者らのグループの手を離れ，多くの研究グループにより数かずの優れた半導体分子が開発されるプラットフォームとなった．これらに加え，C$_8$-BTBT の分子構造上の特徴，すなわち「剛直な縮合多環複素芳香族に長鎖アルキル基を導入する」という分子設計は可溶性低分子半導体を開発する有力な手法となり，有機半導体材料

の開発においても大きく貢献するものとなった．

　筆者は C$_8$-BTBT の研究からいくつかの教訓を学ぶことができたと考えている．C$_8$-BTBT に着目した学生は，その前駆体となるジヨードBTBT を数 10 グラムオーダーで大量合成しており，「遊び」でさまざまな化合物を合成していた．また，周囲で行われていた研究に目を配り，そこから自ら学び，必然的に C$_8$-BTBT に行き着いた．「常識」に囚われた彼の指導教員とは異なり，自ら行動することで，埋もれていた価値を掘り当て，既知化合物であった C$_8$-BTBT の真価を「再」発見したのだ．

　機能や物性発現を目指し，合目的に設計した新規化合物を合成することに大きな価値があることは間違いない．しかし，既知化合物から新たな価値を見いだすことは，化合物そのものの新規性が薄れるため，実は難しいことなのかもしれない．既知化合物を「再」発見すること，その重要性を C$_8$-BTBT の研究は教えてくれたと考えている．

参考文献
1. 入山啓治，『有機超薄膜　分子エレクトロニクスへのいざない』，産業図書(1992).
2. K. Takimiya, H. Ebata, K. Sakamoto, T. Izawa, T. Otsubo, Y. Kunugi, *J. Am. Chem. Soc.*, **128**, 12604(2006).
3. I. Doi, E. Miyazaki, K. Takimiya, Y. Kunugi, *Chem. Mater.*, **19**, 5230 (2007).
4. H. Ebata, T. Izawa, E. Miyazaki, K. Takimiya, M. Ikeda, H. Kuwabara, T. Yui, *J. Am. Chem. Soc.*, **129**, 15732 (2007).
5. B. Košata, V. Kozmik, J. Svoboda, V. Novotaná, P. Vanék, M. Glogarvá, *Liq. Cryst.*, **30**, 603 (2003).

瀧宮　和男（Kazuo Takimiya）
東北大学大学院理学研究科 教授
1966 年生まれ．1994 年　広島大学大学院工学研究科博士後期課程修了
＜研究テーマ＞有機機能性材料の開発

34

カルタミンの合成における試行錯誤
―― いくつもの落とし穴から見いだした成功の糸口

カルタミンは紅花の花弁に含まれる赤色色素であり，古くから染料や口紅の原料として珍重されてきた．染料として使うと鮮やかな赤色（紅色），肌に塗ると金色，そして磁器の表面に塗ると金属光沢をもつ緑色となる．この化合物はキノール構造と糖とが直結した C-グリコシド構造や長い共役構造など，合成的に構築が難しい構造単位を含むことから，挑戦的な研究対象であり，全合成例は皆無であった．

筆者らはこの化合物に興味をもち，合成研究を始めたが，全合成を達成するまでに約 8 年もかかった．この研究は，鈴木啓介教授が主宰する研究室にて行われたものである．

筆者らの合成計画は単純であった（図 1）．分子中央の 2 か所で構造を切断し，シントン 1，1′，1 炭素単位 2 に分割した．しかし，この計画にはいくつもの落とし穴が待ち受けていた．

落とし穴その 1　まず，合成序盤でいきなり問

題が生じた．北らの方法を参考に，超原子価ヨウ素反応剤を用いて C-グリコシル化されたフェノール 3 の脱芳香族化を試みたが，糖と芳香環部分が切断されてしまった．しかし，この実験を行った博士課程の H 君は，1%ながら目的物を反応混合物のなかから掘りだした．これによりこの指針に基づいて検討を進めてゆく"勇気"を得た．巻き矢印による考察が威力を発揮し，当反応では糖 2 位のアルコキシ基からの電子供与を防ぐことが重要であることに気がついた．実際に保護基を変更し（Bn 基→ Ac 基），その軽減をはかったところ，みごと問題が解決された[1]．

落とし穴その 2　その後もさまざまな問題が立ちはだかった．上記のモデル実験（脱芳香族化）に成功したので，次に側鎖部を備えた反応基質を用い，同様の反応を試みたところ，狙いどおりキノール構造は形成できたものの，誘起され

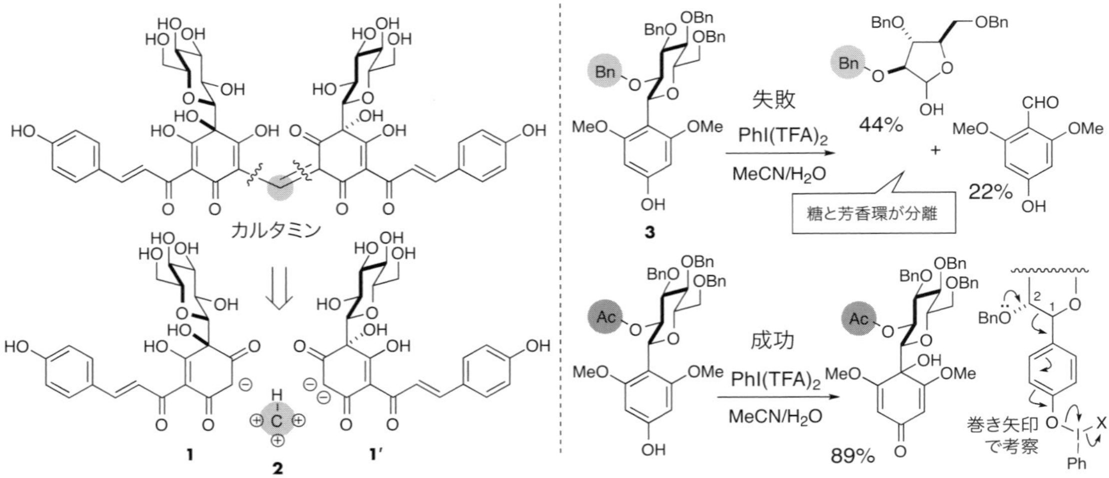

図 1　基本的合成戦略と脱芳香族化

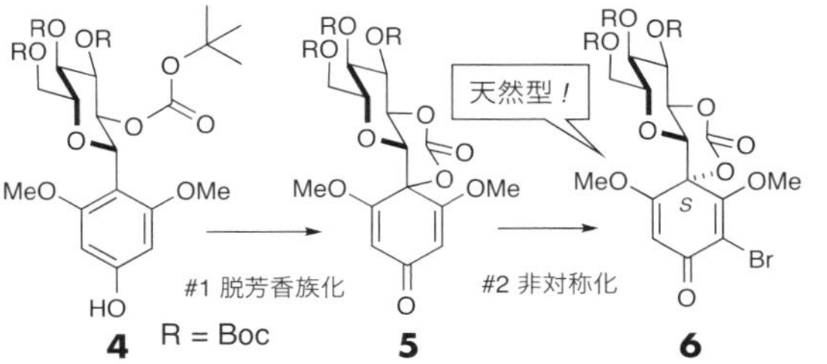

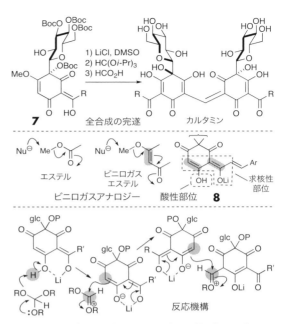

図2　非対称化戦略に基づく不斉誘起

た不斉炭素中心の立体化学は非天然型であった．おまけに，脱芳香族化すると側鎖部の炭素−炭素二重結合部が光異性化を起こすようになった．"泣きっ面に蜂"とはこのことである．この問題は脱芳香族化と立体制御という二つの課題を個別に扱うことで解決された（図2）．まず擬C_s対称性をもつフェノール **4** の脱芳香族化を行った．ここでは形成された **5** のスピロ中心部にまだ不斉は生じない．続いてジエノン部の非対称化による不斉誘起を試みた．実施は困難を極めたが，H君が起死回生の一手を見いだした．すなわち，ある条件下にて **5** を臭素化するとジアステレオ場選択的な反応が進行し，望む立体配置をもつ **6** が得られた[2]．

落とし穴その3　その後の側鎖の導入にも困難が待ち受けていた．原因は不安定なキノール構造にあった．悪戦苦闘の末，薗頭反応およびニトロンへの求核付加反応を鍵とした経路を見いだした．のちにこの合成経路は，A君，M君，F君，D君により改良され，$O \rightarrow C$ 転位を利用した短工程経路に仕上がっている[3]．

まだまだ落とし穴（その4）　この合成最大の山場であるキノール単位の擬二量化には，A君が挑んだ（図3）．まずビニロガスアナロジーの考え方に基づき，**7** のメチル基を求核的に除去した．得られたジケトン誘導体に対し，塩基性条件下，1炭素単位としてギ酸エチルを作用させてみたが，擬二量体はまったく得られない．A君は慎重に検討を重ね，最終的に山形大学の佐藤らの方法[4]からヒントを得て，次のことを思いついた．すなわちメチル基を除去する際に生

図3　ビニロガスアナロジーに基づく戦略

じるリチウムエノラート種 **8** は，求核性を保ちながらも共存するエノール部が酸として働くのではないかと考えた．実際に **8** に対しオルトギ酸トリイソプロピル〔$CH(Oi\text{-}Pr)_3$〕を作用させてみたところ，狙いどおり酸によるオルトエステルの活性化と続く結合形成反応が進行し，一挙に擬二量体を得ることができた．化合物の色が薄黄から濃赤色へ変化する様子は感動的であった．最後にすべての保護基を除去し，ついにカルタミンの初の全合成を達成した[5]．

参考文献
1. T. Hayashi, K. Ohmori, K. Suzuki, *Synlett*, **27**, 2345 (2016).
2. T. Hayashi, K. Ohmori, K. Suzuki, *Org. Lett.*, **19**, 866 (2017).
3. S. Matsuoka, K. Azami, Y. Fujiki, R. Dohi, T. Yasuike, K. Ohmori, K. Suzuki, *Synlett*, **32**, 2046 (2021).
4. S. Sato, T. Kumazawa, H. Watanabe, K. Takayanagi, S. Matsuba, J. Onodera, H. Obara, K, Furuhata, *Chem. Lett.*, **30**, 1318 (2001).
5. K. Azami, T. Hayashi, T. Kusumi, K. Ohmori, K. Suzuki, *Angew. Chem. Int. Ed.*, **58**, 5321 (2019).

大森　建（Ken Ohmori）
東京工業大学理学院 教授
1969 年生まれ．1996 年　慶應義塾大学大学院理工学研究科博士課程修了
＜研究テーマ＞天然物の全合成，多段階合成論の新規開拓

35

触媒的不斉[2+2+2]付加
環化反応の開発
——予想を超えた配位子効果

　新しい研究テーマの設定は，つねに研究者の頭を悩ます厄介な課題である．それには大別して二つの方法，（1）論文情報や素朴な問いからの着想（アイデア），（2）偶然の発見からの展開（セレンディピティ）があると思う．

　（1）は手堅いテーマになることが多く，オリジナル論文と似通った着想となる危険をはらんでいる．一方，「こんな反応・分子・機能があったらいいな」という素朴な問いからの着想は，すでに報告があり新規性がない場合や実現へのハードルが高い場合が多いが，自身のバックグラウンドがその解決の糸口になりうる場合には，独創的かつ実現可能性が高いテーマとなりうる．一方，（2）は人間の思考回路から外れた特異な現象であることが多く，これも独創的かつ実現可能性の高いテーマとなる．

　筆者は修士課程を修了したのち，化学メーカーに就職し海外留学の機会を得て，MIT の G. C. Fu 教授の元で研究に従事した．その途上で「セレンディピティ」に遭遇し，カチオン性 Rh（I）触媒を用いた 4-アルキナールの分子内ヒドロアシル化反応を見いだした．当時の Fu 研究室では Pd 触媒を用いたカップリング反応を精力的に研究しており，t-Bu$_3$P を用いると活性が大きく向上するだけでなく，化学選択性も大きく変化することを隣席の大学院生が見いだしていた．筆者も自身の研究で，カチオン性 Rh（I）触媒においても配位子の選択がきわめて重要であり，さらに基質官能基の Rh への配位や中性・カチオン性 Rh（I）錯体の選択により反応効率と選択性が大きく変化することを経験した．

　帰国後，会社勤務を経て，東京農工大学の助教授の職を得て，配属された 4 年生と不斉 [2+2+2] 付加環化反応研究をスタートさせた．「触媒的芳香環構築によりキラル芳香族化合物の不斉合成ができるのでは？」という素朴な発想であったが，当時用いられていた[2+2+2]付加環化反応の触媒は RhCl(PPh$_3$)$_3$，RuCp，CoCp，Ni-モノホスフィン錯体など不斉反応に不向きなものであり，不斉反応に有利なキラル二座ホスフィン配位子で高い活性を示す錯体を見いだせればチャンスがあると考えた．そこで筆者は，MIT で多く経験していたカチオン性 Rh（I）錯体に着目した．カチオン性 Rh（III）錯体では六つの配位座を使用できるので，ジホスフィンとロダサイクルで四つ配位座を占有しても官能基をもつアルキンが二座配位可能であり，高い反応性と選択性が発現すると期待した．

　カチオン性 Rh（I）-ジエン錯体は末端アルキンの C–H 結合活性化による重合に高い活性を示すため，広い基質適用範囲を目指し，あえて C–H 結合活性化とロダサイクル生成が競合する末端アルキンを用いて触媒スクリーニングを行った．さまざまなジホスフィン配位子を探索

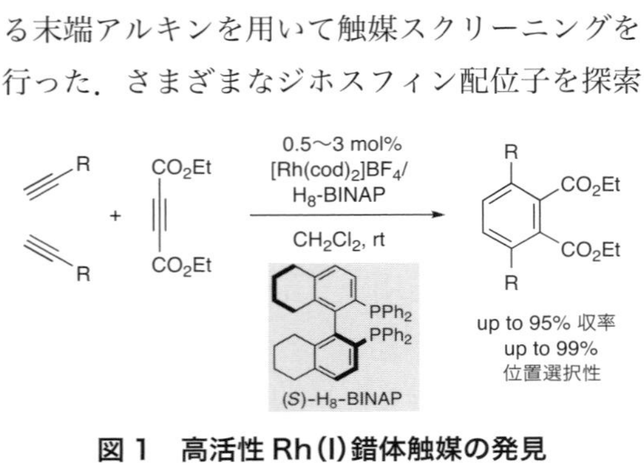

図1　高活性 Rh（I）錯体触媒の発見

したところ，重合は抑制されたものの，目的の分子間[2+2+2]付加環化反応はほとんど進行しなかった．ところが興味深いことに，配位子として BINAP を用いると，[2+2+2]付加環化反応が室温にて定量的に進行した．BINAP のビアリール架橋とリン上のアリール基はいずれも触媒活性に必須であり，いずれかをアルキル基に変えると触媒活性が大きく低下した．

この大きな発見のあと，不斉反応への展開を目指し分子間交差[2+2+2]付加環化反応の開発に着手した．そのためにはビアリール架橋配位子のライブラリーが必要と考え調査したところ，高砂香料工業株式会社が魅力的な製品群をもっていることを知った．そこで，不躾ながら電話にて配位子の提供をお願いしたところ，たいへん有難いことに H_8-BINAP や Segphos などを提供いただけるという．当時はまったく論文すらだしていない駆けだしの研究者だったので，高砂香料工業株式会社様のご厚意にはいくら感謝してもしきれない．そして，さまざまな配位子とアルキンを検討したところ，H_8-BINAP を用いると電子豊富末端アルキン 2 分子と電子不足内部アルキン 1 分子との分子間交差[2+2+2]付加環化反応が，高い収率と位置選択性で進行することを見いだした（図1）[1]．この交差反応をもとに，オルト置換フェニル基を末端にもつ電子不足ジインをデザインして，軸不斉ビアリールの不斉合成を試みたところ，高い収率とエナンチオ選択性で目的化合物が得られ，念願の触媒的不斉芳香環構築を達成できた（図2）[2]．

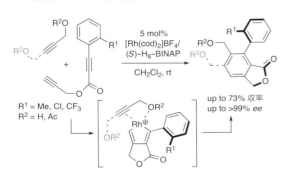

R¹ = Me, Cl, CF₃
R² = H, Ac

up to 73% 収率
up to >99% ee

図2　軸不斉ビアリールの不斉合成

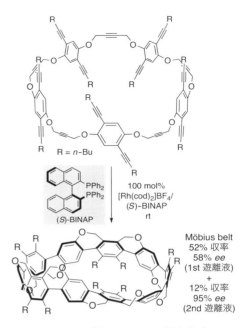

R = n-Bu

100 mol%
[Rh(cod)₂]BF₄/
(S)-BINAP
rt

(S)-BINAP

Möbius belt
52% 収率
58% ee
(1st 遊離液)
+
12% 収率
95% ee
(2nd 遊離液)

図3　メビウスベルトの不斉合成

このカチオン性 Rh(I)触媒は軸不斉だけでなく，らせん不斉や面不斉の構築にも有効であり，ほかの触媒では達成できなかったらせん不斉高次ヘリセンや面不斉シクロファンの不斉合成を可能とした．最近では，5 回の連続分子内[2+2+2]付加環化反応によるメビウスベルトの不斉合成などにも展開している（図3）[3]．

素朴な「アイデア」と，実験から見いだされる「セレンディピティ」を大事にしながら，今後も新反応および新分子を発信していきたい．

参考文献
1. K. Tanaka, K. Shirasaka, *Org. Lett.*, **5**, 4697 (2003).
2. K. Tanaka, G. Nishida, A. Wada, K. Noguchi, *Angew. Chem. Int. Ed.*, **43**, 6510 (2004).
3. S. Nishigaki, Y. Shibata, A. Nakajima, H. Okajima, Y. Masumoto, T. Osawa, A. Muranaka, H. Sugiyama, A. Horikawa, H. Uekusa, H. Koshino, M. Uchiyama, A. Sakamoto, K. Tanaka, *J. Am. Chem. Soc.*, **141**, 14955 (2019).

田中　健（Ken Tanaka）
東京工業大学物質理工学院 教授
1967 年生まれ．1993 年　東京大学大学院理学系研究科修士課程修了
＜研究テーマ＞不斉触媒反応の開発とキラル芳香族化合物合成への応用

36

酸化剤を使わずにアルコールの酸化を達成する触媒の開発
——若き共同研究者と分かち合った感動

有機合成化学や錯体触媒化学の研究に携わるなかで，多くの感動や興奮の場面に恵まれた．それはいつも，大学院生をはじめとする共同研究者との会話がきっかけで，実験研究の苦難を乗り越えたあとに感動を分かち合うものであった．

大学院生たちとの会話から始まった

筆者は 1997 年に京都大学の助手に採用され，有機イリジウム錯体のさまざまな機能の開発に取り組んでいた．有機合成化学と錯体化学の両面から研究を進めてきたが，ヒドリド（H⁻：陰イオン性の水素）の結合したイリジウム錯体を活性種とする，有機分子の触媒的変換反応に注目していた．そんなある日，大学院生たちとのあいだで，こんな会話を交わした．

筆者「酸化剤を使わないで，アルコールとか有機物の酸化ってできひんかなぁ」

N 君と Y 君「???」

筆者「等量のイリジウム錯体とアルコールとの反応では，イリジウムヒドリド錯体に加えて，ケトンとかカルボニル化合物が生成するやん．これを触媒反応にできたら面白いと思うんよ」

N 君「イリジウムからヒドリドをうまく取り去るということですか」

筆者「そう．酸化剤とかほかの試剤を使わなかったら難しいかな？」

Y 君「ヒドリド錯体にプロトン（H⁺）を作用させて水素として脱離させたらどうでしょう？」

筆者「水素ガスにして脱離させるのはええな！でも，プロトンが酸化剤とならないように，もうひと工夫したいな」

Y 君「イリジウムに結合する配位子にプロトン部位を組み込んでおいたらどうですかね」

筆者「あ，それはいいな！ ほな，配位子の設計が大切やろうなぁ」

このようなやり取りのあと，配位子の設計について思案した．筆者が思い至ったのは，中心金属のイリジウムだけが触媒機能の主役を担うのではなく，配位子との協働に基づいて，ひとつの触媒系を組み立てるのが重要だろうという点であった．しかし，肝心となる配位子の構造については，具体的な設計にまでは達していなかった．

しばらく時間が経ったのち，この研究を主体的に取り組んでいた N 君が「酸化剤を使わないアルコールの酸化反応，何とかなるかもしれません!!」と飛び込んできた．さらに，「イリジウムと結合しやすいピリジンを配位子の基本構造にして，イリジウムの近傍となる 2 位に酸性の水素をもつ置換基を導入して試したんです!」と続けた．

かくして，イリジウムに 2-ヒドロキシピリジンを結合させた錯体 **1** を触媒として使うことにより，酸化剤を使わずに第二級アルコールをケトンへと変換する触媒系を開発することに成功した（図 1）[1]．

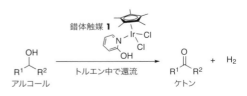

図 1 開発した触媒系

水素の発生ってどうやって確かめる？

その後，N 君の尽力や Y 君の支援のおかげ
で研究は順調に進み，学会発表や論文執筆を考
える段階に入った．そうすると，いくつか心配
事がでてきた．一番困ったのは，「酸化剤を使っ
ていないので，水素が発生しているはずだが，
ちゃんと確かめないといけないな」という点で
ある（これについては，もっと早く調べるべき
ことだったと反省しきり）．では，どうしようか．
再び，大学院生たちと話をする．

筆者「水素の発生はどうやって確かめようか？」
Y 君「水素を試験管にため，火を近づけると音
をたてて燃えるって実験を中学校でしました」
N 君「水素ボンベの傍に，漏洩検査用の検知器
があります．これに吹きつけては？」
筆者「うん，いいね．早速両方やろう」

N 君による実験の気相を試験管に移し，お
そるおそるライターの火を近づけたところ，「ポ
ンッ」と音がした（試験管が大きかったためか，
かなり大きな音）．互いに顔を見合わせてニヤ
リ．次は，水素検知器に反応容器のガス成分を
吹きつけたところ，「ピーピーピー」という音が
鳴り止まない．感動の瞬間ともいえるだろう．
これらの音は，今でも耳に焼きついている．

苦難を乗り越えて論文公表へ

投稿論文を書き進めるうちに，この研究のも
うひとつの要である「イリジウムだけが触媒機
能の主役を担うのではなく配位子との協働が基
軸」という点が気になりだした．これについて，
何としても実験的な証拠をつけて触媒反応のメ
カニズムを提案しなければならない．そこでま
た，N 君と会話．「はい，同じことを考えてい
ました．」さすが感動を分かち合った者どうし，
話は早い．苦難を乗り越え，重要な触媒中間体
の観測に成功し，その構造も決定できた．公表
した論文に記載した推定メカニズムは図2の
とおりである[1]．詳細な説明は省くが，イリジ
ウム錯体触媒 **1** とアルコールの反応で生じた
イリジウムヒドリド種において，配位子である

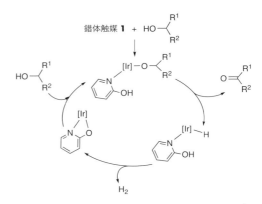

図2 推定した触媒メカニズム

ヒドロキシピリジンの2位に結合している酸
性ヒドロキシ基の作用によって水素ガスの脱離
を引き起こし，観測に成功した重要な中間体を
経由して，再度アルコールと反応して触媒サイ
クルが完結するというものである．すなわち，
イリジウムだけでは成し遂げられない触媒反応
が，配位子との協働でうまく進行していること
になる[2]．

以上は，筆者の経験したうちのひとつの話だ．
研究を進めるうえで，共同研究者や仲間との会
話から新しいアイデアや，困難を乗り越えるた
めの糸口が見つかった経験は数知れない．とく
に若い研究者の柔軟な思考や，ときには奇抜と
も感じられる着想にインスパイアされることが
多かったように思う．共同研究を進めていると
きは，立場や年齢を気にしすぎなくて良いのだ．
若い研究者の皆さんには，斬新な考えが浮かん
だら，是非とも自信をもってチャレンジしてい
ただきたい．

参考文献
1. K. Fujita, N. Tanino, R. Yamaguchi, *Org. Lett.*, **9**, 109 (2007).
2. K. Fujita, *Bull. Chem. Soc. Jpn.*, **92**, 344 (2019).

藤田　健一（Ken-ichi Fujita）
京都大学大学院人間・環境学研究科 教授
1970 年生まれ．1997 年　京都大学大学院
工学研究科博士課程修了
＜研究テーマ＞遷移金属錯体触媒の設計・
創製と有機合成反応への応用

37

世界初のカーボンナノベルトの合成
——ベルト祭りとそのドラマ

研究を始めて30年弱，一貫して新しい分子を合成することに喜びを感じ，研究室メンバーと興奮する毎日の連続だった．数ある分子のなかでもカーボンナノベルト（CNB）の合成[1]はとくに忘れられない感動の瞬間だった．

カーボンナノリング
シクロパラフェニレン（CPP）

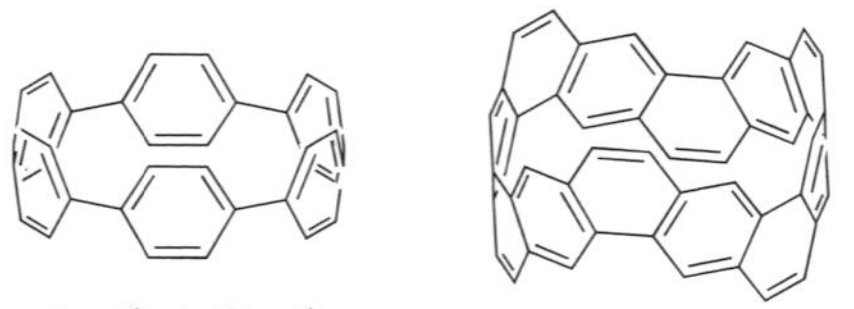

カーボンナノベルト（CNB）

図1　短尺カーボンナノチューブ分子 CPP, CNB

2005年に京都大学から名古屋大学に移る際に取り組み始めたのが，構造的に純粋で「短尺」のカーボンナノチューブ分子，カーボンナノリング（シクロパラフェニレン：CPP）とCNBだった（図1）．ベンゼン環を単結合でリング状にしたCPPもベンゼン環が辺を共有しながら筒状（ベルト状）に巻いたCNBもカーボンナノチューブの部分骨格だが，実はカーボンナノチューブが発見される前から「夢の分子」だった．本来剛直な平面分子であるベンゼンを極度にひずませた形ゆえ，長らく化学者の挑戦を退けてきた．大きなひずみエネルギーに打ち勝つ合成方法論がなかったのである．

CPPについては2008〜2009年にBertozzi[2]と筆者ら[3]がそれぞれ独立にCPPの初の合成に成功した．ただ当時は，Bertozziらの報告が筆者らより数か月早かったため，喜びと落胆が入り混じった気持ちだった．その後，CPPの化学は筆者らだけでなく Jasti，山子，磯部らを中心に世界中で展開され，一大潮流となった．

CPPと並行してCNBの合成も2005年から検討していた．10年経ってもCNBの合成がなかなか達成できない状況のなか，「自分たちは本当に本気になっているのか」と自問自答し始めていた筆者は，2015年9月28日に研究室メンバーを集めて起死回生の「ベルト祭り」宣言をした．ある一定期間，メンバーの多くをCNB合成に集中させ，「ベルト祭り」と名を打った短期決戦で夢の分子を手に入れるというプランだった．

そのなかで，博士研究員のGuillaume Povie君と瀬川泰知君（当時 JST-ERATO グループリーダー，現分子科学研究所准教授）のルートが着実に前進していた．石油成分である安価なパラキシレンから10段階で環状パラフェニレンビニレンを合成し，最終段階でフェニレン部位（ベンゼン環）をニッケル錯体で還元的につなぎ合わせるという戦略だ（図2）．環状パラフェニレンビニレンまではスムーズに進行し，2016年3月にはその生成を確認していた．勝負の最終段階まで進んだところで，ここからの条件検討に5か月を要した．Povie君は薄層クロマトグラフィーで反応追跡をするなか，謎の赤いスポットが一瞬現れ，しばらくすると消えていく事実を見逃さなかった．このスポットこそ，標的のCNBであることが徐々に明らかになっていった．

しかし，CNBが合成できたかはまだ完全に確定しておらず，X線結晶構造解析によって構造を確認する必要があった．当時きわめて少量

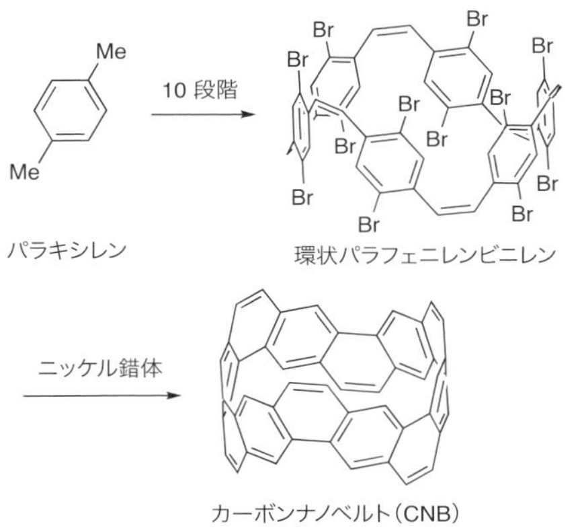

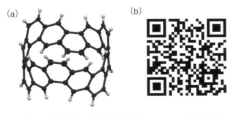

図2 CNB の合成ルート

しか手元になかった CNB であったが，彼らは
CNB の赤い結晶を成長させることに成功した．
一方，筆者は研究室を一時も離れたくない気持
ちを抑えて，すでに予定が入っていた国内外の
出張や講演を重ねていた．そのあいだに彼らは
良質な結晶の選定と X 線測定を着実に進め，
構造解析をする一歩手前まで来ていた．ただ，
CNB の構造を「見る」作業は研究室メンバーが
見守る前でしたいと解析を待ってもらっていた．

2016 年 9 月 28 日，筆者がセントレア空港
から研究室に着くなり，研究室で瀬川君による
「公開」構造解析がスタートした．自動解析ボタ
ンを押すと，大型モニターには CNB の完璧な
構造が目の前に現れた（図3a）．この歴史的瞬
間に研究室が歓喜に包まれた．筆者は Twitter
で決して悟られないように "We've got it!!" と
だけつぶやき，この時点でできる限りの喜びを
表現した．この構造解析の一部始終は伊藤英人
君（現名古屋大学准教授）がこっそりビデオ撮影
し，のちに YouTube でも公開されたため（図

3b），多くの人びとの目に触れることとなった．
実はこの日は前述の「ベルト祭り宣言」からちょ
うど 1 年という日であり，忘れられない記念
日となった．

CNB の合成達成から 1 週間後，2016 年の
ノーベル化学賞（分子機械の研究）が発表された．
受賞者の 1 人である Stoddart 先生は分子機械
の研究をする以前は CNB の合成に挑戦してい
たため，筆者らの成果は彼らが残した「宿題」へ
の答えでもあった．

その後，直径のより大きな CNB を合成し，
特異な光電子物性やリングサイズ効果を明らか
にした．また，ジグザク型側面構造をもつ
CNB[4] や CNB に「ひねり」を加えたメビウス型
CNB[5] の合成にも成功した．さらに，東京化成
工業株式会社により大スケールでの CNB 合成
が達成され，市販化も実現した．おかげで
CNB は唯一無二のベルト分子として各方面で
使われるようになっている．2017 年の筆者ら
の報告以降，CPP のときと同様に世界中の化
学者が続々と新しい CNB の合成に乗りだし，
大きな盛りあがりを見せている．

未踏分子の合成は決して簡単ではない．計画
どおりいかないことばかりで，とても人間臭く，
夢とロマンに満ちあふれた山登りである．一度
やったらやめられない．

参考文献
1. G. Povie, Y. Segawa, T. Nishihara, Y. Miyauchi, K. Itami, *Science*, **356**, 172 (2017).
2. R. Jasti, J. Bhattacharjee, J. B. Neaton, C. R. Bertozzi, *J. Am. Chem. Soc.*, **130**, 17646 (2008).
3. H. Takaba, H. Omachi, Y. Yamamoto, J. Bouffard, K. Itami, *Angew. Chem. Int. Ed.*, **48**, 6112 (2009).
4. K. Y. Cheung, K. Watanabe, Y. Segawa, K. Itami, *Nat. Chem.*, **13**, 255 (2021).
5. Y. Segawa, T. Watanabe, K. Yamanoue, M. Kuwayama, K. Watanabe, J. Pirillo, Y. Hijikata, K. Itami, *Nat. Synth.*, **1**, 535 (2022).

伊丹　健一郎（Kenichiro Itami）
名古屋大学トランスフォーマティブ生命分
子研究所／大学院理学研究科 教授
1971 年生まれ．1998 年　京都大学大学院
工学研究科博士後期課程修了
＜研究テーマ＞未踏分子ナノカーボンの合
成と機能開拓

(a) (b)

図3 （a）X 線結晶構造解析によって確定した
CNB の構造，（b）YouTube で公開された
解析の様子

38

連続フロー合成法の実用化研究
——企業のフロー開発現場の実際

連続フロー合成法は直径数百ミクロン〜数ミリメートル程度の極細な管に，原料を連続的に供給して混合・反応させる化学合成法である．富士フイルムグループでは10年ほど前からフロー合成による化成品を生産している．富士フイルムのフロー技術開発と富士フイルム和光純薬の製造技術・設備により，多品種少量生産から1年間に100トン以上の大量生産まで対応できる生産体制を構築している．本稿では企業のフロー開発の現場について，当社グループの例を紹介したい．

フロー開発での初期検討はアカデミアと大きく変わらない．ラボ実験室にてマイクロミキサー，触媒カラムをステンレス鋼製チューブやテフロンチューブで接続した手の平サイズのリアクターを作製し，シリンジポンプやプランジャーポンプを使用し，毎分数百μL〜数mLの流量から合成の検討が始まる．HPLCやインラインIR装置を用い，混合や温度，時間をチューニングしながらターゲット化合物の収率を向上させていく．並行してすべての不純物を同定し，計算化学（DFT，GRRM）を用いてその生成機構を理解し，それらを抑制する処方やプロセスを固めていく．ラボ検討終盤では反応速度や反応熱量を取得しながらスケールアップ適性を見きわめ，プロセス開発部門と合流する．合成部門とプロセス開発部門のシームレスな協働開発は製造化の命運をにぎっており，同じ実験室でスケールアップの検討を開始する．リアクターには自動制御系が組まれ，AIを併用しながら最適化が進む．パイロット機を製作し，

流量を毎分数百mL〜数Lへ上げ，製造機の仕様を固めていく．その後は製造技術部門と合流し，投資承認を経て生産機建造へ進む．

企業研究は高速化が重要である．当社では連続フロー合成を構成する混合，反応速度，伝熱，圧損を統合したシミュレーション法を確立しており，これによりスケーラブルに全時空間域での反応成績を求められる[1]．この手法は収率の高いプロセス条件だけでなく，プロセス余裕度の広範な領域をも探索できる．反応プロセス最適化を高速化させるだけでなく，実験室機から生産機を直接設計できる方法としてきわめて有効である．

フロー合成法はどのようなメリットをもたらすのだろうか．図1の例は当社グループで10年前に実用化した，アリールブロミドのハロゲン–リチウム交換反応を経由するボロン酸エステルの合成プロセスである[2]．バッチ製造では液体窒素による極低温反応釜（−80℃）を用いていたが，フロー製造では一般的なブライン相当の冷却設備（0℃）で対応可能となり，収率は89%から95%に向上した．生産効率は10 kg/hで10時間以上の連続生産が可能であり，現在

(a)
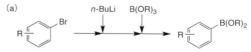

(b)

図1　連続フロー合成法によるボロン酸エステル合成（a）と生産機（b）

までの製造実績は数百ロットに及んでいる.

このボロン酸エステルの合成はバッチ生産からフロー生産にスイッチしたもので，実生産データに基づくライフサイクルアセスメントから両者のCO_2排出量を比較できる．バッチ法からフロー法へ変更したことでCO_2排出量は廃棄物で54%の削減，資源量で40%の削減，冷却エネルギーで96%の削減となり，トータルではCO_2を53%削減できた．フロー合成法では冷却効率が高く高濃度反応が可能であり，使用溶剤量を削減できる．反応を精密に制御すると不純物を低減し廃棄物量も削減できる．バッチでは反応釜全体を極低温に冷却する必要があるが，フローでは小さいリアクターの冷却ですむ．現在，製造業全体が脱炭素社会に向けた転換期で，連続フロー合成法はこの実現に貢献できる環境負荷の低い合成技術であるといえる.

連続フロー合成法は配管内での閉塞が致命傷となるのでこれを回避するプロセスを組む必要がある．前述のボロン酸エステルにおいて初期のラボ検討では連続5分の運転で閉塞したが，プロセス開発部門が固体を剥離するプロセスを設計し，連続生産に耐えうるものとなった.

ラボ検討では予測できなかった苦い閉塞経験もある．あるフロー合成プロセスで連続100時間の運転を目指して設計し，ラボ，パイロットで検討を進め，生産機を建造して試作テストを実施した．運転を開始した直後はまったく問題なかったが，40時間を超えたあたりからリアクター内圧が少しずつ上昇し，50時間で圧力上限に達して緊急停止した．固体成分が管壁に徐々に堆積する一般的な閉塞挙動であったが，ラボやパイロットではまったく観測されておらず関係者一同が騒然となった．開発も佳境であり全員疲労の色が濃かったが，どんな固体が，どこで，どのくらいの速度で析出するかを徹底的に調べ上げ，製造機を改修して乗り切った．現在は安定的に稼働し生産が行われている.

企業研究では時として超短期での開発納期が求められる．当社グループではフロー精密重合プロセスの実用化に成功しており，分子量や分散度を精密制御した機能性ポリマーの生産を開始している．この重合プロセスは開発着手から生産機まで1年という短期間で垂直的に実用化を完了した．ラボ検討と生産機仕様設計を同時進行させる前代未聞の開発スケジュールとなり，開発では早番と遅番の2交代制で，連日遅くまで重合実験を繰り返した．シミュレーション法を確立し，プロトプロセスが完成したのは経営会議で設備投資が承認される1週間前であった．製造技術部門は生産機建造・稼働テストを24時間体制で進めた．生産機ではさまざまなバルブ操作やセンサー監視をモバイルパッドで一元管理するスマートシステムが採用されている．戦場のような日々であったが，合成，プロセス開発，製造技術の各部門から，絶対に実用化を成し遂げるという情熱と信念をもった人たちが集まったのが成功の要因であった.

以上，当社グループの連続フロー合成プロセスの実用化を紹介した．よくいわれるように開発から実用化までにはさまざまな「死の谷」が存在する．それらを着実にコツコツと乗り越え，登頂したときに得られる達成感や充実感は企業研究ならではの醍醐味だろう．すべてがラボの小さな手の平サイズのリアクターから始まっていることを思うと，さらなる難易度の高い開発に挑戦したい欲求がわいてくる．フロー合成に魅了された筆者らの挑戦は続いている.

参考文献
1. 富士フイルム和光純薬ホームページ，フロー合成法を用いた化成品の製造受託サービス（https://specchem-wako.fujifilm.com/jp/cdmo-chemicals/flow-synthesis-contract.htm）
2. 深瀬浩一，永木愛一郎，『フローマイクロ合成の最新動向』，シーエムシー出版（2021）.

和田　健二（Kenji Wada）
富士フイルム株式会社 有機合成化学研究所 主席研究員
1975年生まれ．2003年　京都大学大学院工学研究科博士後期課程修了
＜研究テーマ＞連続フロー合成

39

自然免疫研究への貢献
——共同研究のシナジー

筆者はペプチドや糖質化合物をおもな対象として，鍵化合物を合成して生物機能を解析することで，多くの共同研究者とともに自然免疫という新しい概念の創出にかかわった．新概念の提出は科学を劇的に進歩させるドライビングフォースであるが，その確立はしばしば相当な時間を要する．グラム陰性菌由来リポ多糖（LPS）や細菌細胞壁ペプチドグリカン（PGN）などの病原体由来物質が免疫を増強することは古くから知られていたが，体内の受容体がこれらを認識して，免疫系を活性化するという自然免疫機構が解明されるまで100年以上の時間を要した．

筆者の師匠である芝哲夫先生，楠本正一先生はLPSやPGNの最小活性構造や活性本体の解明を目指し研究されていた．LPSは内毒素ともよばれ，細菌感染において敗血症を引き起こす原因物質のひとつでもある．ドイツグループとの共同研究により，LPSの糖脂質部リピドAの構造研究が行われ，1985年には大腸菌リピドA（**1**）の全合成が達成され，これを用いてLPSの活性中心がリピドAであることが明らかにされた（図1）．

楠本研究室で筆者は隅田泰生先生，及川雅人先生，多くの学生らとともに，細菌由来複合糖質が免疫増強作用を示す仕組みの解明に取り組んだ．ドイツの共同研究者は，リピドIVa（**2**）が，マウスでは免疫増強作用，ヒトではアンタゴニスト作用という種特異的応答を示すことを1991年に見いだし，LPS受容体の存在を示唆した（図2）．

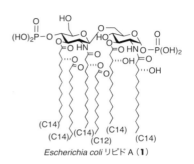

Escherichia coli リピドA（**1**）

図1　大腸菌リピドAの構造

そこで鍵化合物であるリピドA（**1**）やリピドIVa（**2**），いろいろな類縁体の効率合成，受容体との相互作用解析のための放射性標識体**3**の合成に取り組んだ．1994年には**3**の合成経路を確立させ，ボルステル研究所にて合成に挑戦したが，大阪大学で進行した前駆体合成の反応がまったく進行せず，失敗に終わった．その後，及川氏が新経路を考案し，住友化学工業株式会社の黒澤元宏氏の協力を得て，1998年にトリチウム標識体**3**の合成が完了し，受容体の探索が始まった[1]．その矢先にアメリカのサンタフェで開催された国際内毒素学会において，Toll様受容体2（TLR2）がLPS受容体であるという衝撃的な発表があった（なお夾雑物であるリポタンパク質がTLR2と反応したとのちに判明）．一方で，B. Beutlerらは TLR4がLPS受容体であると報告した．先は越されたが2000年に共同研究者のD. T. Golenbockは合成リピドIVa（**2**）を用い，TLR4が**2**の種特異的応答に関与し，TLR4がLPS受容体であることを検証した．さらに三宅健介先生，高村（赤司）祥子先生らは，**2**ならびに**3**などを用いて

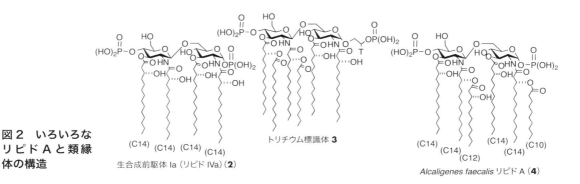

図2　いろいろなリピドAと類縁体の構造

生合成前駆体 Ia（リピド IVa）（**2**）

トリチウム標識体 **3**

Alcaligenes faecalis リピドA（**4**）

TLR4と複合体を形成するタンパク質MD-2が直接リピドAを認識し，種特異的な応答に関与することを明らかにした．リピドIVa（**2**）は受容体との複合体の構造解析にも役立った[2]．東京大学の佐藤能雅先生，大戸梅治先生，清水敏之先生らとの共同研究と，韓国科学技術院（KAIST）のJ. O. Leeらの解析により，TLR4/MD-2によるLPS，リピドAの認識が解明された．

以上のように筆者らの合成した鍵化合物が，LPSの活性発現機構の解明に貢献したのは大きな喜びであった．なおBeutlerとJ. Hoffmann（ショウジョウバエでTollを発見）は自然免疫機構の解明により2011年のノーベル生理学医学賞を受賞している．

自然免疫は獲得免疫を制御しており，ワクチン開発において自然免疫の活性化と制御は重要な課題である．筆者らは基礎研究として，アシル基ならびにリン酸基がリピドAの活性に大きく影響し，モノリン酸体の毒性は著しく低いことを見いだした．グラクソ・スミスクライン社はワクチンの働きを高めるアジュバントとしてこのモノリン酸リピドAを開発し，ヒトパピローマウイルスワクチンCervarix（サーバリックス）などのワクチン開発の実用化に結びつけている．

共生菌由来のリピドAは毒性が低くアジュバントとして有望であると筆者らは考えた．清野宏先生，國澤純先生らは，*Alcaligenes faecalis*が腸管免疫組織のパイエル板に共生することを見いだしていたので，藤本ゆかり氏，

下山敦史氏，A. Molinaro教授らと協力してLPSの構造解析とリピドA（**4**）を合成し，**4**が炎症をほとんど引き起こさずにIgAやIgGの産生を効率的に誘導し，**4**を含むワクチンが細菌感染を防御することを明らかにした[3]．リピドA（**4**）の構造は大腸菌型の**1**に似ているが，炎症性や毒性は圧倒的に低い．この構造をデザインで見いだすのは不可能であり，仮説を基に期待した結果が得られたのは研究の醍醐味である．現在アジュバントとしての実用化に向けて検討中である．

筆者らは糖質化合物の合成については世界最先端であると自負しており，合成した鍵化合物が多くの発見につながっている．研究室メンバーとともに共同研究者とディスカッションすることはとても楽しい．共同研究では相互に新しいアイデアを提案することが重要であり，切磋琢磨によるシナジーが大きな成果を生む．これらの研究は，良き師，先輩，スタッフ，友人，同僚，後輩，学生など多くのかたとともに実現した成果であり，心より感謝いたします．

参考文献
1. K. Fukase et al., *Bull. Chem. Soc. Jpn.*, **74**, 2189 (2001).
2. U. Ohto, K. Fukase, K. Miyake, Y. Satow, *Science*, **316**, 1632 (2007).
3. A. Shimoyama et al., *Angew. Chem. Int. Ed. Engl.*, **60**, 10023 (2021).

深瀬　浩一（Koichi Fukase）
大阪大学大学院理学研究科 教授
1960年生まれ．1987年　大阪大学大学院理学研究科博士後期課程修了
＜研究テーマ＞糖質化合物の合成と免疫機能，ワクチン開発，α線核医学治療

40

シアン化合物を用いない
液体メチオニン新製法開発
── チアゾリウム型カルベン触媒と鉄粉/硝酸酸化活性炭

筆者は, 住友化学株式会社に入社以来, 37年間, おもに農薬のプロセス開発研究に携ってきた. 農薬は通常, 1年間に数十〜数百トンを生産するため, 低コスト, プロセスの堅牢性, 廃棄物量削減などを意識してプロセス開発を行う必要がある. 本稿ではそのなかでも, おもに鶏用の飼料添加物として, 数10万トン/年以上生産されているバルク製品である 4-メチルチオ-2-ヒドロキシブタン酸 (通称, 液体メチオニン) の新規な製法開発への挑戦について述べたい.

新ルートの検討にあたっては, ① 最短ステップ, ② 廃棄物を最小, ③ シアン化合物を使用しないことを念頭に置いた. 公知ルートで, 3-メチルチオプロパナールまでは上記要件を満たしているため, それ以降について検討した.

当初, 3-メチルチオプロパナールを CO でカルボニル化すれば, 水が付加して液体メチオニンができると考え, 知られているカルボニル化条件も含めて思いつく限り, さまざまな検討をしたが, 目的物は得られなかった. マイルドなアルデヒド活性化剤としてチアゾリウムカルベンも試したが, やはり目的物は得られなかった. この検討時に, CO をホルムアルデヒドに変えれば, アシロイン縮合でとりあえず増炭はできるはずと気づいた. 目論見どおり, 3-メチルチオプロパナールとホルムアルデヒドをチアゾリウムカルベン触媒で反応させて, 比較的収率よく 4-メチルチオ-2-オキソ-1-ブタノール(**1**)が得られたときは, とてもうれしかった. 幸いなことに, **1** は銅触媒存在下, メタノール中あるいは水中で空気酸化すると, MeS 部位よりも

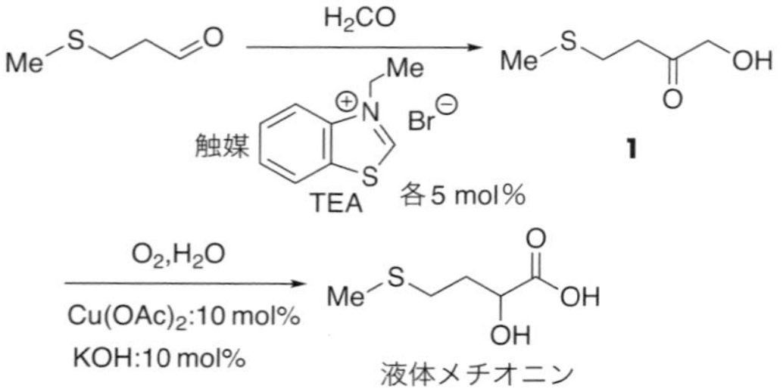

図1　見いだした液体メチオニン新ルート

ケトアルコール部位の酸化が優先し, ケトアルデヒド中間体を生成する. これに, メタノールあるいは水が付加して生じる水和物またはヘミアセタールはただちに分子内異性化することで, 液体メチオニンまたはそのメチルエステルに変換されることを見いだした(図1)[1].

ボーナスとして, **1** は新規化合物であった. 液体メチオニン新合成法を発見したことになる. 当時, 競合他社もメチオニン類の新合成法を検討している状態だったため, 最適化前にただちに特許を出願した[1]. 1年半後に同じ発想でドイツの M. Beller 先生および Evonik 社グループ (計6名) が検討していたと判明したが, 筆者 (1名) の出願が20日早く, 安堵するとともに非常に痛快であった.

ここから, 研究人員もついてプロジェクト的に進められるようになった. 通常, 5 mol%以上は使用されるチアゾリウムカルベン触媒で進めてよいのか悩んだが, 触媒性能を究極まで高めれば有機触媒でもバルク反応に使えるはずという信念のもと, 構造最適化に着手した. 3-メチルチオプロパナール, ホルムアルデヒドと小さい分子どうしのアシロイン縮合であるため,

3-メチルチオプロパナールの自己縮合をいかに抑制するかが課題であった．当時，知られていた Grubbs（カリフォルニア工科大学）や Glorius（ミュンスター大学）が開発した触媒を用いても所望の成績にはほど遠い結果であった．そこで，さらにかさ高い置換基でチオカルベン部位をおおうことを企図し，アニリン由来のベンゼン環の 2,6 位に置換アリール基を導入したさまざまなチアゾリウム塩を合成評価した．2,6-ジブロモアニリン，二硫化炭素，2-クロロシクロヘキサノンからチオン環を合成し，鈴木カップリングでビスアリール基を収率よく導入できた．過酸化水素酸化でチアゾリウム塩とし結晶化させると高純度品が得られる．

結果的に，チアゾリウム部位にシクロヘキサン環が縮合し，2,6 位のアリール部位の 3,5 位に t-ブチル基を導入した触媒 A が最も高活性かつ高選択性であった（図 2）．自己縮合体ができるのをほぼ完全に抑制でき，触媒量 0.08 mol％で最適な反応結果を与えた．また，非常にかさ高い基でカルベン部位がおおわれているためと推測しているが，溶液中のカルベン中間体を ^{1}H NMR で観測することにも成功している[2]．

次に，酸化工程の最適化を検討した．空気酸化触媒としては，パラジウムや白金を担持した触媒が一般的であるが，コスト面から安価な鉄触媒の開発にチャレンジした．担持時の鉄塩と

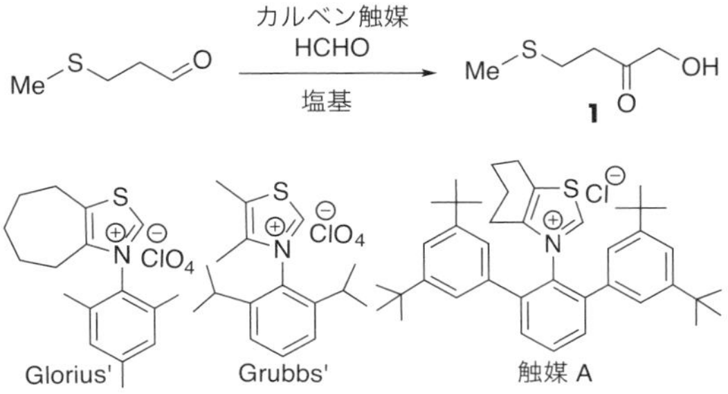

Me⌒S⌒⌒CHO ―（カルベン触媒 HCHO / 塩基）→ Me⌒S⌒⌒（1 の構造）OH

図 2　カルベン触媒によるアシロイン縮合の成績

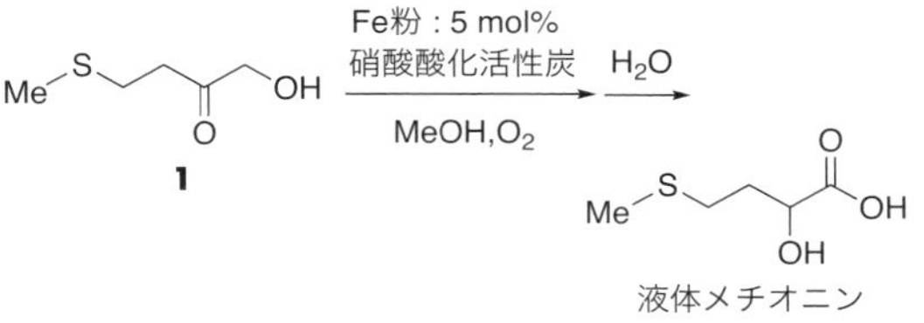

	Glorius'	Grubbs'	触媒 A
mol（%）	3	0.5	0.08
変換率（%）	70	60	70
選択性（%）	60	87	98

1（構造：Me-S-CH2-CO-CH2-OH）

Fe粉：5 mol%／硝酸酸化活性炭／H2O／MeOH, O2 → 液体メチオニン（構造）

図 3　鉄粉／硝酸酸化活性炭による 1 の酸化

活性炭の親和性を向上させる目的で，活性炭を硝酸で酸化したのち鉄塩を担持していたが，いろいろ検討した結果，意外にも鉄粉と硝酸酸化活性炭をそのまま用いてもよい結果を与えることがわかった．また反応成績と硝酸酸化活性炭中の窒素含有量に相関があることも確認できた．結果として，1 を鉄粉 5 mol％と硝酸酸化活性炭 15 wt.％存在下，空気酸化で，収率 80％で液体メチオニンのメチルエステルに変換でき，続く加水分解により液体メチオニンが得られた（図 3）[3]．

まだ改良すべき点はあるが，こうしてシアン化合物を使わない新規な液体メチオニン製法を開発することができた．

筆者のように有機化学に対して特別な知識をもたない者が農薬のプロセス開発研究を継続し，いくつかの成果をあげられたのは，とにかく 1 日に最低 1 バッチは実験を仕込むという，なかば依存症のような習慣を継続したからだと考えている．本稿の検討当初の部分は，他テーマのプロジェクトリーダーを務めているあいだのアングラ研究である．信念をもって継続すれば予想もしない成果が出る可能性のある有機合成化学を仕事に選んで本当によかったと思っている．

参考文献
1. 萩谷弘寿，特許第 5070936 号公報．
2. 萩谷弘寿，田中章夫，蓬台俊宏，特許第 5974738 号公報．
3. 萩谷弘寿，鈴木俊明，広瀬太郎，米本哲郎，WO2014/010752 号公報．

萩谷　弘寿（Koji Hagiya）
住友化学株式会社 健康・農業関連事業研究所 フェロー
1961 年生まれ．1986 年　東北大学大学院理学研究科修士課程修了
＜研究テーマ＞医農薬の工業的プロセス開発とそのための触媒開発

41

新規オピオイド医薬の創出
——古来の生物活性物質を基にした新しい価値の発見

　2009年，合成したオピオイドκ作動薬のナルフラフィン塩酸塩[1]（図1a）を，血液透析患者におけるそう痒症改善剤（既存治療で効果不十分な場合に限る）として上市することができた．

　上市される前は，血液透析に伴う痒みは我慢すべきものでしかなく，治療対象として認知されていなかった．本薬が臨床の場に届けられたことで，積極的に治療が行われるようになり，既存薬で治療できない難治性のそう痒に悩む人のQOLが著しく改善されている．研究に関与し，創薬を目指す者として，ほかでは代えられない達成感と大きな喜びを体験できた．

　古来用いられてきたオピウムの有効成分であり，麻薬性鎮痛薬として知られるモルヒネ（図1b）がオピオイド医薬の代表例である．薬物依存や，過量摂取すると致死的な呼吸抑制を伴うことが知られているが，術後やがん性の強力な痛みに対する治療薬として現在でも広く使用されている．近年，とくにアメリカでオピオイドの濫用と死亡が多発し，大統領危機宣言につながるまでの社会問題となり，依存性のない鎮痛薬が強く望まれている．これに対し，オピオイド以外のメカニズムをもつ鎮痛薬も研究されてきたが，モルヒネと同等とされるほど強力なも

のは見いだされていない．

　オピオイド医薬研究において1980年前後に，それが作用する受容体に三つの型（μ，δ，κ）が提示され，それぞれの受容体に選択的な拮抗薬が合成されて詳細な薬理作用の検討が報告されたことが転機となった．その結果，麻薬性につながる薬物依存はおもにμ受容体を介した作用であると示され，薬物依存がなく動物ではモルヒネに匹敵する鎮痛作用を示すκ作動性鎮痛薬に期待が集まり，多くの研究機関からκ作動薬が報告された．しかし，κ作動薬に特徴的で，依存とは対極の薬物嫌悪などが分離できず，後期の臨床試験に進められたものは一つもなかった．

　筆者らは1980年代後半に，κ作動性鎮痛薬を目指した研究を出発点として，オピオイド医薬の研究に参画した．その際，多くの研究者が行っていた手法，すなわちκ作動薬として初めて報告されたアプジョン社の化合物類似体の後追い合成ではなく，まったく新しい骨格をもつ化合物を目指した．また各受容体に選択的な作動薬，拮抗薬を創りだしたのち，それを早期からアカデミア研究者に積極的に提供して，オピオイドの新たな用途展開を見いだしていただき，自社に取り込む，オープンな研究体制を構築することとした．

　痛みなどの感覚は中枢で知覚する．オピオイドは疼痛刺激などで惹起されるシグナルが，神経を伝達して中枢に到達することを抑制して効果を示す．この共通メカニズムに基づき，鎮痛薬（TRK-820，TRK-870），止痒薬（TRK-820），

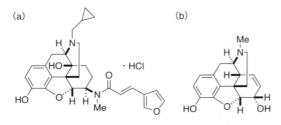

図1　ナルフラフィン塩酸塩(a)，モルヒネの構造(b)

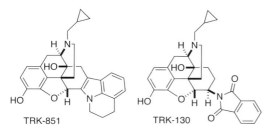

TRK-851   TRK-130

図2　おもな開発化合物の構造

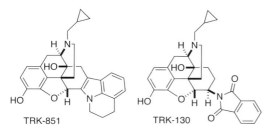

ナルトレキソン

less selective

more selective

図3　立体選択的合成

鎮咳薬（TRK-851）[2]，頻尿治療薬（TRK-130）[3]などの開発品を見いだしてきた（図2）.

もともと目指していたκ作動性鎮痛薬の実現はできていないが，タイミングよく動物モデルが開発され，透析機器事業で構築した医師ネットワークで得られた隠れたアンメットニーズ情報から血液透析に伴うそう痒症に着目，κ作動薬が適切な投与量でそれを抑制することを示して，ナルフラフィン塩酸塩（TRK-820）を上市できた.

なお，ナルフラフィン塩酸塩は高度なキラリティーを内包する天然物であるテバインより誘導されるナルトレキソンから，4工程で合成できる. この化合物製造のポイントは，6位に結合したフランアクリルアミドを，C環の上側に配向するように制御することにある. この立体選択性は，メチルアミンの代わりにベンジルメチルアミンを用い，C環のコンフォメーションを舟形に制御したヒドリド還元で達成でき（図3），続いて加水素分解でベンジル基を除去し，アミド化でナルフラフィンへと誘導した.

ほかの化合物とは異なり，薬物嫌悪性や鎮静といったκ作動薬特有の副作用をナルフラフィンで改善できた要因は，今でも明確とはいえない. しかし近年，オピオイド受容体にもシグナルバイアス（受容体結合後の複数の細胞内伝達経路のひとつが「偏って」活性化されることで，特定の作用が強調される現象）の存在が提唱されて副作用分離の可能性が示されたり[4]，また，ナルフラフィンより鎮静作用が大きく分離された化合物も報告されたりしており[5]，より副作

用を改善するための新たな可能性が示されている. 筆者らは研究の端緒となったκ作動性鎮痛薬の探求にもまだまだ可能性があると考えており，今後，モルヒネなどのμ作動性鎮痛薬の薬物依存や呼吸抑制はもちろん，κに付随すると考えられてきた副作用のない理想の鎮痛薬や，ほかの有用オピオイド新薬が創出できることを楽しみにしている.

参考文献
1. K. Kawai, J. Hayakawa, T. Miyamoto, Y. Imamura, S. Yamane, H. Wakita, H. Fujii, K. Kawamura, H. Matsuura, N. Izumimoto, R. Kobayashi, T. Endo, H. Nagase, *Bioorg. Med. Chem.*, **16**, 9188 (2008).
2. S. Sakami, K. Kawai, M. Maeda, T. Aoki, H. Fujii, H. Ohno, T. Ito, A. Saitoh, K. Nakao, N. Izumimoto, H. Matsuura, T. Endo, S. Ueno, K. Natsume, H. Nagase, *Bioorg. Med. Chem.*, **16**, 7956 (2008).
3. M. Fujimura, N. Izumimoto, S. Momen, S. Yoshikawa, R. Kobayashi, S. Kanie, M. Hirakata, T. Komagata, S. Okanishi, T. Hashimoto, N. Yoshimura, K. Kawai, *J. Pharmacol. Exp. Ther.*, **350**, 543 (2014).
4. T. F. Brust, J. Morgenweck, S. A. Kim, J. H. Rose, J. L. Locke, C. L. Schmid, L. Zhou, E. L. Stahl, M. D. Cameron, S. M. Scarry, J. Aubé, S. R. Jones, T. J. Martin, L. M. Bohn, *Sci. Signaling*, **9**, ra 117 (2016).
5. Y. Nagumo, H. Nagase, *The Chemical Times*, **264**, 16 (2022).

河合　孝治（Koji Kawai）
東レ株式会社 医薬研究所 創薬化学研究室長
1962年生まれ. 1987年　名古屋大学大学院理学研究科修士課程修了
＜研究テーマ＞合成医薬の探索および開発研究

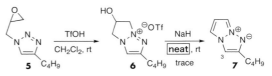

新規蛍光分子
1,3a,6a-トリアザペンタレンの発見

—— 間違いは発見のもと？　失敗実験から見つかった新しい蛍光分子

　筆者らは複雑な天然有機化合物の全合成をおもな研究テーマのひとつとして取り組んでいる．とくに，複雑な縮環構造を一挙に組み立てる方法論の開発に重点を置いており，複雑な縮環構造を連続反応によって一挙に組み上げられたときの達成感は何ともいい難い．このような連続反応について，「最初から考えたかのようにいっているけど，実はたまたま見つかった反応じゃないの？」と聞かれることがある．断言できるが，全合成におけるこれらの連続反応はすべて念入りに組み上げた手法である．しかしながら，たまたま間違ってしまった実験から思いもよらない面白い結果が得られるのもまた事実である．本稿では，当研究室で開発した新規蛍光分子1,3a,6a-トリアザペンタレン（TAP）が失敗実験から見つかった経緯について紹介したい．

　当時，筆者は1位置換-1,2,3-トリアゾールの2位置換体への変換反応を検討していた．なぜ，そのような変換反応を検討していたかについては紙面の都合上割愛させていただくが，図1に示すような変換法を見いだした．すなわち，エポキシドをもつ1位置換トリアゾール**1**に

トリフルオロメタンスルホン酸（TfOH）を作用させると環化体**2**が得られる．ついで，**2**を粗生成物のまま THF 中水素化ナトリウム（NaH）で処理すると，アルコキシド**3**のエポキシド形成反応を介して2位置換体**4**が得られるというものである[1]．ここまでの変換反応を自分で実験して確かめたので（恐らく自分で行った最後の実験だろう），その後の展開を新たに配属される4年生のテーマにした．このときに配属されてきた4年生が現在京都大学中尾研究室で助教をしている大澤歩博士である．とりあえず，この反応を論文にまとめるため，大澤氏にはいろいろな置換基をもつ誘導体で同様の反応を行ってもらうことにした．わりと地味なテーマではあったが，大澤氏は快く引き受けてくれた．ジメチル基をもたない誘導体**5**を合成していたので，大澤氏に**5**を渡し，まずは TfOH で処理して**6**へと変換した．彼の記念すべき初実験であった．横でつきっきりで見ていたので問題なく**6**が得られた．次に NaH を作用させて2位置換体へと導く予定であったが，何かの用事があったので，大澤氏に「次は，得られた**6**にNaHを加えておいてくれ」と伝えてその場を離れた．記念すべき第2回目の実験である．しばらくすると，大澤氏が「変な色になりました！」といって駆け込んできた．

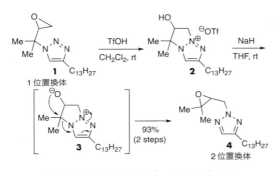

図1　1,2,3-トリアゾールの変換反応

図2　失敗した変換反応

見てみると反応系が見たこともない濃青色になっていた．問題なく2位置換体が得られると思っていたので「えっ何で？　何したん？」と聞いたところ，「いわれたとおりNaHを入れただけです」と答える．「おかしいな，溶媒は？」と聞くと，「溶媒もちゃんと入れました，NaHを加えたあとで」と答えた．なんと，オイル状の6にNaHをneatでぶち込んでいたのであった．「もう分解しているだろうけど，念のためにTLCを見ておこう」とTLCをチェックしたところ，判別不能な線状の発色が現れ，明らかな失敗実験であった．これは，配属初日の4年生に大学院生と同じような指示をした筆者のミスである．「ゴメン，入れる順番をいってなかったな，もう1回やり直そう」と気を取り直して再実験に取りかかろうとしたが，ふと「何でこんな綺麗な青色をしているのだろうか？」と気になった．そこで再実験は後にして，この青色の成分を単離してみることにした．TLCは線状で目ぼしいスポットもないが，幸い青い色がついているのでカラムで追跡できた．青色を頼りに何度も精製を繰り返し，ついに1,3a,6a-トリアザペンタレン（TAP）7の構造にたどり着いた（実際の青色の正体は3位がプロトン化されたものである）．7の構造を見たときに「この化合物は光るのでは？」と思ったが，UVを当ててみても（肉眼では）光らなかった．文献を調査したところ，わずかながら合成例がありトリアザペンタレンという化合物だとわかったが，発光に関する報告はなかった（逆に，蛍光はないと報告されている誘導体はあった）[2,3]．そこで，さまざまな置換基をもつ誘導体を合成して片っ端から光らせてみることにした．配属後たった2回の実験で大澤氏の研究テーマは変更になったのである．いろいろな誘導体を合成するのであれば，TAPに特化した効率的な合成法が必要である．検討の結果，1段階でTAPを与える反応を確立できた．すなわち，アジドジトリフラート8に対して，銅触媒と

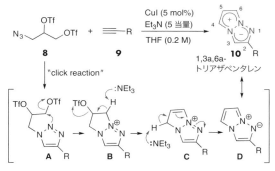

図3　TAPの1段階合成

塩基の存在下，アルキン9を作用させると図3に示す連続反応が進行し1段階で10を与えるというものである[3]．これにより，2位にいろいろな置換基をもつTAPを網羅的に合成できるようになった．ある日，大澤氏が「光りましたー！」と報告してきた．2位にシアノフェニル基を導入した誘導体は綺麗な黄緑色で発光しており，しばらくウットリと眺めていたのをよく覚えている．その後，実力をつけた大澤氏は瞬く間にさまざまな誘導体を合成し，紫から赤色までのすべての蛍光色を制覇した．さらに，蛍光イオンセンサーへの展開や蛍光標識試薬・細胞染色試薬として市販化を達成するなど勝手に大活躍していった．わりと地味だと思って始めたテーマだったが，ピカピカと光る派手なテーマになった．

参考文献
1. A. Osawa, A. Mera, K. Namba, K. Tanino, *Synlett*, **27**, 207 (2013).
2. H. Koga, M. Hirobe, T. Okamoto, *Tetrahedron Lett.*, **19**, 1291 (1978).
3. A. Albini, G. Bettinetti, G. Minoli, *J. Am. Chem. Soc.*, **113**, 6928 (1991).
4. K. Namba, A. Osawa, S. Ishizuka, N. Kitamura, K. Tanino, *J. Am. Chem. Soc.*, **133**, 11466 (2011).

難波　康祐（Kosuke Namba）
徳島大学大学院医歯薬学研究部（薬学域）教授
1972年生まれ．2001年　大阪市立大学大学院理学研究科博士後期課程修了
＜研究テーマ＞複雑天然物の全合成，生物活性天然物の機能解明と実用化研究

43

運鈍根で挑んだ有機活性種の化学
——成功確率 1/1000 にもひるまない

筆者の有機活性種化学との初めての出会いは卒業研究をご指導いただいた岡野正彌先生（故京都大学名誉教授）の講義のなかにあった．今でもこの言葉の語感が好きで，その魅力に取り憑かれて研究を続けてきた．お気に入りの有機活性種に着目し，その簡便な発生法と自在に使いこなすことを考え続けた．しかし，「言うは易し行うは難し」で，紙の上に描いた反応の成功率は，1/1000 にも満たない．ほとんどは予期しなかった発見により救われた場合が多い．しかも，そのほとんどは若い学生や研究室のスタッフらによる発見を見逃さない日々のたゆまぬ努力の賜物である．

アルキンとカルベン錯体がつながった

求核性官能基が共役したアルキンのπ電子を遷移金属で活性化してカルベン錯体を発生させる研究が上述したそれに当てはまる．図1(a)の反応はデザインしてうまくいった反応で，(b)は官能基をケト基に変えて幸運にも見つかった反応である．(c)は二つ目の結果をヒントに思いついた（図1）．

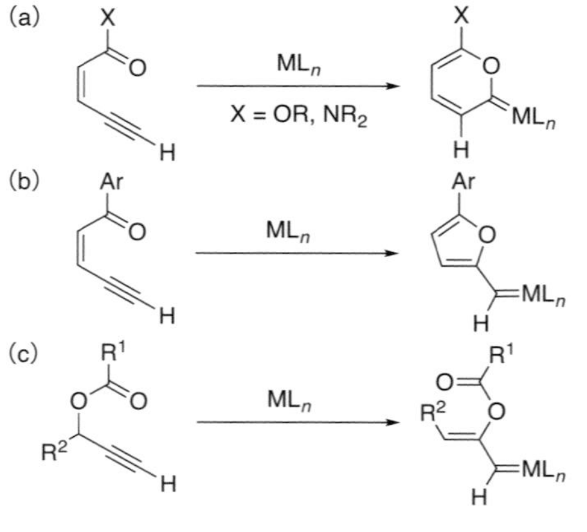

(b)の反応はアルキンが特殊な共役構造のため，用いる金属によらない普遍性をもつ．(c)の反応はアルキンがシンプルなため，金属は限定的となる（そうでなければ先人が先に発見していたはず）．(b)と(c)の反応は反応活性な錯体のため，触媒的カルベン移動反応に展開できた[1]．いずれの反応もアルキン炭素がカルベン炭素に変わる反応であるが，最初のナイーブな発想に予期せぬ結果が加わり，帰納的に体系化された例である．

ニトレン前駆体と遷移金属触媒反応

カルベンの研究がひとつの区切りを迎えつつあった．上述アルキンの反応をヒントに C≡N 三重結合を活用したニトレンの研究を始めたが，2匹目のドジョウは姿を現さなかった．2006年那覇市で開催された第1回 ICCEOCA（アジア最先端有機化学国際会議）の基調講演で奈良坂紘一先生（東京大学名誉教授）が話された 2H-アジリンをニトレン前駆体とする遷移金属触媒反応が強烈に脳裏に焼きついた．ノートにあれこれと思いつく前駆体の構造式を描き足していくうちに，イソオキサゾロンの構造式が最も合理性のある構造として浮上した．環ひずみはなく，環内に弱い N–O 結合をもった構造で

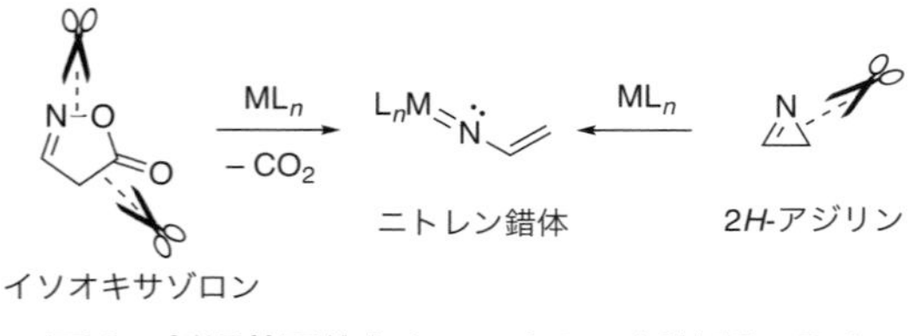

図1　アルキン：カルベン錯体の前駆体

図2　新旧前駆体からのニトレン活性種の発生

ある．遷移金属による還元的なN–O結合の切断と続く脱炭酸が起これば，アルケニルニトレン錯体を発生できると直感した(図2)．

林民生先生(当時京都大学理学部)のもとで博士号を取得した岡本さんが助教としてチームに加わり，本格的に前駆体の創成と触媒反応の探索が始まった．分子内反応であるが低原子価Pd触媒を用いると二環式アジリジンが収率よく得られた(図3a)[2]．イソオキサゾロンは，前

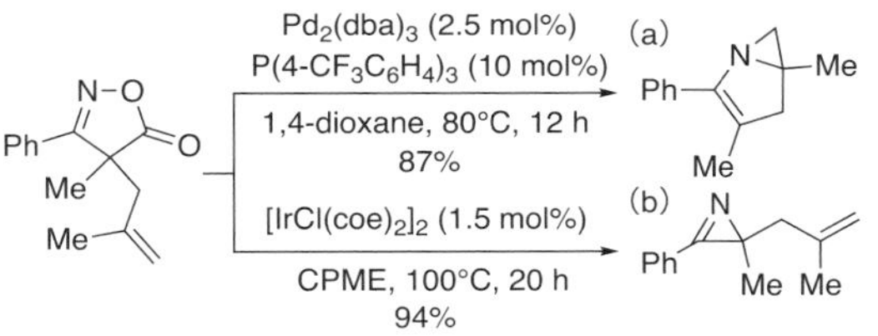

N–O
Ph
O
Me
Me
Pd2(dba)3 (2.5 mol%)
P(4-CF3C6H4)3 (10 mol%)
1,4-dioxane, 80°C, 12 h
87%
(a)
N
Me
Ph
Me
[IrCl(coe)2]2 (1.5 mol%)
CPME, 100°C, 20 h
94%
(b)
N
Ph
Me Me

図3　イソオキサゾロンの触媒反応

駆体合成や反応効率，生成物選択性の点で高反応性のアジリンより優れていることがわかった．

当初は，触媒金属を変える度に複雑な混合物が得られる結果の連続であったが，当時M2の新林君(現京都大学助教)とB4の南谷君が配位子のチューニングを含めて粘り強く，さまざまな触媒を試してくれて，生じる含窒素複素環構造を制御できることがわかった[3]．最も驚きであったのは，Ir触媒が環ひずみ(約54 kcal/mol)をもつアジリンを選択的に与えたことである(図3b)[4]．脱炭酸の正のエントロピー効果が効いている．Ir触媒によるアジリンのC–N単結合の切断と形成は可逆であるが，続く挿入反応が進行しないため，見かけ上反応がアジリンで停止する．アジリンは代表的なニトレン前駆体であるが，イソオキサゾロンはその合成前駆体にもなりえたのである．ホスフィン配位子が存在しないほうがこのアジリンの収率は高い．

この知見は，イソオキサゾロンの構造異性体であるイソオキサゾールの不斉異性化反応の開発につながった(図4)[5]．キラルジエン配位子を用いて，高エナンチオ選択的に光学活性α-アミノ酸に誘導できるキラルアジリンを得るこ

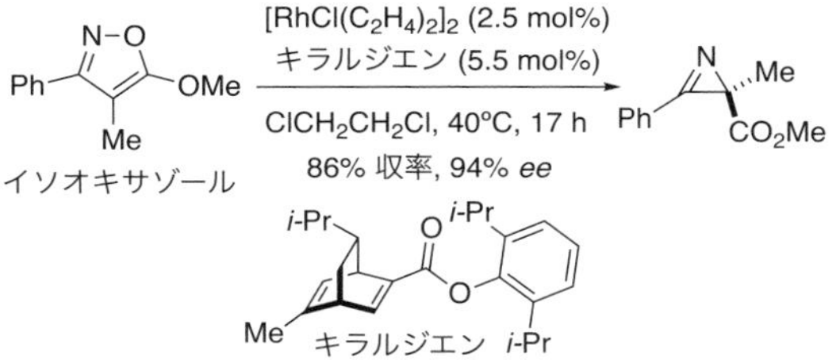

N–O
Ph
OMe
Me
イソオキサゾール
[RhCl(C2H4)2]2 (2.5 mol%)
キラルジエン (5.5 mol%)
ClCH2CH2Cl, 40°C, 17 h
86% 収率, 94% ee
N
Me
Ph
CO2Me
i-Pr
O
i-Pr
O
Me
キラルジエン
i-Pr

図4　イソオキサゾールの触媒的不斉異性化反応

とができた．講義資料作成中に偶然巡り合ったイソオキサゾールであるが，「やってみなければわからない化学の奥深さ」が出た結果である．

有機活性種前駆体の分子設計はその構造がシンプルであっても面白く，とくに意識していない構造や反応形式が，時折意味をもってつながる瞬間がある．副生成物の囁きにも耳を傾け，つねにアダプティブな状態でいることは結果的に発見を見逃す確率を下げることになる．頭のなかに点在する記憶や知識と眼前の結果が線でつながって，新たな局面が現れる瞬間はこれまでもこれからも変わらず感動的である．もう少しのあいだ，根をしっかりはり，実直愚鈍に，ときには運を味方につけて有機活性種の化学とつながっていたいと想う．そして最後は，学部時代に福井謙一先生にいただいた言葉，「思無邪(思い邪なし)」の心境で終えたいと願っている．

参考文献

1. 大江浩一，三木康嗣，有機合成化学協会誌，**67**, 1161 (2009).
2. K. Okamoto, T. Oda, S. Kohigashi, K. Ohe, *Angew. Chem. Int. Ed.*, **50**, 11470 (2011).
3. T. Shimbayashi, K. Sasakura, A. Eguchi, K. Okamoto, K. Ohe, *Chem. Eur. J.*, **25**, 3156 (2019).
4. K. Okamoto, T. Shimbayashi, M. Yoshida, A. Nanya, K. Ohe, *Angew. Chem. Int. Ed.*, **55**, 7199 (2016).
5. K. Okamoto, A. Nanya, A. Eguchi, K. Ohe, *Angew. Chem. Int. Ed.*, **57**, 1039 (2018).

大江　浩一 (Kouichi Ohe)
京都大学大学院工学研究科 教授
1960年生まれ．1989年　京都大学大学院工学研究科博士後期課程修了
<研究テーマ>有機活性種化学とアクティベータブル色素の開発

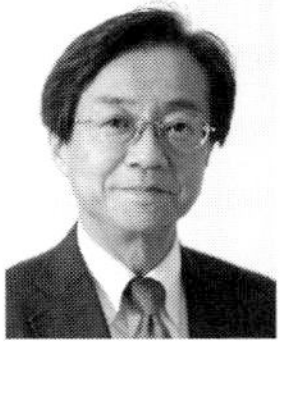

44

海洋ポリ環状エーテル天然物
カリブ海型シガトキシンの合成研究
——世界最大規模の食中毒シガテラの防止を目指した合成

シガテラは熱帯・亜熱帯海域の魚類を摂取して発生する世界最大規模の自然毒食中毒であり，年間2～6万人もの中毒患者が発生している．なかでも，カリブ海型シガトキシン C-CTX-1（**1**，図1）は，カリブ海やアメリカ・大西洋で起こるシガテラの主要原因毒で，これまで知られる太平洋型シガトキシン類に比べて最も複雑で巨大な構造のポリ環状エーテル天然物である[1]．最近では，C-CTX 類による中毒がヨーロッパでも発生し，大きな問題となっている．本稿では，"絶対に終わらせたい" **1** の全合成に関する筆者らの取り組みを紹介する．

C-CTX-1（**1**）の全合成における最大の難関は，二つの核間メチル基をもつ七員環エーテルである M 環の構築にある．研究開始当初，その効率的な合成法はまったく知られていなかった．岩崎浩太郎助教と卒研生の荒井啓介君の2名体制で研究を開始し，わずか1年足らずでスクリプス研究所の P. Baran らが報告した鉄触媒を用いる還元的オレフィンカップリング[2]を利用した合成法を見いだした（図2a）．この方法では，M 環上の四級炭素の構築と N 環合成に必要な四炭素ユニットの導入が同時に可能

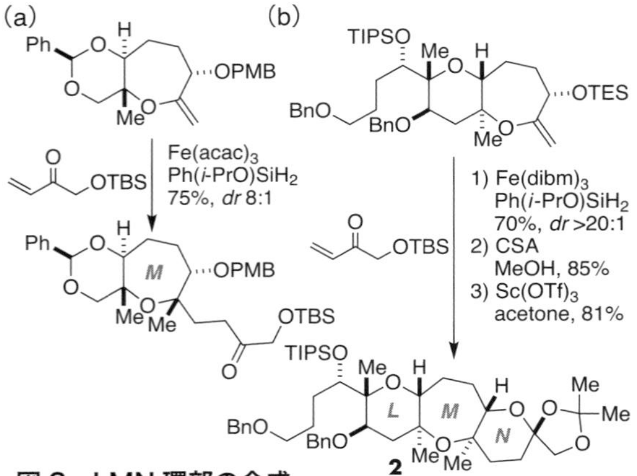

図2　LMN 環部の合成

となる．この手法を用いて **1** の LMN 環部 **2** の立体選択的合成を達成し[3]，最初の難関をクリアすることができた（図2b）．

次に，分子右半分に相当する HIJKLMN 環部 **3** の合成に取り組んだ（図3）．**3** の合成では，六環性のエキソオレフィン **4** を独自に開発した収束的ポリ環状エーテル骨格構築法により合成し，合成終盤で上記手法により MN 環部を構築することを計画した．大きな分子である **4** に対する還元的オレフィンカップリングは困難であると想定されたが，同時にこの合成法の適用限界を探る機会にもなると前向きに考えて研究を進めた．HI 環エキソオレフィン **5** と KLM 環エノールホスフェート **6** の鈴木–宮浦カップリングは，高収率で生成物 **7** を与えた．その後，紆余曲折を経ながらも，J 環の構築を経てエキソオレフィン **4** を合成した．反応条件を最適化するため

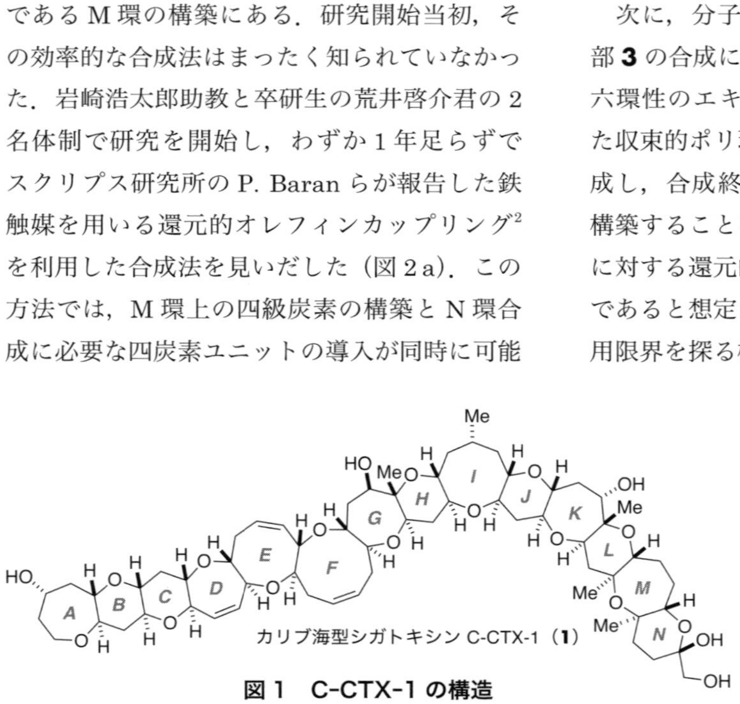

カリブ海型シガトキシン C-CTX-1（**1**）

図1　C-CTX-1 の構造

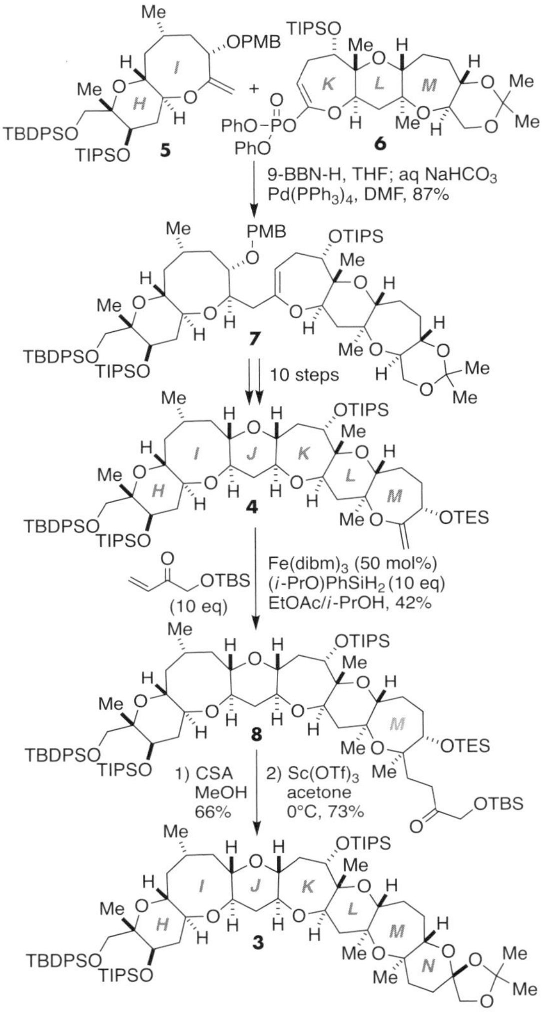

図3の反応スキーム中の主な化合物・試薬:

5 ... Me, OPMB, TIPSO, Me, H, H, I, H, Me, H, O, H, TBDPSO, TIPSO
6 ... TIPSO, Me, H, K, L, M, O, O, PhO–P(=O)(OPh)–O, O, O, Me, Me

+

9-BBN-H, THF; aq NaHCO₃
Pd(PPh₃)₄, DMF, 87%

7 → 10 steps → **4**

4 → Fe(dibm)₃ (50 mol%), (i-PrO)PhSiH₂ (10 eq), EtOAc/i-PrO H, 42%
(ビニルケトン: OTBS, Me, 10 eq)

8 → 1) CSA, MeOH 66% 2) Sc(OTf)₃, acetone 0°C, 73%

3

図3 HIJKLMN 環の合成

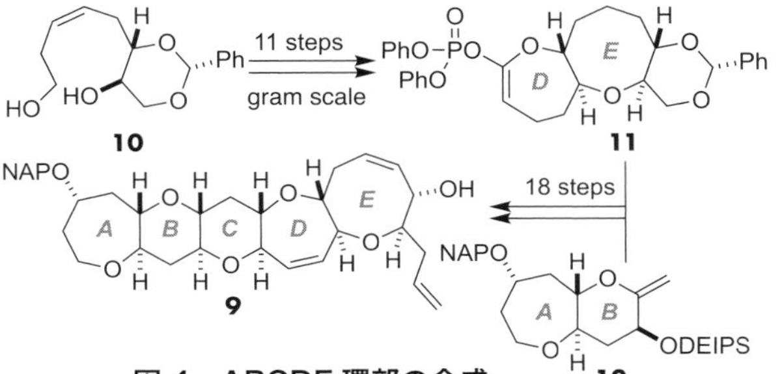

図4 のスキーム:

10 → 11 steps, gram scale → **11**

11 → 18 steps → **12** / **9**

9 (ABCDE 環部)

図4 ABCDE 環部の合成

（左カラム本文）

に十分な量の化合物を合成できないなか，ごく限られた範囲で検討した．その結果，50 mol％の鉄触媒の存在下，大過剰のビニルケトンと Ph(i-PrO)SiH₂ を用いて反応させると，収率42％で目的のカップリング体 **8** が得られ，還元的オレフィンカップリング反応の信頼性を実証する結果となった．さらに2工程の変換により，HIJKLMN 環部 **3** の合成を達成した[4]．C-CTX-1 全合成に見通しがつき，これでいける！と確信した瞬間である．

分子左半分の ABCDE 環部 **9** に関しては，平間らによる合成例があり，筆者らも類似化合物を合成していた経験から，その合成に問題は

（右カラム本文）

ないと考えた．しかし，報告済の反応の再現性が得られない，反応の立体選択性が得られないといった予想外の問題に直面し，試行錯誤を繰り返しながら合成を進めることとなった．1,7-ジオール **10** から酸化的ラクトン化と鈴木-宮浦反応を組み合わせた合成戦略によって DE 環エノールホスフェート **11** をグラムスケールで合成し，別途合成した AB 環エキソオレフィン **12** との鈴木-宮浦反応による連結を経て ABCDE 環 **9** を合成することができた[5]（図4）．

こうして，**1** の左右両フラグメントの合成を達成し，世界初の全合成も目前に迫ってきた．筆者らの合成研究は，最新の洗練された天然物合成に比べると非常に泥臭い．しかし，世界中の研究者が必要としている純粋な化合物を数 mg でも供給できれば，作用機序の解明が進み，世界最大規模の食中毒防止に大きな貢献ができる．有機合成化学こそ，それを実現できる唯一の手段であるといえる．

参考文献
1. R. J. Lewis, J.-P. Vernoux, I. M. Brereton, *J. Am. Chem. Soc.*, **120**, 5914 (1998).
2. J. C. Lo, J. Gui, Y. Yabe, C.-M. Pan, P. S. Baran, *Nature*, **516**, 343 (2014).
3. M. Sasaki, K. Iwasaki, K. Arai, *Org. Lett.*, **20**, 7163 (2018).
4. M. Sasaki, K. Iwasaki, K. Arai, N. Hamada, A. Umehara, *Bull. Chem. Soc. Jpn.*, **95**, 819 (2022).
5. M. Sasaki, M. Seida, A. Umehara, *J. Org. Chem.*, **88**, 403 (2023).

佐々木　誠（Makoto Sasaki）
東北大学大学院生命科学研究科 教授
1960 年生まれ．1989 年　東京大学大学院理学系研究科博士課程修了
＜研究テーマ＞海洋天然物の全合成，構造解析

ノックは不要
――*N*-ヘテロ環状カルベンを用いる新反応の発見と展開

「教授室のドアは常時開け放ち，学生が話に来たら忙しさを理由に後回しにしない」．独立して研究室を構えるときに立てた誓いのひとつである．これまでの6年間，これだけは実践できている．何も学生思いのよい先生を演じたいわけではない．これが新反応を発見するための最良の方法だと学んできたからだ．

新テーマが誕生する瞬間

「先生，ちょっといいですか？」．自信満々の笑みで部屋に乗り込んできたのは，アメリカ・スクリプス研究所の P. Baran 研究室への短期留学を終え帰国したばかりの D2 の安井孝介さん（現大阪大学助教）だ．彼は筆者が准教授のころからの相棒で，留学前にロジウム触媒を用いる C–O 結合活性化反応でひと旗揚げていた[1]．「向こうでのんびりしているあいだに新テーマ考えてきてや」と半分冗談で留学に送りだしたのだが，アメリカでは日本よりも実験したうえに，本当に新テーマまで考えてきたというのだ．*N*-ヘテロ環状カルベン（NHC）を用いる触媒反応の作業仮説をスラスラとホワイトボードに披露してくれた．安井さんがこれまでやってきた遷移金属触媒でもなく，アメリカでやっていた全合成でもない，まったく新しいカテゴリの提案を見せられ，正直驚いた．異国の地での武者修行というのは，本当に人間を成長させる．この新提案に対し筆者は二つ返事でゴーサインをだし，安井さんはその後，NHC 触媒による芳香族求核置換反応（S_NAr）の開発に成功した（図1a）[2]．准教授までの筆者は，研究課題を学生がゼロから考えるのは無理で，自分が何かヒントを与えないといけないと，ともすれば傲慢な考えをもっていた．そんな自身のおごりが打ち砕かれた感動の瞬間であった．

テーマが飛躍する瞬間

安井さんの見つけた NHC 触媒による S_NAr 反応が広がりを見せていたので，新しく入ってきた4年生の神谷美晴さんにもチームに加わってもらうことにした．彼女はとにかく実験が速い．4年生のあいだに S_NAr 反応の論文化の手伝いをしながら，C–N 結合切断反応への展開までやってしまった（図1b）[3]．「先生，ちょっといいですか？」．安井監督に見守られながら神谷さんがやってきた．神谷：「C–N 切断反応でNHCを変えたらいつもと違うもんができたっぽいです」．鳶巣：「単離できそうやったら単離してみよか？」．神谷：「もうやりました．これができてると思うんですよね」．そういって見せられた構造自体は，不純物を含んだ NMR スペクトルをもとに考えていたため実は間違えていたのだが，とにかくこれがテーマ飛躍の瞬間であった．その後，紆余曲折を経て最終的に生成物は *γ*-ラクタムであることがわかった（図1c）．ちなみに，構造決定の決め手となったのは新藤 充先生（九州大学教授）に送っていただいた標品のスペクトルのコピーである．10年以上も前の，実験項を WEB 公開してない時代のデータが即日取りだせるという新藤研究室のデータ管理のよさに感動した．

さて，この *γ*-ラクタムの生成反応だが，NHC 由来の2位の炭素原子を取り込む一炭素増炭反応である．触媒反応ではないが，不飽和アミ

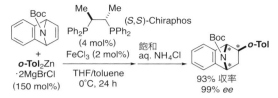

図3 鉄触媒不斉カルボメタル化反応

オレフィン基質をビシクロアルケンに変更した鉄触媒不斉カルボメタル化反応を 2021 年にイギリス化学会誌に報告した（図3）[4]. MN13-42 実験から 26 年，慎庫君がオキサビシクロアルケンへの不斉カルボメタル化反応で最初の不斉誘起を観測してから 15 年が過ぎていた.

栄一先生のご提案で M1 時に始めた理論計算と，京都大学化学研究所に来てから高谷さん（現帝京科学大学教授），磯﨑さん（現准教授）らが進めてくれた放射光X線溶液構造解析とがうまく組み合わさり，ハロアルカンカップリングは Fe(I)–Fe(II)–Fe(III) の中間体を経て有機ラジカル活性種を経由する一電子系のメカニズム（図4a）[5] であること，カルボメタル化は Fe(II) を活性種（図4b）[5] とする酸化還元を伴わない二電子系のメカニズムであることが明らかになった. 有機ラジカルを経由するクロスカップリング型の反応が流行っているが，その嚆矢のひとつと自負している.

東京理科大学 B3 のとき，向山光昭先生のもとでの卒業研究を希望したが，成績（素行？）不良で，栄一先生（当時東京工業大学）のもとで外研生となった. 16 年間にわたる思索と迷走（酩走・瞑想）の栄一研生活ののち，2006 年に京都大学化学研究所へ. 奇しくもクロスカップリン

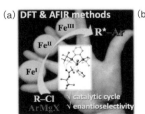

図4 鉄触媒カップリングメカニズム概念図(a)と カルボメタル化活性種(b)

グの創始者のお一人である玉尾皓平先生（京都大学名誉教授）の後任としてであった. のちに鐡触媒化学のベンチャー会社（株式会社 TSK）を立ち上げる孫恩喆博士と，このときに出逢う. 現在，この事業の中核を担う鉄触媒 Buchwald-Hartwig 反応は畠山君らが開発してくれた.

鉄触媒の研究から，有機合成における「化学資源革新」の重要性に思い至る. 2002 年ごろ，遠藤恆平君（現東京理科大学）が開発してくれたアセチレンへのカルボメタル化反応を山本嘉則先生に説明したところ「アセチレンはいいね，石化じゃない！」とコメントをいただく. それ以来，森林バイオマスを炭素源とする有機合成反応の開拓に着手し，2017 年から株式会社ダイセルとの共同研究も進む. 20 年後には，この炭素資源革新テーマで，さらなる感動の瞬間を紹介できればと願っている（名前を挙げられなかったメンバーにも深謝！）.

研究の中核にあるのは，自分の感性. 「わらしべ研究」のコツは，自分が楽しむこと. 変化を学ぶ化学から変化を楽しむ「化楽」へ. 楽しみながら，お釈迦様の説く「縁起の法」を得心・体現したい. 草木国土悉皆成仏「化学産業でより佳い日本」「人も自然も一体として楽しい世界」に向けて，すべての元素が連環し，連鎖調和する.

参考文献
1. M. Nakamura, A. Hirai, E. Nakamura, *J. Am. Chem. Soc.*, **122**, 978 (2000).
2. M. Nakamura, K. Matsuo, S. Ito, E. Nakamura, *J. Am. Chem. Soc.*, **126**, 3686 (2004).
3. L. Adak, T. Hatakeyama, M. Nakamura, *Bull. Chem. Soc. Jpn.*, **94**, 1125 (2021)およびその参考文献.
4. L. Adak, M. Jin, S. Saito, T. Kawabata, T. Itoh, S. Ito, A. K. Sharma, N. J. Gower, P. Cogswell, J. Geldsetzer, H. Takaya, K. Isozaki, M. Nakamura, *Chem. Commun.*, **57**, 6975 (2021).
5. A. K. Sharma, W. M. C. Sameera, M. Jin, L. Adak, C. Okuzono, T. Iwamoto, M. Kato, M. Nakamura, K. Morokuma, *J. Am. Chem. Soc.*, **139**, 16117 (2017).

中村 正治（Masaharu Nakamura）
京都大学化学研究所 教授
1967 年生まれ. 1996 年 東京工業大学大学院理工学研究科博士課程修了
＜研究テーマ＞化学資源革新を志向した有機合成化学

48

秋山−寺田触媒の開発
――キラルリン酸触媒開発の原点

2001年6月下旬，それまで生まれ育った東京を離れ，仙台の地に赴いた．引っ越し荷物を積んだ自家用車で東北自動車道をひたすら北上し，4時間以上をかけてたどり着いた仙台は，初夏の青空と緑が眩しい，まさに杜の都であった．一方で，関東を抜けだしたころから人家もまばらな山中をひたすら駆け抜けていく東北自動車道の道中は，赴任時にある覚悟を決めていたことも手伝い「都落ち」との思いも脳裏をよぎっていた（東北の皆様，ご無礼お許しください．今は東北大好き人間です）．

本書の読者の多くは「秋山−寺田触媒（図1a）」[1,2]と聞けば，「キラルリン酸触媒」とすぐにおわかりいただけると思うが，その開発の出発点は20年以上も前の仙台の地に降り立ったときに遡る．今でこそ，キラルリン酸は不斉触媒としてさまざまな反応に適用され，当たり前のよう使われるようになっているが，当時はキラルBrønsted酸触媒という考えは原理的には可能であっても，所詮，絵に描いた餅でしかなく，実現は不可能と思われていた（はずである）．現在のように汎用される優れた不斉触媒になるとは誰も想像していなかったであろう．求電子剤をプロトン化して活性化し，生じた酸触媒の共役塩基が水素結合を介して，活性種と相互作用する（図1b）．共役塩基にキラルな要素を導入しておけば，水素結合を介して不斉環境が活性種（求電子剤）に伝搬し，不斉触媒反応が実現できる．単純な発想だが，水素結合の性質をよく知っていれば，それが容易でないことは簡単に想像できる(図1b)．

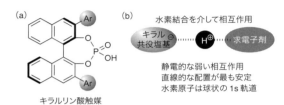

図1　キラルリン酸触媒と水素結合の性質

水素結合は静電的な相互作用で，プロトンを中心に形成される三つの元素の並びは直線が最も安定で，折れ曲がるほど急激に結合エネルギーが低下する．結合の中心に位置する水素は1s軌道しかなく，金属錯体のp軌道やd軌道のような指向性がないため，水素結合軸まわりで自由に回転してしまう．したがって，キラルな要素を導入した共役塩基と求電子種は最も離れた位置に配向し，しかも結合軸まわりで自由回転してしまうようであれば，立体化学制御には不向きであることは一目瞭然である．

赴任時の「ある覚悟」とは，自らの研究と胸を張っていえるテーマを完成させたいとの思いから，これまでかかわってきた研究をすべて捨て，大げさに聞こえるかもしれないが，研究者人生をかけて挑戦する，まさに背水の陣で臨むことである．パソコンと本だけを抱え，ほぼ身ひとつで着任した東北大学・化学専攻では，当時はじめての試みであった助教授独立ポジションという立場を用意していただいていた．研究室にはドラフトも実験台もなく，前例のない独立ポジションは，ほぼ何もないところから始まった．一方，研究の着想は着任直前に文部省在外研究員としてハーバード大学に留学していた当時

（1999 年 9 月〜 2000 年 8 月），帰国後のテーマとして漠然と考えていた「三中心四電子結合を介した反応基質の活性化ができないか」が原点にある．三中心四電子結合のひとつである水素結合が新しい活性化法として使えるのではないかと思いを巡らせていた．結合様式に着目していたため，先述の性質を深く考えていなかったことも幸いしたかもしれない．知っていれば早い段階で諦めてしまったのではないかと，頭でっかちにならずにすんだ自身の楽観主義に救われたと今でも思っている．

2001 年 10 月に学部 3 年生が 2 人配属され，小さいながらも研究室としての活動が始まった．当初は超原子価結合（三中心四電子結合の代表格）を中心に検討を進めていたが，2002 年からは水素結合を活用する酸触媒に拡張し，環状構造を導入しても酸性官能基が残るリン酸類に焦点を絞って研究を進めていた．炭素とリンで環構造を構築したホスフィン酸など試したが，2 年ほどはとにかくうまくいかなかった．この間の失敗の蓄積があったからこそ，その後の研究にも活かされたことは間違いなく，やったことすべて（手を抜けば抜いただけのこと）が自分に返ってくるのを思い知らされた時期でもあった．

ビナフトール由来のリン酸に絞った検討は，浦口大輔博士（現北海道大学教授）が 2003 年春からポスドクとして参画してから飛躍的に加速した．2002 年暮れ，研究がうまくいかずに苦しんでいた筆者のもとに，ポスドクとしてアメリカに滞在していた浦口博士から，博士研究員として受け入れていただけるかと連絡があったときは正直に驚いた．まだ東北大学に赴任間もなく，しかも助教授の筆者のもとへ来るなど，将来のキャリアを考えれば普通ではありえないと容易に想像できるだろう．

浦口氏とのアメリカでの出会いが，この突拍子もない申し出につながったと思うと，人とのつながりの不思議を感じずにはいられない．ハーバード大学に留学していたとき，2000 年の独立記念日（7 月 4 日）に MIT に文部省在外研究員として留学されていた忍久保 洋博士（現名古屋大学教授）が主催されたホームパーティーにお声がけいただいた．MIT に 3 か月留学をしていた浦口氏も出席しており，初対面ながら Lewis 酸触媒つながりで盛り上がった．その際に，帰国後は新しいことを始めたいと筆者が語ったことが記憶に残っていたそうだ．この出会いがなければ浦口氏と一緒に仕事をすることもなく，キラルリン酸の研究自体もどうなっていたかわからなかっただろう．

2003 年夏にエナンチオ選択性が発現することが初めて確認されたときの感動は，今でも忘れることができない．人生が変わったと思った瞬間だった．その後，学習院大学の秋山隆彦教授とともに，それぞれ独自に開発したキラルリン酸触媒がほぼ同時期に発表されるという[1,2]，鮮烈なデビューを果たすことになった．発表後のキラルリン酸を用いた研究開発の幅広い展開は，学術雑誌のほぼ毎号に関連する報文が掲載されることからもご存じのとおりである．

スタッフならびに学生らとともに新たな高みを目指して挑戦し続け，キラルリン酸の化学のさらなる発展や，また超強塩基性有機分子触媒の設計や遷移金属錯体を用いた新規分子変換反応の開発など，多くの困難を乗り越えながら研究を楽しんできた．「挑戦，信念」そして何よりも「人との出会い」が（研究者）人生にとってかけがえのないものであったと，この文章を書きながら改めて感じ入る次第である．

参考文献
1. T. Akiyama, J. Itoh, K. Yokota, K. Fuchibe, *Angew. Chem. Int. Ed.*, **43**, 1566 (2004).
2. D. Uraguchi, M. Terada, *J. Am. Chem. Soc.*, **126**, 5356 (2004).

寺田　眞浩（Masahiro Terada）
東北大学大学院理学研究科 教授
1964 年生まれ．1988 年　東京工業大学大学院理工学研究科修士課程修了
＜研究テーマ＞触媒を用いた高度分子変換反応の開発，とくに有機分子触媒の設計開発

天然物合成は挑戦の連続
——諦めず楽しむことの大切さ

天然物は微生物や植物などにより産生されるが，その人智を超えた構造や生物活性は，全合成への挑戦をよび起こす．天然物合成の各段階で扱う化合物は，ほぼ新規化合物であるため，物性を確認しつつ全合成達成を目指すので，一寸先は闇である．多くの場合，全合成計画に問題が発生するが，その問題を解決するのが天然物合成の醍醐味でもある．当研究室で達成した全合成における印象的な問題解決を紹介したい．

エリナシンEの不斉全合成[1]では，独自の道筋で合成しようと，開発した触媒的不斉分子内シクロプロパン化，パン酵母還元を活用して 1（R^1 = R^2 = PMB）を合成したものの，その分子内アルドール反応は逆反応が優勢で生成物はまったく得られなかった（図1）．諦めずに，このアルドール反応は生合成的には合理的であると判断し同族体の構造を精査したところ，C4′位にアセチル基をもつストリアタールA（1：R^1 = H，R^2 = Ac）を見いだした．この化合物の分子内アルドール反応ではアシル基転位が連続

して起こると予想し，エネルギー的に不利な生成物 2 を系中でアシル基転位により 3 に変換する計画を立てた．その結果，1 からの連続反応は絵に描いたように進行し，収率85％で 3 を得た．この難局を突破したことで，エリナシンEの初の不斉全合成を達成できた．

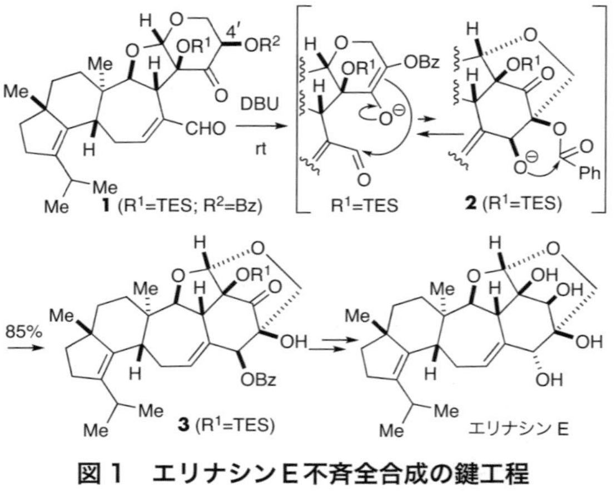

タキソールの不斉全合成[2]にも忘れえぬ出来事があった．中員炭素環は渡環ひずみのため構築困難であり，タキソールの 6-8-6 三環式炭素骨格は最後に八員炭素環を構築すると，その収率は50％を超えないことが知られていた．そこで反応形式に着目し，Pd触媒を用いた八員炭素環構築を検討した．その結果，鈴木–宮浦カップリングにより収率71％で 7a（図2）を得た．しかし，C10位の酸化が困難であったため，7a からの全合成は断念した．諦めず

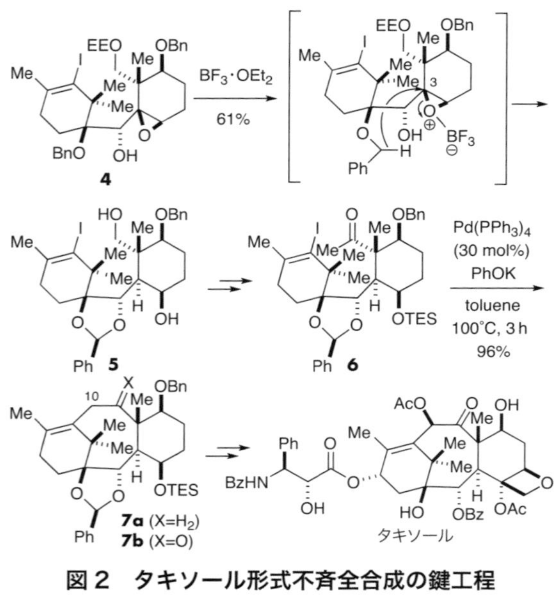

図1 エリナシンE不斉全合成の鍵工程

図2 タキソール形式不斉全合成の鍵工程

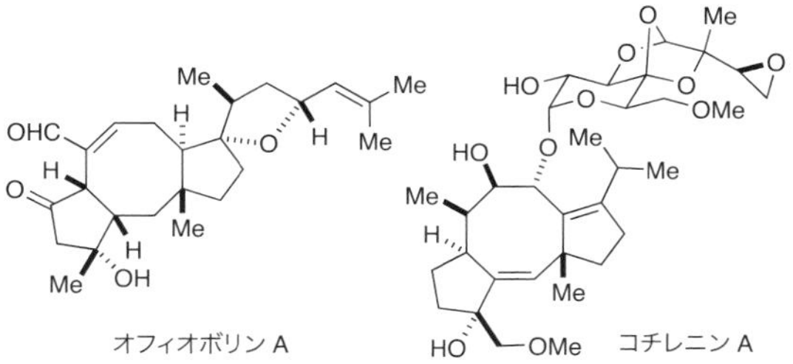

図3 オフィオボリンAとコチレニンAの構造

（左）オフィオボリンA　（右）コチレニンA

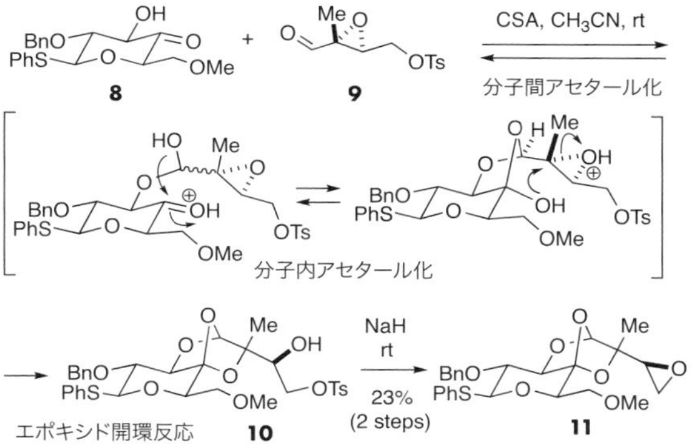

図4 コチレニンA糖部位の合成

エポキシド開環反応　10　（2 steps）　11

にほかのPd触媒反応を探すとケトンのα-アルケニル化が目に留まった．ケトンのα-アルケニル化により八員炭素環を構築した報告はなかったが，モデル化合物の環化で好結果を得たのでタキソールの全合成に向けて**6**を合成した．その途中，**4**の反応では1,5-ヒドリドシフト-ベンジリデン形成連続反応が進行し**5**を得た．こうした想定外のイベントも天然物合成における楽しみである．**6**の八員環構築反応では**7b**が収率96%で生成するという驚きの結果を得た．その後のさまざまな楽しい出来事を経て，タキソールの形式不斉全合成を達成できた．

オフィオボリンA（図3）の不斉全合成では閉環メタセシスにより八員炭素環を構築したが[3]，コチレニンAの不斉全合成[4]ではPd触媒を用いるケトンのα-アルケニル化により収率95%で八員炭素環構築に成功した．しかし，糖部位（図4）の合成は前例のない挑戦的課題であった．この糖部位は2種類のフラグメントの交差アセタール化で合成できそうに見えるが，ひずんだ架橋環は簡単に生成しない．さまざまな基質を合成して反応を行ってもTLCでは原料しか検出されなかった．諦めずに反応溶液の[1]H NMRを測定したところ，出発物質以外の化合物のわずかなシグナルを確認できた．アセタール化は可逆であり，出発物質と中間体は平衡にある．したがって，生成量の低い中間体を，架橋環をもつ化合物に系中で不可逆的に変換できれば平衡は動くと考えた．そこで，エポキシドの開環反応を停止過程とする連続反応による架橋環構築に挑戦した．基質構造と反応条件の最

適化の結果，反応の進行にはヒドロキシケトン**8**とエポキシアルデヒド**9**を用いることが必須であること，基質濃度が収率に大きく影響することを見いだし，**8**と**9**から生成した**10**から**11**の合成に成功した．総収率23%であるがC–O結合4本を形成する合成としては悪くないといえる．

糖部位フラグメント**11**とアグリコン部位の結合は挑戦的で収率に改善の余地を残すものの，コチレニンAの初の不斉全合成を達成した．

当研究室で達成した天然物合成[5]を振り返ると，小さなことでも見逃さなかったことが難局打開につながっている．失敗しても諦めずに根気強く研究を続けた学生たちに感謝したい．定年まで天然物合成という挑戦に満ちた研究を学生たちとまだまだ楽しむ所存である．

参考文献
1. H. Watanabe, M. Nakada, *J. Am. Chem. Soc.*, **130**, 1150 (2008).
2. S. Hirai, M. Utsugi, M. Iwamoto, M. Nakada, *Chem. Eur. J.*, **21**, 355 (2015).
3. K. Tsuna, N. Noguchi, M. Nakada, *Angew. Chem. Int. Ed.*, **50**, 9452 (2011).
4. M. Uwamori, R. Osada, R. Sugiyama, K. Nagatani, M. Nakada, *J. Am. Chem. Soc.*, **142**, 5556 (2020).
5. M. Nakada, *Bull. Chem. Soc. Jpn.*, **95**, 1117 (2022).

中田 雅久（Masahisa Nakada）
早稲田大学理工学術院 教授
1959年生まれ．1984年 東京大学大学院薬学系研究科修士課程修了
＜研究テーマ＞天然物の全合成と関連研究

50

基礎研究のすゝめ
―― 有機合成化学の醍醐味

「誰も見たことのない景色を見てみたい」．純粋な好奇心はどの分野においても研究の原動力である．有機化学を縦糸に，合成化学の横糸で紡ぐ有機合成化学は，原理や普遍性の「発見」と，新たな価値を生みだす「発明」が美しく織り重なって，分子の科学と技術を支えている．研究ターゲットは物質科学から生命科学まで無限に広がり，独自の分子をつくり新たな世界を切り拓くチャンスは皆，平等に与えられる．

二千年以上の歴史をもつ物理とは異なり，たった数百年の有機化学にはまだまだ未開拓領域が広がっている．だから有機合成化学は現存する課題や効率を目指す研究にとどまらず，新しい分野や価値を創りだすための大きな役割を担っている．常識にとらわれず，先人と違う視点で眺めてみよう！　赤外吸収分光法やNMR装置もない時代にKekuéによってベンゼン構造が提案され，Diels-Alder反応が生まれた．大型研究費や立派な機器などなくても「アイデアひとつで世界が変わる」．これも有機合成化学の醍醐味だろう．

5年ごとに新たな挑戦を

この言葉は，恩師の首藤紘一先生（東京大学名誉教授）の口癖であった．「有機化学・合成化学はあらゆる分野につながるのだから，5年ごとにテーマを変えて新しい自分にチャレンジしよう．分子の科学と技術を通じて，ひとつでも多くの新概念・新理論・新分野の開拓を！」修士を出て東北大学薬学部に着任するときの先生からのはなむけの言葉であった．その後「複素環の化学→アート錯体→理論反応開発→大環状

π分子→分子で光を利活用する→理論生合成制御」などの研究を進めてきた筆者は最近「一風変わった結合」に興味をもっている．今回は，＜電荷シフト結合＞に関する基礎研究を紹介したい．

炭素–炭素で四つの結合 !?

二原子炭素（C_2）をご存じだろうか．古くから，ろうそくの青い炎や宇宙空間に存在することが知られてきたものの，現在でも謎に包まれている．C_2 は過酷な高エネルギー条件（たとえば，3500℃以上の加熱やアーク放電など）でしか発生しないと考えられてきた．こうして発生させた C_2 は，「二重結合（一重項ジカルベン）」か「三重結合（三重項ビラジカル）」で存在すると実験によって証明されていた．

ところが，2012年にイスラエルの理論グループは「C_2 は基底状態で四つの結合をもつ（はず）」と提唱したのだ．実験と理論の見解は真っ向から対立した．四つ目の結合様式は，当時研究していたプロペラン分子の支柱＜電荷シフト結合＞とよく似ていた[1]．また，C_2 は首藤先生の大学院講義で耳にして以来ずっと気になっていた分子でもあった．奇妙な運命に導かれ，この研究はひっそりとスタートした．そして筆者らは，＜超原子価結合＞を脱離基として組み込んだ前駆体を設計し，ついに C_2 の常温常圧での化学合成に初めて成功した（図1）．

各種の補足実験によって，C_2 には電荷シフト結合を含む四つの結合が存在することを実証した[2]．高エネルギーによる物理的発生では，C_2 の結合が切れてしまっていたのである．こんな小さな分子の有機合成にも意味があるもの

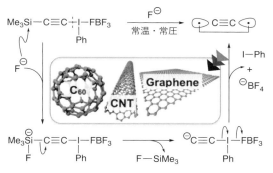

図1　C₂ の常温常圧での化学合成

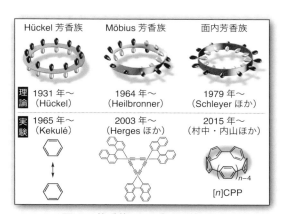

図2　芳香族に 3 番目の仲間！

だ．興味のままに，この研究を炭素の物質進化の謎へと舵を切ることにした．宇宙にも存在する C_2 が炭素同素体の起源ではないか？と"なんとなく"予感がした．

C₂ は炭素同素体の起源？

そこで，不活性ガス（アルゴン）中，無溶媒で C_2 発生（乳鉢と乳棒でかき混ぜるだけの超ローテク！）を試みたところ，C_{60} やグラフェン，カーボンナノチューブ（CNT）などを含んだ黒色固体が現れた！　こうして，C_2 が炭素同素体の起源分子になることを初めて実証した．

芳香族に 3 番目の仲間が！

C_{60} や CNT はなぜ"湾曲した"構造をもつのか？　グラフェン（平面）構造が Hückel 芳香族では最適なはず．そんな疑問から，筆者らは C_{60} や CNT に含まれる「シクロパラフェニレン（CPP）」の分子全体に広がる新たな芳香族性を見いだした（図2）[3]．CPP の特殊な物理化学的性質が面内芳香族性できれいに説明できた．こうしたさまざまな芳香族性の違いが炭素同素体の生成機構や構造多形，安定性を制御しているのかもしれない．

純粋な興味こそが新たな科学を切り拓く！

C_2 の常温常圧での化学合成から，化学結合論に一定の決着をつけ，C_2 からナノカーボンが生成することを見いだした研究ではあるが，まだまだ謎は尽きない．C_2 を直接見たわけでもないし，熱力学的な部分も今後解決せねばならない．誰も見たことのない結合および構造で

あり，もちろん理論も確立していない．もしかすると，今回の解釈でさえ間違っている部分があるかもしれない．それでいい，科学はそうして進んでいくのだ．

有機合成化学はますます多様化し，さまざまな分野との学際的研究が進んでいくことに疑問の余地はない．常識にとらわれず，自分の感性を信じて，分子の世界を楽しもう．身近なところに研究の種はいっぱいあるものだ．結合や芳香族にもまだまだ新しい仲間が見つかるかもしれない．「ありえない」と思われていることに理論的裏づけがなかったりする．「役に立たない」と思われていることが，意外に未来社会を支えたりする．だから，流行に惑わされず，他人とは違うこと，真に楽しいと思える研究を進めよう．不思議に立ち向かい，夢を実現するため，勇気をもって有機合成化学で新たな一歩を踏みだそう．そう，基礎研究という自分探しの旅へ！

参考文献
1. J. Kanazawa, K. Maeda, M. Uchiyama, *J. Am. Chem. Soc.*, **139**, 17791 (2017).
2. K. Miyamoto, S. Narita, Y. Masumoto, T. Hashishin, T. Osawa, M. Kimura, M. Ochiai, M. Uchiyama, *Nat. Commun.*, **11**, 2134 (2020).
3. N. Toriumi, A. Muranaka, E. Kayahara, S. Yamago, M. Uchiyama, *J. Am. Chem. Soc.*, **137**, 82 (2015).

内山　真伸（Masanobu Uchiyama）
東京大学大学院薬学系研究科 教授
1969 年生まれ．1995 年　東京大学大学院薬学系研究科修士課程修了
＜研究テーマ＞原子・電子レベルで現象を理解し，分子の自在構築で物質を科学する

51

ニトロ基脱離を伴う
連続 S_NAr 反応によるベンゾフラン合成
—— 反応液の「色」をヒントに副反応を主反応へ

患者に最短で新薬を届けるため，製薬企業の新薬開発では開発候補品の特定から始まり，非臨床・臨床試験，原薬・製剤の供給など，さまざまな機能が連動することで空白期間をなくす努力をしている．原薬製造部門にとって，開発初期は適切に品質設計された十分量の原薬を迅速に供給することがとりわけ重要である．分子の複雑さが増して合成の難易度が上がり，しかし限られた時間とリソースのなかで正しい合成経路を選択するには，化学の深い理解や論理性に加え，ときには直感も大事になる．

インドール構築時にベンゾフラン体が副生

2010 年代初頭に始まった神経栄養因子チロシンキナーゼ受容体 (NTRK) 阻害剤の開発[1] のなかで見いだされた候補化合物 NR288 (**1**) は，ベンゾフランを含むユニークな四環性骨格をもつ．この部分構造は以前に開発された未分化リンパ腫キナーゼ (ALK) 阻害剤アレクチニブ (**2**)[2] のインドール環構築反応の副生成物と共通するものであった (図 1)．

すなわち，多置換ベンゼン **3** とケトエステル **4** の SNAr 反応により生じる中間体 **5** を亜

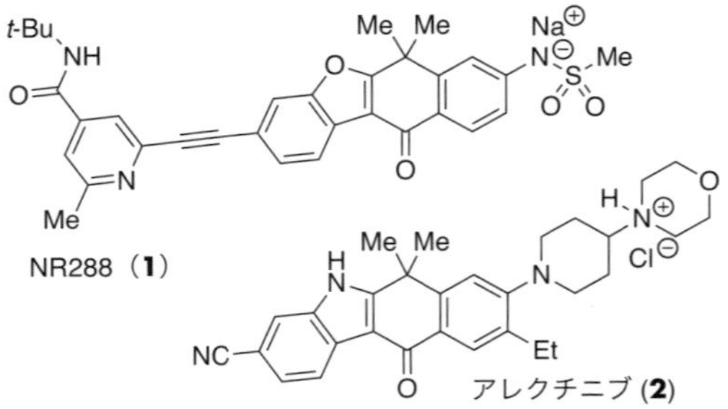

図 1　NR288 およびアレクチニブの構造

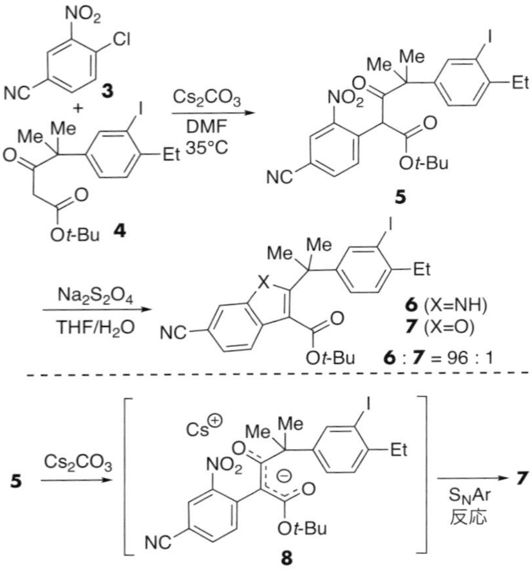

図 2　アレクチニブ (2) のインドール構築工程およびベンゾフラン 7 の想定生成機構

ジチオン酸ナトリウムで還元および環化してインドール **6** を合成したところ，副生成物としてベンゾフラン **7** が観測された (図 2)．**7** は S_NAr 反応後に生成するエノラートアニオン **8** でのニトロ基の脱離を伴う連続的 S_NAr 反応により生じたと考えられ，実際に **5** を含む反応溶液を単に加熱しても低収率ながら **7** が生成した．

興味深いことに最初の S_NAr 反応後の反応液は黒色を呈する．当時は **8** の負電荷のベンゼン環への非局在化に由来する呈色と考えており，ゆえに分子内 S_NAr 反応には負電荷を帯びた **8** は不活性だと考えていた．ただ，ジニトロおよびトリニトロクロロベンゼンを用いた同様の反応も報告されており[3]，この分子内反応はシア

ノ基の電子求引性によるものと結論づけ，それ
以上気に留めていなかった．

副反応を主反応へ

NTRK 阻害剤の開発途中，急遽 NR288（**1**）
を短期間かつ大量に供給する必要が出てきた．
そこで前述の副反応を主反応へ転換することを
目指した．合成および分析法などの製法開発に
関する周辺情報が豊富にあるアレクチニブ（**2**）
の知見を活かし，製法開発期間を短縮するため
である．

前述のように黒色は **8** における共役系の伸
長に由来すると理解していたが，改めて考える
と多置換エノラートアニオン **8** はそのかさ高
さのため，芳香環との平面性を保つことは立体
的に困難だと思い至った．そして黒色はエノ
ラート部位と電子不足芳香環との分子内電荷移
動による可視光吸収に起因するのではないか，
そうであればシアノ基をもたない NR288 の基
質においてもベンゾフラン環の形成反応が起こ
るに違いない．直感的にそう確信し，NR288
の基質に対してアレクチニブ（**2**）での S_NAr 反
応を参考に反応を実施した．まず 2-フルオロ-
5-ヨードニトロベンゼン（**9**）とケトエステル
10 を NMP 中過剰の炭酸セシウム存在下 40℃
で反応させたところ，分子間 S_NAr 反応が進行
することでエノラートアニオン **11** が生じると
ともに反応溶液は黒色を示した．そして，その
反応液を 100℃ に加熱したところ，分子内
S_NAr 反応が進行し，狙いどおり目的のベンゾ
フラン **12** が得られた（図 3）．

最近になって量子化学計算によりエノラート
アニオン **11** を解析したところ，予想どおり芳
香環とエノラート部位は炭素–炭素結合を介し
てねじれており，さらに HOMO は求核攻撃す
るカルボニル側に，LUMO はニトロフェニル
基側に分布していることが示唆された．また，
11 のカルボニル基の α 位は四置換炭素であり，
そのかさ高さゆえ求核攻撃点であるカルボニル
酸素とニトロ基 ipso 位の炭素が近接しやすい

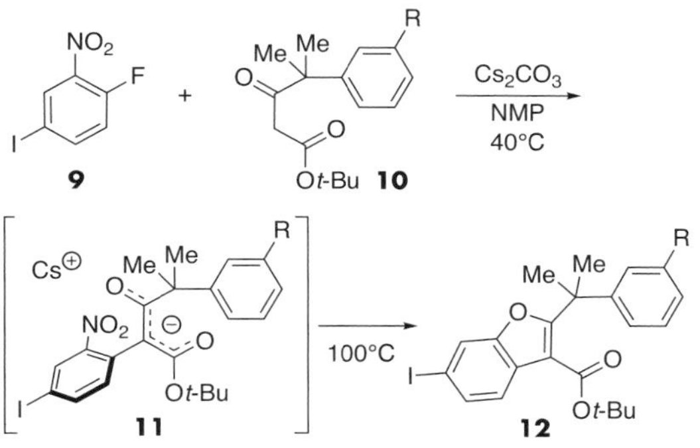

図 3　脱ニトロ型 S_NAr 反応を鍵とするベンゾフラン 12 の合成

構造であることも示唆された．つまり立体的に
も電子的にも好適な基質かつ合成ルートであっ
たのだ．

前述のように，ほかのプロジェクトの副反応
に関する知見を活用することで，初期開発での
迅速な製法構築に成功した．普段は見すごされ
がちな「色」をもとに反応機構を推測し，四環性
骨格の構築様式を共通化することで検討量を絞
り込み，結果的に短期間での製法確立を達成し
たのである．なお，隣接するニトロ基とハロゲ
ノ基を脱離基として利用するベンゾフラン合成
は例が少なく，本反応は多置換ベンゾフラン誘
導体の汎用性の高い合成法といえる．

参考文献
1. T. Ito, K. Kinoshita, M. Tomizawa, S. Shinohara, H. Nishii, M. Matsushita, K. Hattori, Y. Kohchi, M. Kohchi, T. Hayase, F. Watanabe, K. Hasegawa, H. Tanaka, S. Kuramoto, K. Takanashi, N. Oikawa, *J. Med. Chem.*, **65**, 12427 (2022).
2. K. Kinoshita, K. Asoh, N. Furuichi, T. Ito, H. Kawada, S. Hara, J. Ohwada, T. Miyagi, T. Kobayashi, K. Takanashi, T. Tsukaguchi, H. Sakamoto, T. Tsukuda, N. Oikawa, *Bioorg. Med. Chem.*, **20**, 1271 (2012).
3. P. P. Onys'ko, N. V. Proklina, V. P. Prokopenko, Y. G. Gololobov, *Russ. J. Org. Chem.*, **23**, 549 (1987).

塚崎　雅雄（Masao Tsukazaki）
中外製薬株式会社 製薬研究部合成担当 ケ
ミカルプロセス開発プロフェッショナル
1964 年生まれ．1995 年　カナダ・ウォー
タールー大学理学部化学科博士課程修了
＜研究テーマ＞低中分子原薬製造プロセス
の研究開発

52

金との出会い
—— 妄想からの道のりと感動は今も私の宝物

　身も震える感動の瞬間だった．博士課程に進学して間もない春のその瞬間が，37年たった今も，ついこのあいだのようである．金触媒による有機合成の幕を開いた「イソシアノ酢酸エステル不斉アルドール反応」に成功した瞬間である．恩師の故伊藤嘉彦先生が『化学者たちの感動の瞬間』〔化学同人（2006）〕ですでに取りあげているが，その瞬間の感動をその場で体感した本人の立場から当時をふり返りたい．

　伊藤先生が学科内（京都大学工学部合成化学科）昇任で有機金属化学研究室（旧熊田研究室）の教授になられた．修士2年に進級する筆者も研究室を移籍し，林民生先生（当時助手）の部屋に配属された．触媒的不斉合成のパイオニアとして著名な先生のもとで勉強するようにと新しい研究テーマをいただく．移籍前の研究室で先輩が研究していた銅触媒によるイソシアノ酢酸エステルのアルドール反応を不斉反応にしなさい！とのことである（図1）．銅触媒に光学活性β-アミノアルコールを添加すると反応が加速し，生成物が旋光性を示す．アミノアルコールが銅にキレート配位して不斉を誘起しているのだろう．このような情報を引き継ぎ「触媒的不斉アルドール」の研究が始まった．「不斉アルドール反応」が脚光を浴びるなか，触媒反応は誰も実現していない．やってやるぞと意気込んだが，容易な課題ではなかった．オキサゾリン型生成物のクーゲルロール蒸留による単離手順を確立し，キラルシフト試薬を用いるNMR解析によってエナンチオマー過剰率（*ee*）を求めると，わずか5％だった．配位子や溶媒，温度，

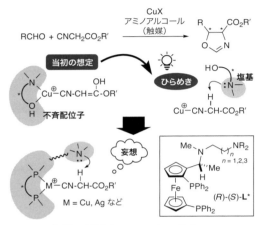

図1　初期の研究とフェロセニルホスフィン

基質，金属も検討したが，選択性は一向に上がらない．銅塩をカチオン性の $CuOTf \cdot (C_6H_6)_{0.5}$ にすると反応が桁違いに速くなることを見つけ，これには手応えを感じていたが，*ee* はせいぜい10％であった．

　万策尽きたかと思われたそのとき，アミノアルコールの役割が実は違うのでは？とひらめいた．基質からプロトンを引き抜く塩基として働いているのではないか？　アミノアルコールが配座固定されないので不斉が誘起されないのも当然だ．ここでひとつの妄想が頭に浮かび，これが研究を大きく展開させることになる．不斉環境をつくる土台としての配位子をキラルホスフィンとし，塩基となる第三級アミンを共有結合でつないではどうか？　酵素の塩基性アミノ酸残基のようにプロトン移動の触媒作用点として働いてくれないだろうか？　このような妄想を抱いたのは，林先生のフェロセニルホスフィンが目の前にあったからこそである．パラジウ

ム触媒不斉アリル化の不斉配位子としてヒドロキシ基をぶら下げたフェロセニルホスフィンが使われていた．ヒドロキシ基をアミノ基に置き換えてCPKモデル（空間充填分子模型）を組むと，銅に配位したイソシアノ酢酸エステルのα-プロトンをアミノ基が引き抜けそうである．モデルと同じ配位子（図1，**L***，$n = 1$）が林先生の配位子ストックのなかにわずかに眠っていた[1]．これを試すと，ee が35％まで一気に向上した．妄想が確信に変わる．

　金属をカチオン性の銀（AgOTf）にすると10％ ee で生成物の絶対配置が逆転した．末端アミンをつなぐリンカーを炭素一つ分長くすると30％ ee で絶対配置が元に戻り，さらに1炭素伸ばすと絶対配置が再逆転し10％ ee となる．エノラートのプロキラル面がペコペコ反転する．化学反応を操っているようで実に面白い．CPKモデルを両手に抱え，まるで酵素みたいと悦に入り，実験に熱が入る．条件の最適化で ee は50％台に達する．しかし，伊藤先生や林先生から学会発表や論文化の話は降りてこない．90％ ee を超えないとだめなようである．CPKモデルをこねくり回し，フェロセニルホスフィンの枠も越えて新しい配位子をつくっては試し汗を流すが，成果のない日々が延々と続き，季節が巡った．

　銅・銀・金のシナリオは当然頭にあった．金は有機合成に使われていなかったので手をだすにはバリアがあったが，金のカチオンがないものかと文献調査を頑張った．[Au(c-HexNC)$_2$]BF$_4$という錯体の記述にハッと目が留まる．*Gazzetta Chimica Italiana* という雑誌に報告されていた．東京大学に蔵書があり，伊藤先生を通じて奈良坂紘一教授（当時東京大学）より複写文献を送っていただいた．結構工夫してこの錯体を合成したのは修士課程の最終日3月31日だった．博士課程に進学して最初の実験．大きな期待を込めてこの金錯体をAgOTfの代わりに使ってみる．うまく反応が進行した．金で

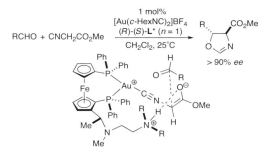

図2　金触媒イソシアノ酢酸エステル不斉アルドール反応

反応がいった！　かなり興奮する．しかし，25％ ee しかない選択性がすぐに判明し，ガクンと肩を落とす．その5日後，気を取り直して2回目の金触媒反応を実行する（図2）[2]．アミンをつなぐリンカーを1炭素短くして銅を使っていたときに最適だった配位子に戻していた．終夜で綺麗に反応した．いつもどおり生成物をクーゲルロール蒸留し，NMR室に向かう．シフト試薬を少し加えて ^{1}H NMR を測定するが，いつも出現するマイナーピークが見えない．えぇっ！と，わが目を疑う．確認のため，震える手をグッと抑えてシフト試薬を追加し，スリーブにNMRチューブを入れようとするが，震えが止まらず入れられない．両手を添えてなんとかチューブを挿入し測定を開始する．磁場掃引で低磁場側からゆっくり出てきたスペクトルには，ノイズに紛れた小さなピークがはっきりと確認できた．妄想が現実になったこの瞬間の感動とそれまでの道のりは，今も筆者の大切な宝物である．

参考文献
1. T. Hayashi, T. Mise, M. Fukushima, M. Kagotani, N. Nagashima, Y. Hamada, A. Matsumoto, S. Kawakami, M. Konishi, K. Yamamoto, M. Kumada, *Bull. Chem. Soc. Jpn.*, **53**, 1138 (1980).
2. Y. Ito, M. Sawamura, T. Hayashi, *J. Am. Chem. Soc.*, **108**, 6405 (1986).

澤村　正也（Masaya Sawamura）
北海道大学大学院理学研究院 教授
1961年生まれ．1989年　京都大学大学院工学研究科博士課程修了
＜研究テーマ＞不斉触媒と新反応の開発

53

巨大複雑天然物の全合成経路を構築する
—— 合成終盤でのデッドエンドを回避した二つの方策

全合成では，広大なケミカルスペースのなかで，原料という点から標的天然物という点への経路を創りだす．原料，20 以上の中間体と天然物のすべての点をつなげられなければ，ケミカルスペースのなかでさまようことになる．天然物に近づくほど，利用できる中間体の量は少なくなり，その構造は複雑になるため一つひとつの工程の挑戦性は高まる．実際の全合成経路の構築では，感動と落胆の瞬間は交互に現れ，その強度は終盤でより大きくなる．本稿では，合成終盤におけるデッドエンドになりえた工程とそれを回避した二つの方策を紹介する．

リアノジンの全合成

リアノジン（**9**，図 1）は，ピロールカルボン酸エステルと 11 個の連続した不斉中心をもつ五環性骨格によって構成される．この極度に官能基が密集した構造のため，その全合成はきわめて挑戦的な課題である．筆者らは，二方向同時官能基化および橋頭位ラジカル反応を組み合わせ，ヒドロキノン **1** から 37 工程で五環性骨格 **2** を構築した[1]．残された課題は，ピロールカルボン酸の導入である．しかし，この単純に思える合成終盤において，大きな壁が存在していた．

2 とピロールカルボン酸 **3** とのエステル縮合は，さまざまな条件においてまったく反応が進行せず，**9** の保護体である **4** は得られなかった．特異な三次元構造によって，C3 位の第二級アルコールがしゃへいされていることが原因である．そこで，**3** よりも立体的に小さいカルボン酸と縮合させ，オンサイトでピロールを構築する新規経路を立案・実現した．まず，**2** を

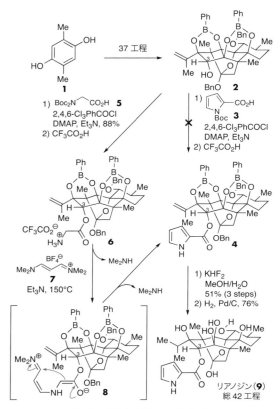

図 1　リアノジンの全合成

グリシン保護体 **5** によってエステル化し，続く酸による Boc 基除去を経て，**6** を合成した．**6** はビナミジニウム塩 **7** を用いるピロール環形成反応に供した．その結果，**6** のアミンの **7** への付加によって生じた **8** から，分子内 Mannich 反応，ジメチルアミンの脱離および芳香環化が順次進行し，**4** が合成できた．**4** の脱保護により，**9** の初の全合成を達成した[2]．

オイオニミンの全合成

オイオニミン（**21**，図 2）は，ビシナルジメチ

ル基とピリジンを含む14員環ビスラクトンと11個の連続した不斉中心をもつ三環性骨格によって構成される．さらに骨格が高度に酸化されているため，その全合成はきわめて挑戦的である．筆者らは不斉 Diels-Alder 反応，ラジカル環化反応およびさまざまな立体選択的酸化反応を駆使し，**13** から 23 工程で 三環性化合物 **14** を合成した．しかし終盤において，ピリジンカルボン酸 **10** の縮合を経る全合成は，予想に反して不可能であることがわかった．

縮合における問題点は，**10** の構造がもつ固有の反応性に起因する．**10** とアルコールとの

反応では望むエステル **11** は得られず，ピリジニウムカチオン **12** が形成した．**12** はカルボン酸が縮合剤で活性化されたのち，ピリジンの分子内求核攻撃で生成する．一般に，分子内五員環形成を抑え，分子間エステル化を進行させることは非常に困難である．そこでピリジン窒素原子とカルボニル基との分子内反応が起こりえない二置換トランス不飽和カルボン酸 **15** を新たに設計し，オンサイトでジメチル基を導入する新規経路を立案・実現した．まず **14** と **15** との縮合によって，エステル **16** を得た．**16** に対してスルホキシド **17** を作用させると，系内で生じる 1,3-双極子 **18** との［3+2］付加環化が進行し，テトラヒドロチオフェン **19** が得られた．この際に生じる C7′/C8′ 位の立体化学は，**16** の三次元構造によって制御されている．**19** からセコ酸を誘導しマクロ環を形成したのち，ワンポットで Raney-Ni によって還元的に脱硫することで，所望のビシナルジメチル基をもつ **20** を合成した．最後に，**20** の脱保護とアセチル化により，**21** の初の全合成を達成した[3]．

以上のように複雑天然物の全合成では，しばしば既存の反応および戦略が利用できない事態に遭遇する．筆者らはこのような事態を克服することで，有機合成化学の最先端を開拓している．筆者は全合成分野が，新しい反応や戦略の開発，新しい反応機構の提案や，新しい生物活性の発見の原動力になり続けると信じている．

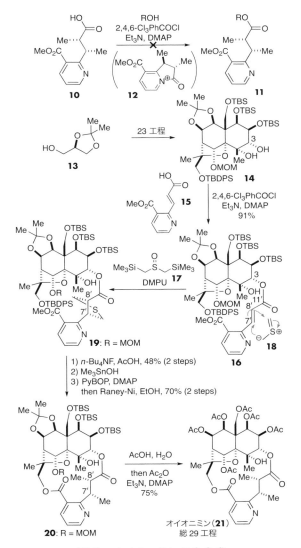

図2 オイオニミンの全合成

参考文献
1. M. Nagatomo, M. Koshimizu, K. Masuda, T. Tabuchi, D. Urabe, M. Inoue, *J. Am. Chem. Soc.*, **136**, 5916 (2014).
2. K. Masuda, M. Koshimizu, M. Nagatomo, M. Inoue, *Chem. Eur. J.*, **22**, 230 (2016).
3. Y. Wang, T. Nagai, I. Watanabe, K. Hagiwara, M. Inoue, *J. Am. Chem. Soc.*, **143**, 21037 (2021).

井上　将行（Masayuki Inoue）
東京大学大学院薬学系研究科 教授
1971 年生まれ．1998 年　東京大学大学院
理学系研究科博士課程修了
＜研究テーマ＞巨大複雑天然物の全合成，
類縁体創出および機能解析

54

キラル溶媒を不斉源とする不斉反応の実現
——動的らせん高分子触媒の開発における研究展開

不斉反応について関心をもち始めた学部学生のころ，反応にキラル溶媒を用いるだけで鏡像異性体の一方を選択的に得ることはできないだろうか，と思い描いたことをおぼろげながらに記憶している．その思いを抱いたのはわずかな時間のことであって，その後長いあいだ頭に浮かぶことはなかった．そのような筆者らに，最も入手容易なキラル溶媒であるリモネンをキラル源とする不斉反応を実現せしめた鍵は新分子創製へのこだわりと，いくつかの幸運であった．

らせん高分子触媒プロジェクトの開始

新研究室の設立を機会に，新しい研究を立ち上げた．らせん高分子ポリキノキサリン（以下PQX）（図1a, b）をキラル触媒として使えないだろうかと考えた．当時らせん高分子の研究は活発だったが，高選択的キラル触媒として用いた例はなかった．ハードルはらせん方向の完全な制御と高分子上での有効な不斉反応場の構築であった．

筆者は伊藤嘉彦（故京都大学名誉教授）らが開発したPQXの不斉重合法の開発に携わり，キラル開始剤を用いることでらせん方向を高度に制御できることを見いだしていた．触媒化にあたり，キノキサリン環に $o\text{-}(Ar_2P)C_6H_4$ 基を直結したユニットを導入した共重合体PQXphosをデザインした（図1c）．モノマーおよび高分子合成法の開発，触媒反応の選定と最適化まで，4年を超える期間を要し，スチレンのヒドロシリル化で高分子キラル触媒としては画期的な87% *ee* の不斉収率を達成したことは，その後の研究の起点となる成果として最も思い入れが

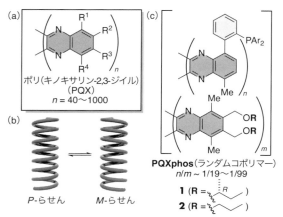

図1 動的らせん高分子 PQX と単座ホスフィン配位子 PQXphos の構造

強いものとなっている[1]．

溶媒効果によるらせん反転現象の発見

喜びのなかにもらせん制御が不完全なのではないかとの疑いが残った．触媒開発と並行して，モノマーにキラル側鎖を導入してらせん方向を制御する検討を進めていた[2]．この分子設計を利用した PQXphos **1** において，らせん方向の制御は飛躍的に高まり，ヒドロシリル化の不斉収率は 97% *ee* に達した（図2）[3]．すなわち，らせん方向はほぼ完全に制御され，キラル反応場も精密に構築されていることが立証された．

この研究の過程で，その後の研究の方向を決定づける思いがけない発見があった．らせん誘起を精密に決定するための円偏光二色性スペクトルの測定で，溶媒をクロロホルムから1,1,2-トリクロロエタン（TCE）に変えると，スペクトルの正負が完全に逆転することを見いだした[2]．このとき数ある溶媒のなかでTCEを手にしたことが幸運であった．この報告を受けたときは

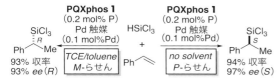

図2 PQXphos1 を用いたアキラル溶媒の使い分けによるエナンチオ選択性スイッチング

何かの間違いではないかと疑ったが，その後の詳細な検討により，PQX はいくつかの特定の溶媒中で反転構造をとることを確認した．早速 TCE 中で不斉ヒドロシリル化反応を行ったところ，PQXphos **1** がほかの溶媒とは逆のエナンチオマーを高い選択性で与えることがわかった！（図2）溶媒を使い分けるだけで両方の鏡像異性体生成物を高選択的に与える，「キラリティー可変触媒」の実現であった[3]．この溶媒によるらせん反転は左右のらせんともに完全誘起が行える初めての例であり，側鎖の選択によりオクタンとシクロオクタンのような類似溶媒間でも完全な逆転が起こることが特筆される[4]．

キラル溶媒中での完全らせん誘起と不斉反応

高分子における劇的な溶媒効果を目のあたりにし，一切のキラル置換基を排除した「アキラル」PQX がキラル溶媒中でどのような挙動を示すかに興味を抱いた．ここに至って，長いあいだ眠り続けてきたキラル溶媒を不斉源とする不斉反応への想いがわき起こりつつあった．アキラル側鎖をもつ PQX は，アキラル溶媒中では左右らせん 1：1 で存在する．これを天然キラル溶媒のリモネンに溶解したところ速やかに平衡がシフトし，(R)-および (S)-リモネン中でそれぞれほぼ完全な右巻き，左巻き構造が形成されることがわかった[5]．また，リモネンの光学純度を上回ってらせん誘起が起こる，正の非線形不斉増幅効果が観測された．

早速アキラル PQXphos **2** を合成し，不斉反応に用いた（図3）．不斉鈴木-宮浦反応に用いると，THF 中ではラセミ体を与える反応が，溶媒をリモネンとするだけで 98% *ee* に達する高い光学収率を与えた．こうして，若いころに夢想

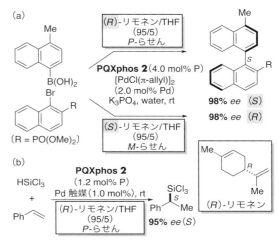

図3 アキラル PQXphos 2 存在下でのリモネン溶媒を不斉源とする不斉合成

したキラル溶媒を不斉源とする高選択的不斉反応が実現した．キラル溶媒を用いる不斉合成は 1970 年代から検討されてきたが，触媒反応の例はなく，鏡像遷移状態をキラル溶媒との相互作用で制御しようとするものだった．本系は触媒部位を取りつけた分子骨格に対して溶媒キラリティーを転写する機構であり，触媒部位を交換すれば他の触媒反応に適用できる汎用性を備えている．偶然の発見は研究のインパクトを高め，大きな展開を可能にする強烈なスパイスであり，ここではらせん反転の発見がそれにあたる．チームとしての「準備された心」と「研究への集中力」がそれを活かすのだと改めて感じる．

参考文献
1. T. Yamamoto, M. Suginome, *Angew. Chem. Int. Ed.*, **48**, 539 (2009).
2. T. Yamada, Y. Nagata, M. Suginome, *Chem. Commun.*, **46**, 4914 (2010).
3. T. Yamamoto, T. Yamada, Y. Nagata, M. Suginome, *J. Am. Chem. Soc.*, **132**, 7899 (2010).
4. Y. Nagata, T. Nishikawa, M. Suginome, *J. Am. Chem. Soc.*, **136**, 15901 (2014).
5. Y. Nagata, R. Takeda, M. Suginome, *ACS Cent. Sci.*, **5**, 1235 (2019).

杉野目　道紀（Michinori Suginome）
京都大学大学院工学研究科 教授
1966 年生まれ．1993 年　京都大学大学院工学研究科博士後期課程修了
＜研究テーマ＞らせん高分子，ホウ素化学，触媒反応

55

パラジウムエノラートを鍵とする
触媒的不斉反応の開発
——遷移金属触媒反応に魅せられて

修士課程を修了後，与えられたテーマはプロスタサイクリン炭素誘導体の合成だった．安定性に差のないエキソサイクリック三置換オレフィンの立体制御が課題で，アレーン・クロムトリカルボニル錯体を触媒とするジエンの1,4-水素化反応を試してみることになった．それまで遷移金属錯体など扱ったことがなく，溶媒の脱気法やオートクレーブの使い方を一から教わって，目的の反応をかけた．生成物をガスクロで分析すると，望む E 体を立体選択的に合成できたことがわかった．遷移金属触媒ってすごい！と単純に感動した．18電子則から勉強し直してこの選択性の原理を理解できたときに，自分自身の手で新しい遷移金属触媒反応を開発したいという強い思いが湧いてきた．

その後，4年生の学生とともに不斉Heck反応の開発に取り組んだ．うまくいかない日々が続いたあと，Pd錯体と銀塩を組み合わせることで初めて46% ee が出たときには，大喜びですぐに祝杯をあげに出かけた．今ならとても論文にできない不斉収率だが，これは世界で初めての不斉Heck反応の例となり，さまざまな生物活性物質の不斉合成に使える反応に発展した．

新たな研究を模索していたときに，キラルなPdエノラートを求核剤とする不斉反応というアイデアを思いついた．当時キラルなLewis酸触媒によってアルデヒドを活性化する不斉向山アルドール反応の研究が盛んに行われていたが，Pdのような後周期遷移金属エノラートを鍵中間体とする触媒的不斉アルドール反応の成功例は報告されておらず，手探りで研究を開始

した．幸運なことに，PdCl₂[(R)-binap]と銀塩から調製した触媒を用いることで，シリルエノラートとアルデヒドとの反応が進行し，低収率ながら，70% ee の生成物が得られることを見いだした．そのときは棚にあったDMFを溶媒としてそのまま使っていた．低収率の原因はシリルエノラートの加水分解が競合するためで，ちゃんと無水にして反応をかければ収率はすぐに上がるだろうと考え，当時日産化学株式会社から派遣されていた生頼一彦氏（現有機合成化学協会会長）に実験を引き継いだ．

ところが溶媒をきっちり乾燥してから反応をかけると，なんと反応が進まなかったのである．彼による緻密な条件検討の結果，Pd錯体と銀塩をモレキュラーシーブス存在下，水を加えたDMF中で反応させ，それをろ過したものを触媒として反応に用いると，96%収率，71% ee でアルドール生成物が得られた．さらに反応機構解析から，反応はPd-O-エノラート経由で進行しており，トランスメタル化によるPdエノラートの生成には水が必須であることがわかった（図1）[1]．

次に触媒の単離を試みたところ，安定なアクア錯体が得られ，この錯体を触媒として用いて，簡便にアルドール反応が行えるようになった．

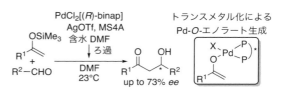

図1　初めてのPdエノラートを経る不斉反応

今度は不斉 Mannich 反応を検討した．アクア錯体を用いて室温で中程度の収率と不斉収率で反応が進行したものの，再現性がまったく取れない．しかしこの実験の担当者は，実験ノートに毎日気温を記録していて，暖かい日に不斉収率が少しだけよいことに気がついた．そこで反応温度を検討すると，なんと 60℃ で不斉収率が上昇し，0℃ ではほぼラセミ体が得られるという常識に反する結果が得られた．彼女の優れた観察眼に敬服し，なぜそんなことが起こるのかを考えたところ，プロトン酸がイミンを活性化してシリルエノラートが直接反応する経路が競合していることに気がついた．そこでアクア錯体と 1 当量の塩基を反応させ，複核の Pd-μ-ヒドロキソ錯体を単離し，これを触媒として用いると，反応は室温で再現性よく高い不斉収率で進行した（図 2）[2]．

さらにこの μ-ヒドロキソ錯体を用いれば，カルボニル化合物から直接プロトンを引き抜いて Pd エノラートを生成可能ではないかと考えた．これはなかなかうまくいかなかったが，濱島義隆氏（現静岡県立大学教授）が加わって突破口が開けた．彼は 1,3-ジカルボニル化合物のエノンへの Michael 付加反応が μ-ヒドロキソ錯体を触媒とした場合にはほとんど進行しないのに対し，アクア錯体を触媒として用いると高い不斉収率で反応が進行することを見いだした[3]．シリルエノラートの Mannich 反応ではラセミ体を与える悪者だったプロトン酸が，今度は反応を促進する鍵になっていた．その後の研究から，二座配位 Pd エノラート錯体は単離できるほど安定で，それ自体の反応性はきわめて低いが，プロトン酸がエノンを活性化すると反

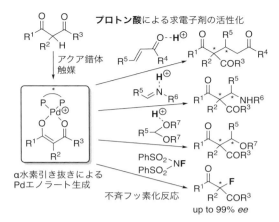

図 3　二座配位基質とさまざまな求電子剤との反応

応が進行するという酸–塩基協調型のユニークなメカニズムであることがわかった．この反応は空気中でも水中でも問題なく進行する堅牢性をもち，さまざまなカルボニル化合物と多様な求電子剤との反応が実現した（図 3）[4]．その後，Ni や Cu など幅広い後周期遷移金属エノラートの化学へと発展している．遷移金属錯体の構造と反応性の多様性に，まだまだ興味はつきない．

研究には思い入れが大切だと思う．よ〜く考えてチャレンジすることが定まったら，その実現のために全力で実験する．うまくいかなくてもしつこく続けていると，ときどき幸運の女神様が微笑んでくれる瞬間がある．この微笑みに気づけるかどうかは，実験している人の観察力で決まる．予想外のことが起こったときこそ面白いことが見つかるチャンスだ．

参考文献
1. M. Sodeoka, K. Ohrai, M. Shibasaki, *J. Org. Chem.*, **60**, 2648 (1995).
2. E. Hagiwara, A. Fujii, M. Sodeoka, *J. Am. Chem. Soc.*, **120**, 2474 (1998).
3. Y. Hamashima, D. Hotta, M. Sodeoka, *J. Am. Chem. Soc.*, **124**, 11240 (2002).
4. Y. Hamashima, K. Yagi, H. Takano, L. Tamás, M. Sodeoka, *J. Am. Chem. Soc.*, **124**, 14530 (2002).

袖岡　幹子（Mikiko Sodeoka）
理化学研究所 主任研究員
1983 年　千葉大学大学院薬学研究科博士前期課程修了
＜研究テーマ＞生物活性物質の合成と作用機序の解明をめざした新手法の開発

図 2　Pd 触媒による不斉マンニッヒ反応

56

イノラートの発掘と開眼
——高エネルギー機能性炭素反応剤の意外性

徳島大学に助教授として着任した二十数年前，PI（研究室責任者）の宍戸宏造先生から何をやってもよいと，ありがたくも身の引き締まるご提案をいただいた．さて何をするか？　それまで没頭していた不斉合成は発想が陳腐化しそうなので避け，かといって研究者人口が多い流行領域は闇雲に参入しても埋没するだけと考えた．そこで，かつてオキセタンを合成した経験から，小員環に着目した．何か面白そうと漠然と考えただけではあるが，調査してみると，四員環のβ-ラクトンを簡単に合成できるイノラートの文献が目に留まった．これは大御所のエノラートとは異なり，生成法や合成への利用も十分に研究されていない準未開拓領域であった[1]．エノラートがあれだけ膨大な化学を形成しているのに，イノラートが何もできないわけがないと考え，この隙間領域に挑むことにした．

イノラートの生成

まずは有機合成に直接使える生成法を開発しないと始まらない．イノラートはケテンアニオンと等価であるが，不安定なケテンを原料とするのは至難の業である．そこでケテンの安定前駆体をメタル化すればよいと考えた．独自性と実現可能性が担保できる発想は自らの経験に基づくのが一番確実であろう．そこで自分の浅い経験をたどっていくと，リチウムエステルエノラートの熱開裂でケテンが生成するという院生時代の実験を思いだした．そこでエステルをケテンの前駆体として検討したところ，ブロモエステルを原料として，そのエノラートをリチオ化したエステルジアニオン中間体を室温で熱開

裂するというイノラートの新生成反応を見いだした（図1）[2]．アルデヒドへの付加体のIRスペクトルでβ-ラクトン特有の $1820\ cm^{-1}$ の吸収が観察され，興奮すると同時に安堵したことを今でも覚えている．

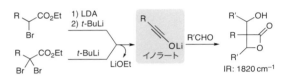

図1　イノラートの生成

新オレフィン化反応

イノラートは意外にも「反応性は高いが安定」という感触を得たので，合成反応の開発を目指し，まずは求電子剤との環化付加をいろいろ試してみた．その際，低温で速やかに完結するケトンとの環化付加をTLCで反応追跡すると高極性スポットが見え隠れしていることに気づいた．しかし後処理すると，霧散霧消する．この現象はサンプリング中に昇温して反応が進行するTLCトリックであった．低温反応でよく騙される．この幻の高極性分子を追跡すると，その正体は α,β-不飽和カルボン酸すなわち4置換アルケンであった．β-ラクトンエノラート中間体が室温で開環したものである．そこで，この反応をケトンのオレフィン化反応と視点を変えて検討することにした．あれやこれやと実験していたある日，当時院生だった松本健司君（現鹿児島大学教授）が，アシルシランを別反応の副生成物として単離した．これもケトンの一種だからと何気なくイノラートと反応させてみた

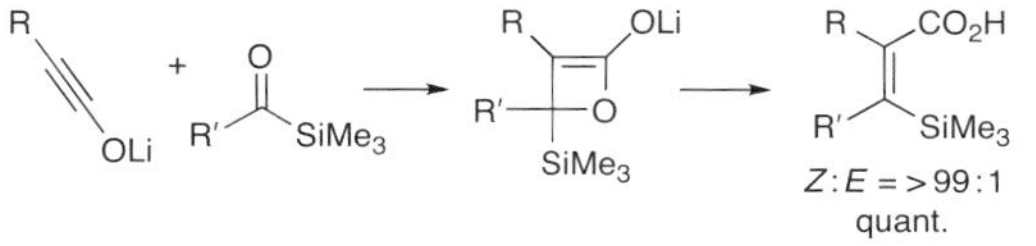

図2 アシルシランのオレフィン化反応

$Z:E = > 99:1$
quant.

ところ，4置換アルケンが Z 体のみ定量的に生成した（図2）．TLCで1スポットしか見えない完全無欠反応との出会いは，まさに感動の瞬間であった[3]．この化学はその後，森聖治博士（現茨城大学教授）と共同して二次軌道相互作用が立体化学を支配するトルク選択的オレフィン化反応へと結実した．古典的な手法とは異なる新規立体選択的多置換オレフィン化反応の誕生であるとともに，一連の4置換アルケン生成物はその特異な性質から，分子内炭素−ケイ素活性化反応や高速 Nazarov 反応など，さらに多くの新反応の開発へと展開した．またオレフィン化の検討過程で，全置換複素五員環の6工程ワンポット合成反応を見いだした（図3）[4]．これはある卒研生が微量の副生成物の解析から発見した反応であり，ベテラン，新人にかかわらず実験者自身の緻密な観察が実を結んだ例である．

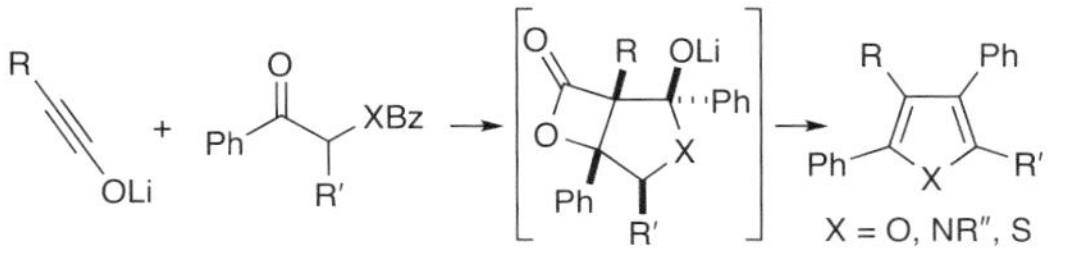

図3 全置換複素五員環のワンポット合成

$X = O, NR'', S$

闇実験からトリプチセン

高反応性求電子剤であるベンザインは，イノラートとの付加反応で多くの雑多な付加体を生成したことから，この研究はしばらく頓挫していた．迷宮入りするかと思いきや，それから十数年後，ある院生が当該反応の闇実験をし，ついに付加体の山のなかからトリプチセンという研究の原石を掴んできた[5]．これを岩田隆幸助教とともに四苦八苦して，新規トリプル環化による片面全置換トリプチセンの一工程合成法と

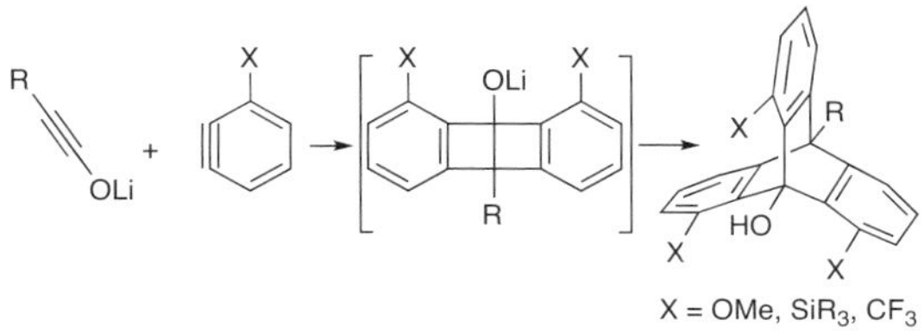

図4 トリプル環化によるトリプチセンの合成

$X = OMe, SiR_3, CF_3$

して確立した（図4）．また，この選択性を Alabugin 教授（フロリダ州立大学）との共同研究で，動的立体電子効果で説明した．それ以来，これまで合成化学的にはそれほど注目されていなかったトリプチセンの性質や反応を明らかにし，現在もさらに進化している．

イノラートを発掘したときはその可能性は未知数で，研究者が少ないのは「つまらない」からかと当初は一抹の不安もよぎったが，研究はやってみるもので，最終的にイノラートから「高エネルギー機能性炭素反応剤」という潜在能力を引きだし開眼させたと思っている．新規な反応が未知の生成物を生みだし，それがさらに新たな反応を導きだす，いわば研究のねずみ算式な拡大である．その過程で多くの想定外の現象に出会ったが，これは単なる偶然ではなく，緻密な実験と観察の賜物である．また，理論化学や生物化学の専門家との共同研究も必要不可欠であった．あらためて学生諸君を含めた共同研究者の皆様に感謝したい．

参考文献
1. 新藤充，有機合成化学協会誌，**58**，1155（2000）．
2. M. Shindo, *Tetrahedron Lett.*, **38**, 4433 (1997).
3. M. Shindo, K. Matsumoto, S. Mori, K. Shishido, *J. Am. Chem. Soc.*, **124**, 6840 (2002).
4. M. Shindo, Y. Yoshimura, M. Hayashi, H. Soejima, T. Yoshikawa, K. Matsumoto, K. Shishido, *Org. Lett.*, **9**, 1963 (2007).
5. S. Umezu, G. P. Gomes, T. Yoshinaga, M. Sakae, K. Matsumoto, T. Iwata, I. Alabugin, M. Shindo, *Angew. Chem. Int. Ed.*, **56**, 1298 (2017).

新藤　充（Mitsuru Shindo）
九州大学先導物質化学研究所 教授
1963年生まれ．1988年　東京大学大学院薬学系研究科修士課程修了
＜研究テーマ＞機能性有機反応剤の合成反応，生物活性化合物の設計と合成

57

アミロイドの触媒的酸化分解反応
── 自然の懐の深さに感動

筆者の合成標的は，生命という化学システムである．自分の創った触媒を使って，生命をボトムアップで全合成したい．しかし，人生を3回くらい繰り返さないとこの標的には到達できそうもないので，まずは生体という場において生命にシンクロする化学触媒を創りだして，すでに動いている生命現象に化学触媒が摂動を加えることができるかを課題としている．

タンパク質の異常凝集が引き起こすアミロイド疾患として40種類近くが知られているが，いずれも真に有効な治療法は存在しない．その代表がアルツハイマー病（AD）である．AD の病因として，中枢神経系に蓄積する凝集したアミロイド β（$A\beta$）やタウが提唱されており，$A\beta$ の除去を促進する抗体アデュカヌマブやレカネマブが AD 治療薬として FDA により承認された．しかし抗体は高価で，世界中の人びとが平等に薬の恩恵を授かれるかは疑問が残る．筆者らは生体内で酵素様の機能を発現する低分子触媒を開発することで，現状の医薬の限界を超えることを期待し（触媒医療）[1]，触媒科学の基礎研究を行っている．このなかで，アミロイド特有の高次構造であるクロス β シートに結合して触媒機能が ON となる光酸素化触媒を開発してきた[2]．

田中一生・中條善樹ら（京都大学）の凝集誘起発光（AIE）機構により固体状態で蛍光性を示すアゾベンゼンホウ素錯体[3]から発想を得て開発した光酸素化触媒 **1**（図1）[4]は，分子量が500以下の小分子であるにもかかわらず，最大吸収波長が 578 nm と比較的長波長の光を吸収する．

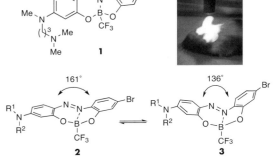

図1　アミロイド選択的光酸素化触媒

動物脳内での光反応を実施する場合，この特性はきわめて重要である．**1** は AD モデルマウスに静脈注射することで血液脳関門を通過し，脳内に移行する（投与後10分後に最大移行率1.5%）．**1** を投与したマウスの頭部に赤橙色光（$\lambda_{max} = 595\,nm$）を照射する（図1）と，光はマウス脳内へ到達し触媒 **1** を活性化する．**1**（8 µmol/kg）の静脈注射と頭部への光照射を週3回，1〜2か月間繰り返すことで，$A\beta$ が光酸素化されたことを示す $A\beta$ 二量体の生成が脳内で観測された．AD モデルマウス脳内で $A\beta$ が凝集するのに2〜3か月を要し，さらに貴重な動物個体というフラスコのなかで月単位の反応時間のかかる実験であり，途中で毒性が出てマウスが死んでしまったらたまらない．本法は，毒性および副作用の低いアミロイド変換法である．この研究を遂行した学生との日々のあいさつは，「今日もマウスは元気？」だった．

動物脳内で触媒によりアミロイドを化学変換するという筆者らの方法の成功の鍵は，触媒 **1** の高いアミロイド選択性にある．計算化学的に

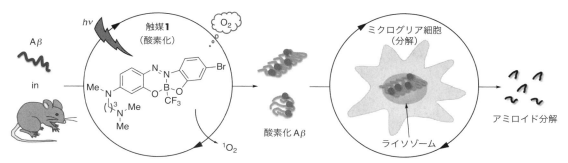

図2　化学／生物ハイブリッド触媒によるアミロイドの分解および除去

求めた基底状態の **1** は平面に近い配座 **2**（アゾベンゼン部位の二つのベンゼン環の二面角 $\varphi = 161°$）をとるのに対し，励起状態 **3** では折れ曲がった構造（$\varphi = 136°$）が最安定となる（図1）．アミロイドが存在しない場合は，光照射により生じる励起状態 **3** は分子運動により無放射的に基底状態 **2** に失活し，酸素化触媒としての活性を示さない．一方でアミロイドが存在すると触媒 **1** は基底状態 **2** の配座でアミロイドに結合し，光励起しても AIE と同様に分子運動が阻害されているためにそのままの形で存在し，励起寿命が長くなる．**1** には臭素原子があるため重原子効果によって項間交差が促進され，励起三重項状態へと移行する．すると吸収したエネルギーを酸素分子に移して一重項酸素を産生し，これがアミロイドを酸素化する．すなわち，触媒 **1** はアミロイドに結合したときのみ活性化されるスイッチを備えていて，これが高いアミロイド選択性，ひいては低毒性につながっている．

1 が促進する触媒的光酸素化により，マウス脳内の Aβ 量が30％減少した．アミロイド酸素化反応を研究対象として選択した当初から肝臓における低分子の代謝をイメージしていたので，筆者はこの結果を当たり前だと思った．しかしよく考えると，ペプチドおよびタンパク質レベルではこれは当たり前ではない．共同研究者の富田泰輔先生（東京大学）のグループがアミロイドの減少する機構を精査したところ，脳内のミクログリア細胞が酸素化された Aβ を貪食

し，これを効率的に分解していることがわかった（図2）[5].

ここまで来てようやく，目の前で起こっている現象のすごさに気づいた．筆者は有機合成化学者として，生体内で化学触媒によって自然が行わない非天然の反応を促進し，自然をだし抜くことで生命機能を操作しようと考えていた．ところが自然は，光酸素化という体のなかでは起こらない反応を引き金として，逆にそれを利用することで毒性のあるアミロイドを分解していく能力をもっていたのである．まさに釈迦の掌の上の孫悟空になったような，感動の瞬間であった．この化学／生物ハイブリッド触媒の概念（図2）は，筆者らの研究の基盤概念となっている．

参考文献
1. M. Kanai, Y. Takeuchi, *Tetrahedron*, **131**, 133227 (2023).
2. Y. Sohma, T. Sawazaki, M. Kanai, *Org. Biomol. Chem.*, **19**, 10017 (2021).
3. M. Gon, K. Tanaka, Y. Chujo, *Angew. Chem. Int. Ed.*, **57**, 6546 (2018).
4. N. Nagashima, S. Ozawa, M. Furuta, M. Oi, Y. Hori, T. Tomita, Y. Sohma, M. Kanai, *Sci. Adv.*, **7**, eabc9750 (2021).
5. S. Ozawa, Y. Hori, Y. Shimizu, A. Taniguchi, T. Suzuki, W. Wang, Y. W. Chiu, R. Koike, S. Yokoshima, T. Fukuyama, S. Takatori, Y. Sohma, M. Kanai, T. Tomita, *Brain*, **144**, 1884 (2021).

金井　求（Motomu Kanai）
東京大学大学院薬学系研究科 教授
1967年生まれ．1992年　東京大学大学院薬学系研究科博士課程中途退学
〈研究テーマ〉触媒科学，有機合成化学

58

インドール合成から
超原子価ヨウ素の化学へ
―― 予期せぬ発見を追いかけて

　有機合成反応の開発研究の醍醐味の一つは，当初の予想や作業仮説に反する反応との出会いである．そのような出会いを何度か繰り返すと，研究は当初の出発点からは想像のつかなかった展開を見せることになる．ここでは，筆者らが取り組んできた超原子価ヨウ素の化学を題材に，そのような研究展開の例を紹介したい．

　もう 10 年以上前のこと，パラジウム触媒と酸素雰囲気下での N-アリールイミンの脱水素環化によるインドール合成反応を見つけた（図1)[1]．この反応自体，はじめから狙ったものではなく，芳香族イミンのオルト位 C–H 結合活性化反応を探索しているなかで見つかった．イミンのオルト位の代わりに α 位がパラジウム化され，引き続く分子内 sp^{2}C–H 結合活性化，還元的脱離を経て環化が起こったわけである．基質に制限はさまざまあるが，入手容易なアニリンとケトンを出発点とする点において，インドール合成の一つの理想形だとひそかに思っている．

　経緯はどうあれ，新しい反応の発見はいつも次の展開を考える楽しみをくれる．上記のイン

ドール合成の場合，反応中間体と目される α-パラジウム化イミン **A** をどう使いこなすか．さらにそのなかで，Pd(II)/Pd(IV) 触媒サイクルを特徴とする反応開発で注目を集めていた 3 価ヨウ素反応剤との組合せを考えた（図2a)．中間体 **A** をヨウ素（III）化合物で捕捉することにより，α-官能基化イミンを得ようというもくろみである．そこで，求電子的なアルキニル化剤として注目を集めはじめていたエチニルベンズヨードキソロン（EBX)に注目した．

　パラジウム触媒下での EBX **3** とイミン **4** の反応を検討したところ，予想外に **3** の炭素–炭素三重結合の切断を含む結合の組換えが起こり，多置換フラン **5** が得られた（図2b)[2]．反応機構ははっきりわかっていないが，この反応の一つの問題はフランの 5 位の置換基が，**3** 由来の2-ヨードフェニル基に限られることである．それならばとヨウ素部位を変えた EBX **6** を使い，

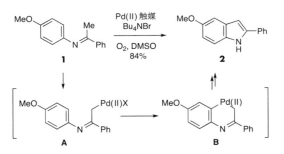

図1　パラジウム触媒によるインドール合成

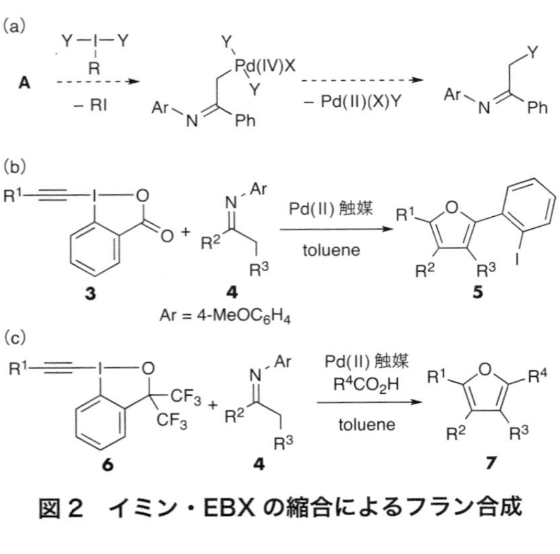

図2　イミン・EBX の縮合によるフラン合成

カルボン酸を別途加えたところ，見事に3成分カップリングが進んだ（図2c）[3]．EBXという少し特殊な反応剤を使う必要はあるが，容易に入手可能なイミンとカルボン酸から，実に多様な置換パターンをもつフランをつくりだすことができる．自分でいうのもおこがましいが，こんなフラン合成法を頭で考えて見つけるのはまず不可能だろう．

このフラン合成の機構や適用範囲を調べているうちに，さらに思いがけない展開があった．その一つに，3価ヨウ素求電子剤の化学がある．分子内にエステル部位をもつアルキン8とベンズヨードキソールトリフラート（BXT，9）から対応するEBXを合成しようとしたところ，望みの生成物ではなく，分子内ヨード（III）ラクトン化した生成物10が得られた（図3a）．このような環化は普通のハロゲン求電子剤を用いて進むことがよく知られており，当たり前の結果に思えた．しかし踏みとどまって，BXTでなければできない反応はないだろうか？と考えた．その一つの答えとして，アルキンの分子間ヨード（III）エーテル化反応を見つけることができた（図3b）[4]．反応機構的には求電子剤（E$^+$）であるヨウ素（III）カチオンがアルキンを活性化し，その裏側から求核剤（Nu）であるアルコールが攻撃するだけのことである．紙に書く分には単純だが，E$^+$が適切にアルキンを活性化できない，E$^+$とNuどうしで反応してしまうなどの問題があるためか，このような形式のアルキンの分子間2官能基化反応は意外なほど少ない．この反応は適用範囲の広さ，位置および立体選択性の高さ，そしてヨウ素（III）基が多様な変換に使えることから，これまで現実的に難しかったさまざまな多置換ビニルエーテルの合成を可能とするものになった．

ここまでをふり返ると，フランの生成はまさに青天の霹靂（へきれき）であった．今まで自分が出会ったなかで，最も驚いた反応の一つである．一方，ヨード（III）ラクトン化については実験前に予

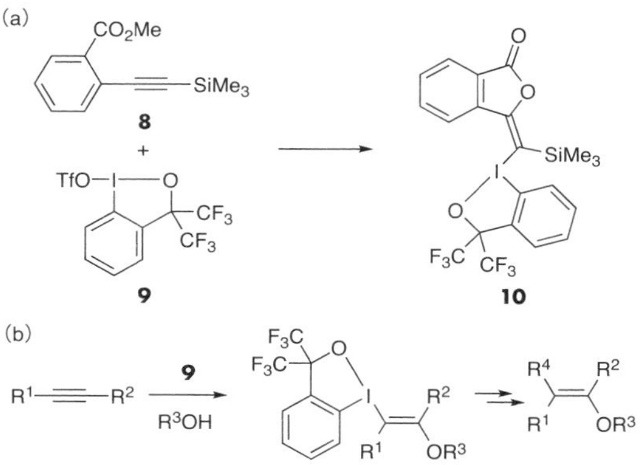

図3　位置および立体選択的ビニルエーテル合成

測できたはずで，単に考えが足りなかっただけのことである．しかし，だからこそヨウ素反応剤の可能性について立ち止まって考えるきっかけをくれたともいえる．日々の実験における「予期せぬ発見」のなかには，こうして拾い上げて追いかけたものがあれば，捨て置いたものや，今なお頭に引っかかっているものもある．研究は多くの選択肢の取捨選択を経て進むわけで，実際にはここで述べた以上に紆余曲折を経ている．だからこそ，図1のインドール合成から図3のビニルエーテル合成に至るまでの必然性はなかったとつくづく感じるし，「もっと面白い研究展開がありえた（る）のではないか？」とつねづね自問している．そのようにして紡がれた試行錯誤と発見の軌跡が，自分オリジナルのストーリーとして立ち上がってくるところにも，研究者としての楽しみがあると思う．

参考文献
1. Y. Wei, I. Deb, N. Yoshikai, *J. Am. Chem. Soc.*, **134**, 9098 (2012).
2. B. Lu, J. Wu, N. Yoshikai, *J. Am. Chem. Soc.*, **136**, 11598 (2014).
3. J. Wu, N. Yoshikai, *Angew. Chem. Int. Ed.*, **54**, 11107 (2015).
4. W. Ding, J. Chai, C. Wang, J. Wu, N. Yoshikai, *J. Am. Chem. Soc.*, **142**, 8619 (2020).

吉戒　直彦（Naohiko Yoshikai）
東北大学大学院薬学研究科 教授
1978 年生まれ．2005 年　東京大学大学院理学系研究科博士課程中途退学
＜研究テーマ＞有機金属触媒化学，典型元素反応化学

59

新規液相ペプチド合成法 SYNCSOL® の開発
—— 常識にとらわれない研究者たちによる技術突破

「ペプチドの化学合成は C 末端から N 末端方向に伸長する」．おそらく，大学の講義ではそう教えているはずである．筆者自身，長くペプチドの世界に身を置くなかで，それを常識としてきた．そのため，低分子合成研究を生業としてきた研究者たちがペプチドを触りはじめ，N 末端から C 末端方向への伸長（N to C 伸長）に取り組んでいると聞かされたときには「ペプチド化学の常識ではね…」と語り，否定的な見解を述べてしまった．通常の C to N 伸長では導入する側のカルボン酸，すなわちアミノ酸が活性化される．この際 Fmoc/Boc などのウレタン型保護基の共鳴効果により，エピマー化が抑制される．しかし，N to C 伸長の場合は導入される側，すなわちペプチドのカルボキシ基が活性化されるため，2 残基目以降はウレタン型保護基のような共鳴効果が働かない．そのため，N to C 伸長は副反応リスクが高く，ペプチド化学ではタブーとされてきたのである．

しかし，ペプチドのバックグラウンドにとらわれない研究者たちはどこ吹く風，しかも導入する基質としてアミノ基とカルボキシ基が無保護のアミノ酸（N, C 無保護アミノ酸）を用いるという．カルボキシ基を活性化したペプチドに N, C 無保護アミノ酸を加える場合，過剰の縮合剤により，アミノ酸が二重に導入されることが懸念される．さらに，反応性が低い N-メチルアミノ酸などを導入する場合は副反応が抑制できず，低収率となることが報告されている．

そこで，高反応性の求電子剤を用いる混合酸無水物法（MA 法）において，かさ高い活性化剤を使用することで，望まないカルボニル基への求核攻撃を抑制しつつ低反応性基質間の反応を進行させる方針を立てた．いろいろなバックグラウンドをもつ研究者と近い距離にいるのが，化学メーカーのよいところである．共同研究先を含め，さまざまな研究者とのディスカッションの結果，かさ高い活性化剤として計算化学の研究者から提案されたのが，自社化学品原料を利用した ISTA-X（X = Cl or Br）であった（図1）．化学者目線では α 位が第三級炭素である ISTA-X は MA 法に頻用される塩化ピバロイルより望まないカルボニル基への求核攻撃が起こりやすい懸念もあったが，実際に使用してみると見事に立体障害が大きい Fmoc-Val-OH と反応性が低い H-MePhe-OH 間の縮合が良好な純度と収率で進行した．ペプチド化学者の常識にとらわれない，自由な発想の勝利である．

この反応では活性化剤の変更のほか，シリル化剤で導入するアミノ酸のカルボキシ基を一時

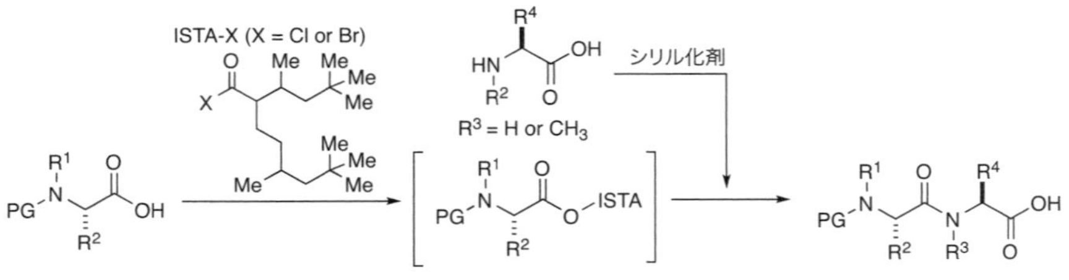

図1 R-Coupling® による N, C 無保護アミノ酸の縮合

的に保護することによって，二重導入を抑制し，かつ導入するアミノ酸の有機溶媒への溶解性を向上させている．

この縮合法はさまざまな基質の組合せにおいても，良好な光学純度および収率で目的物を与え，テトラペプチドをエピマー化なく合成することにも成功した[1]．筆者らは従来とは逆の方向への伸長を可能としたこの縮合法を，Reverse-，Retro-の意味を込め，R-Coupling® と命名した．

もう一つの例として，新規シリルエステル保護基の創製研究を紹介する．ペプチドの収束的液相合成では，C to N 伸長後に C 末端のカルボキシ基の保護基を選択的に除去することで保護ペプチドフラグメントを取得する．しかし，C 末端を頻用されるメチルおよびエチルエステルとして保護する方法では脱保護時の副反応リスクが高い．また，C 末端アミノ酸がプロリンを含む N 置換アミノ酸である場合，ジケトピペラジン（DKP）形成によるペプチド鎖の脱落が起こりやすい．脱保護時の副反応と DKP 生成回避，フラグメント縮合の反応効率の点から，選択可能な C 末端アミノ酸の種類が限られることが，収束的液相ペプチド合成におけるルート設計の難易度を上げていた．これらの課題を解決すべく見いだしたのが，カルボン酸の保護基 BIBS と cHBS である（図2）[2]．

シリルエステルは一般的に安定性が低いとされており，ペプチド合成では一時的な保護基にしか使われていなかった．このシリルエステルにかさ高いアルキル基を付加することで安定性向上と DKP 抑制効果を得る着想が提案された．こちらもペプチド結合ばかり相手にしてきて，ケイ素化学にうとい筆者からは出てこないアイデアである．上記二つの保護基に達するまで，

生みの苦しみもあったが，同じ研究部にケイ素化学の専門家がいたことも幸いした．さまざまなシリルエステルの合成検討から選抜されたこれらの保護基は，期待どおり Fmoc/Boc/Cbz 法の脱保護条件，縮合条件に高い安定性を示し，優れた DKP 生成抑制効果を示した．また，フッ化カリウム処理により，ほかの保護基の脱落と副反応を伴うことなく選択的脱保護が可能であった．さらに，これらの保護基は保護ペプチドの有機溶媒への溶解性を向上させ，分液などの後処理効率を改善する特長をもつ．これらの特長は C 末端に配することができるアミノ酸の種類を大幅に増加させ，収束型液相合成におけるさまざまな課題を解決した．筆者らはシリル保護基を活用したペプチド合成法を SIPS®（Silyl Peptide Synthesis）と命名し，さきほどの R-Coupling® と併せた合成プラットフォームを SYNCSOL® と命名した．

本稿ではペプチド化学の常識にとらわれない研究が従来法の課題を打ち破った例を紹介した．近年，さまざまなバックグラウンドをもつ研究者がペプチドの分野に参入し，新しい発想が取り入れられていると感じる．一つの分野のプロフェッショナルであることは重要であるが，新しい血がさらなる進化を促す．筆者らもさまざまな知識を融合させ，ペプチド化学のさらなる発展に寄与したい．

参考文献
1. H. Kurasaki, A. Nagaya, Y. Kobayashi, A. Matsuda, M. Matsumoto, K. Morimoto, K. Taguri, H. Takeuchi, M. Handa, D. R. Cary, N. Nishizawa, K. Masuya, *Org. Lett.*, **22**, 8039 (2020).
2. A. Nagaya, S. Murase, Y. Mimori, K. Wakui, M. Yoshino, A. Matsuda, Y. Kobayashi, H. Kurasaki, D. R. Cary, K. Masuya, M. Handa, N. Nishizawa, *Org. Process Res. Dev.*, **25**, 2029 (2021).

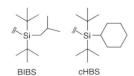

図2 カルボン酸の保護基の構造

BIBS　　cHBS

西澤　直城（Naoki Nishizawa）
日産化学株式会社 物質科学研究所 合成研究部 主席研究員
1973 年生まれ．1997 年　京都薬科大学大学院薬学研究科修士課程修了
＜研究テーマ＞ペプチド性医薬品の製造法開発，製造研究および創製研究

60 サリドマイドとフッ素化学
——さすらう青春

サリドマイドの不斉炭素にフッ素を入れたいと思ったのは，1997年，31歳のころである．がん患者の望みをつなぐと話題になりつつあったサリドマイド（図1）．ラセミ化に起因する水素をフッ素で置換すれば，ラセミ化が抑えられ催奇形性のないサリドマイドができると信じた[1]．

歴史的にフッ素にこだわる研究者が多い相模中央化学研究所から，縁があってフッ素研究を行っていた富山医科薬科大学に赴任したとき，フッ素化学をライフワークにすると決めた．これは敬愛するSir J. E. Baldwin先生がマサチューセッツ工科大学からオックスフォード大学に移ってから，ペニシリン生合成に人生を捧げた研究スタイルに憧れたことが大きい[2]．サリドマイドをフッ素化するにあたり，合成戦略からフッ素カチオン（F+）が必要であった．しかしフッ素は最大の電気陰性度をもつためアニオン性であり，F+は存在するか否かさえ議論されていた．まず，目をつけたのがフッ素ガスである．毒性が強く，危険な薬品を用いることに躊躇はなかった．何度も条件を検討したが，激烈な反応性のため制御が難しく，手に負えない．そこで，フッ化過クロリルを用いることとした．危険と隣り合わせの爆発性薬品で，取扱いには特段の注意が必要である．小規模爆発を経験し，発生装置に工夫を重ね，ようやく安全に取り扱えるようになった．そしてまもなく，フルオロ（F）-サリドマイドを，とても綺麗に合成できるようになった．このとき，着手してから2年経っていた（1999年）．

F-サリドマイドを合成した鈴木英美子氏（当

図1　サリドマイドおよび合成した化合物

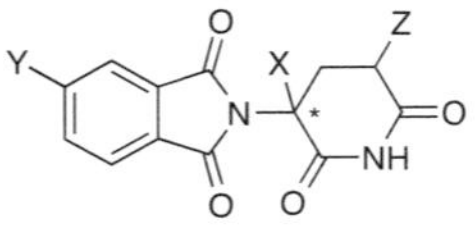

サリドマイド X=Y=Z=H
F-サリドマイド X=F, Y=Z=H
D-サリドマイド X=D, Y=Z=H
OH-サリドマイド I, X=Z=H, Y=OH
OH-サリドマイド II, X=Y=H, Z=OH

時富山医科薬科大学）が東京での学会発表を終え，1枚の名刺（朝日透教授，早稲田大学）をもって帰ってきた．ここから研究が広がっていく．

F-サリドマイドの催奇形性を調べるため，ミュンスター大学のG. Blaschke教授を尋ねた．教授は，1979年に左手型サリドマイドのみに催奇形性があるという薬学史に残る論文を発表していた．退職間近のため，ハノーファー大学のH. Nau教授を紹介された．Nau教授は催奇形性の実験現場を案内してくれたが，期待を寄せていたマーモセットによる実験は実施できないとのこと．Nau教授からは筆者にトロント大学のP. G. Wells教授に会うことを勧められた．

Wells教授はDNAの酸化的ラジカル損傷が催奇形に関与しているとの論文を1999年に*Nature Medicine*に公開したころで，筆者の申し出を快諾してくれた．しかし研究は出口が見えない状態が続き，使ったF-サリドマイドの量も半端ではなかった．合計200gは送ったであろうか．Wells教授からは，新アッセイ系確立など実験は根本的見直しを伴うが，研究は続けたいので引き続きF-サリドマイドをほしいと連絡がきた．決着がついたのは10年後．F-サリドマイドは右手型にも左手型にも催奇形性はなかった（2011年）．2017年，徳永恵津

子博士（当時名古屋工業大学）と藤田医科大学の秋山秀彦教授は，F-サリドマイドが多発性骨髄腫の細胞死を強力に誘引することを明らかにした．真実は想像以上に感動的である．

フッ素化に続いて，重水素化（D）-サリドマイドを合成した（図1）．同位体効果により，ラセミ化速度を5倍程度遅くすることができた．学会で発表したが興味を示す研究者は現れず，すっかり放置してしまうこととなる．

2003年，筆者は名古屋工業大学に移動した．サリドマイドの催奇形性メカニズムに関する説はいくつかあり，代謝物や血管新生阻害の関与もそのひとつである．山本剛士博士（当時名古屋工業大学）が代謝（OH-I, OH-II）型サリドマイドの不斉合成に成功，血管新生阻害活性を原英彰教授（岐阜薬科大学）にお願いした．原教授は早速に研究に取りかかってくれた．代謝物が催奇形性に関与するという証拠は得られなかったが，2008〜09年にかけていくつかの共著論文を仕上げた[3]．

原教授との縁は，昭和薬科大学の山崎浩史教授との共同研究をつないだ．山崎教授の代謝解析から導きだされる研究結果は驚きの連続かつ膨大で，サリドマイド代謝物にまつわる研究が一挙に進んだ（2010年〜）．圧巻は，山崎教授から，Wells教授が提唱していたDNA酸化的ラジカル損傷にOH-I型サリドマイド代謝物が関与すると知らされたときだ（2017年）．

2010年，D-サリドマイド研究をようやく論文化したが，この論文がきっかけで，サリドマイドの標的タンパク質「セレブロン」の発見者である半田宏教授（東京工業大学−東京医科大学）と構造生物学者の箱嶋敏雄教授（奈良先端科学技術大学院大学）との共同研究に加わる幸運を得た．2018年に真偽が問われていた「左手型サリドマイド催奇形説」を，X線結晶構造解析の証拠写真をもって，決着をつけた．

なぜ，サリドマイドはラセミ化するにもかかわらず，左手型のみに催奇形性があるとわかったのだろうか．これはBlaschke教授の論文から出たパラドックスである．この問いに対して，生体内自己不均一化現象という仮説を立てた．分子はラセミ化しても，まだラセミ化の始まっていないキラル分子が不均一分布し，生体内で異なる挙動をとると仮定すれば，説明がつく．このアイデアを前野万也香助教（当時名古屋工業大学）がカラムクロマトグラフィーにて確かめ（2015年），徳永恵津子博士の洞察力が仮説を感動へと導いた（2018年）．

筆者の感動は，人とのつながりから生まれている．研究は競争の渦に巻き込まれることが多い．そんなとき，同じ気持ちで寄り添う共同研究者の存在が，継続する力となり，そして感動へとつないでくれる．

ほとんどの研究論文の責任著者は，筆者ではなく，共同研究者側にある[1,4]．31歳のころから筆者はサリドマイドの謎解きにさすらいながら，納得のいく結論まで漸近線のごとく近づいたものの，終止符を打つには至っていない．そのようななか，澤崎達也教授，山中聡也助教（愛媛大学）と出会った．今，研究は新たな方向へと動きだしている（2020年〜）[4]．これからも研究仲間から知らされる成果に，胸を躍らせながら研究をつないでいきたい．共同研究の先生方には，この場を借りて深くお礼を申し上げる．

参考文献
1. 徳永恵津子, 柴田哲男, ファルマシア, **56**, 330 (2020).
2. 柴田哲男, 現代化学, 324号, 23ページ(1998).
3. T. Yamamoto, N. Shibata, M. Takashima, S. Nakamura, T. Toru, N. Matsunagab, H. Hara, *Org. Biomol. Chem.*, **6**, 1540 (2008).
4. S. Yamanaka, Y. Horiuchi, S. Matsuoka, K. Kido, K. Nishino, M. Maeno, N. Shibata, H. Kosako, T. Sawasaki, *Nat. Commun.*, **13**, 183 (2022).

柴田　哲男（Norio Shibata）
名古屋工業大学大学院工学研究科 教授
1965年生まれ．1993年　大阪大学大学院薬学研究科博士後期課程修了
＜研究テーマ＞フッ素化学，サリドマイドの研究

分子挙動の観察と天然物合成

——キノリン N−オキシド合成発見の裏話

　天然物の全合成研究では，どのような反応を用いるか，どのような中間体を経由するか，合成計画を立てる必要がある．当然，合成を完了させることを前提に計画を立てるわけであるが，合成が完遂すればよいというものでもない．当たり前の手法で意外性のない合成計画を立てれば，合成は達成されるかもしれないが，そこから「驚き」が得られることは少ない．「この反応が成功したら面白い！」という野心を込めて，妄想することも大切である．

　もちろん妄想だけでは研究は進まないので，そこには科学的裏づけが必要である．教科書にもまとめられている各種法則や経験則，これまでの反応を集積したデータベースを利用することで，自身が直接経験できる以上の知見を参照することができる．しかしながら，それらが構成する網の目に，目の前の分子が引っかかるかどうかは保証の限りではない．有機分子の多様性に基づく広大な空間を単純化して捉えようとすることは，つねに見逃しの危険をはらむ．

　大切なことは，一般的法則に当てはめて理解したつもりにならず，目の前にある分子の挙動を注意力と好奇心をもって観察することである．ささやかな例であるが，筆者らの観察結果について紹介したい．

　2-ニトロベンゼンスルホンアミドとケトンを併せもつ分子 **1** を塩基性条件に付したときに，Smiles 転位反応によりケトン α 位にニトロフェニル基が転位した化合物 **2** が生成したのち，スルホンアミド由来のアミノ基とケトンでエナミンを形成した化合物 **3** が得られた．

そのニトロ基を亜鉛粉末で還元したところ，インドール **4** を得た．それなりに面白いと思い，反応収率を改善すべく，Smiles 転位反応の条件を検討した．検討のなかでナトリウム t−ブトキシドを用いたとき，生成物であるエナミン **3** が得られず，まったく別の化合物が得られた．

　^{1}H NMR においてベンゼン環上のプロトンの一つが大きく低磁場シフト（8.76 ppm）していることを確認したが，構造は推定できなかった．官能基の存在を確認すべく IR を測定したところ，当然存在するであろうと予想していた

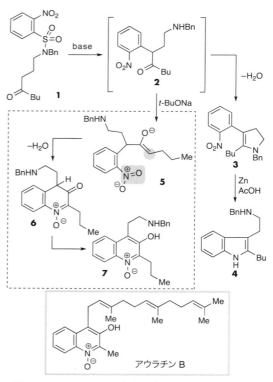

図 1　インドール合成法の検討中にキノリンが生成した

ニトロ基およびカルボニル基の吸収が確認でき
なかった．何が起こったのか気になり，^{13}C
NMR や二次元 NMR の測定よりも前に，基質
の構造と反応条件，そして得られている分析機
器の情報から，反応機構の面から生成しうる化
合物の構造を推定することにした．

　その謎の生成物は，質量分析において当初の
想定生成物であるエナミン **3** と同じ値を示し
た．すなわち Smiles 転位反応が進行し，その
後一分子の水が脱離していることになる．エナ
ミンが形成される前の化合物はケトン **2** であ
り，フラスコに加えている t–ブトキシドはケ
トンの脱プロトン化を起こし，エノラート **5** を
生成しているであろう．また IR よりニトロ基
が消失していることがわかっていたので，エノ
ラートをニトロ基と反応させてしまおうと考え
た．ニトロ基の窒素–酸素二重結合をカルボニ
ル基に見立て，エノラートと形式的に「アルドー
ル縮合」を行うことにした．アルドール縮合に
おいて 1 分子の水が失われるので，質量分析
の結果にも合致する．アルドール縮合後の化合
物 **6** を見ると，いかにも芳香環化してくれと
いわんばかりの構造をしていたため，ケトンを
ベンジル位側でエノール化させた．これで IR
が示していた「カルボニル基の消失」も満たす．
以上のように，その段階で得られていた化合物
データを満たす構造を提案することができた．

　しかしながら，その結果得られた化合物 **7** は，
にわかには信じがたい構造だった．「まさかこ
んな化合物が」という印象である．そこで類縁
の化合物があれば参考になるであろうと考え，
化合物データベース（SciFinder）を検索したと
ころ，天然物であるアウラチン B がヒットした．
2,4-ジアルキル-3-ヒドロキシキノリン N-オキ
シド．想像していた化合物とアルキル基の種類
以外は同一の構造をもつ化合物であった．文献
記載の ^{1}H NMR によると[1]，アウラチン B のキ
ノリン環 8 位のプロトンが大きく低磁場シフ
ト（8.75 ppm）していることがわかった．その

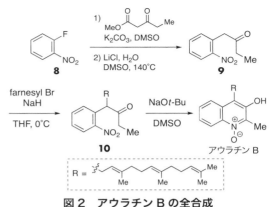

図2　アウラチン B の全合成

後，二次元 NMR を含めた各種解析を経て，筆
者らの系で得られた化合物もキノリン N-オキ
シドであると決定した．

　調べてみると，ニトロベンゼン誘導体を用い
たキノリン N-オキシドの合成法は古くから知
られていることがわかったが[2]，α 位にニトロ
フェニル基をもつケトンを基質とした例は，ほ
とんど報告されていなかった．基質となるケト
ン **10** はベンジル位でのアルキル化を含む 3 工
程で，2-フルオロニトロベンゼン（**8**）より容易
に合成が可能であり，その合成法を用いてアウ
ラチン B を合成した[3]．またその反応機構の考
察は，新規反応の開発にもつながった[4,5]．

　本稿の合成は，そもそも計画すら立てていな
い．分子の挙動の観察は，「頭のなかで考える
ことはたかが知れている」と教えてくれる．

参考文献
1. G. Höfle, B. Kunze, *J. Nat. Prod.*, **71**, 1843 (2008).
2. P. N. Preston, G. Tennant, *Chem. Rev.*, **72**, 627 (1972).
3. H. Hattori, S. Yokoshima, T. Fukuyama, *Angew. Chem. Int. Ed.*, **56**, 6980 (2017).
4. H. Shimizu, K. Yoshinaga, S. Yokoshima, *Org. Lett.*, **23**, 2704 (2021).
5. S. Kitayama, H. Shimizu, S. Yokoshima, *Org. Biomol. Chem.*, **20**, 7896 (2022).

横島　聡（Satoshi Yokoshima）
名古屋大学大学院創薬科学研究科 教授
1974 年生まれ．2002 年　東京大学大学院
薬学系研究科博士課程修了
＜研究テーマ＞天然物および天然物様分子
の合成研究

60の手習い
──デジタル有機合成について

「有機合成化学は，本当に面白いのだろうか」と，実は今でも考え込むことがある．この理由は，有機合成が純粋な発想だけでなく，膨大な文献に示されている過去の反応例を調べ理解するという探索作業を最初に必要とし，その後に実験という手作業が必ず付随しており，その面倒さを自分はよく知っているからだと思う．とはいえ，定年間近の教授のなかで自分は日本で一番反応を仕込んでいるのではないかと思うほど，今でも実験を行っている．

1980年4月7日の月曜日に京都大学の野崎一研究室で，檜山爲次郎助手の下でアクリロニトリルをオルソエステルへ変換したのが筆者の第1号実験で，今でもはっきり覚えている．大スケールで仕込み，生成物をほとんど減圧下で失うというとんでもない結果だったのも忘れていない．そこから，どれだけの種類と数の有機合成反応を行ってきただろう．その実験の前に，電子データがなかった当時は恐ろしい巻数の冊子体の「Chemical Abstracts」を図書館にもって長時間検索する手作業が必ずあった．

こんな図書館通いと実験のみにあけ暮れた学生時代に，奇妙な論文に遭遇した．1983年の4月に野崎先生が「訳せ，間違えるな，すぐにもってこい」と強い表現にしか聞こえなかったことを，たぶんやさしい言葉でおっしゃって，航空便で送られてきた生原稿を当時DC1だった筆者に渡された．W. L. Jorgensenが月刊『化学』に寄稿した "Computer Assisted Analysis of Organic Reactions" という題目のレビューであった（図1）[1]．大学ではIBM製のタイプラ

イターが論文作成の標準デバイスであり，「ワープロ」がようやく出現したころである．筆者はコンピュータ用語がまったくわからず，文中の「a click of the mouse」という表現に，なんでネズミが？とつっこみながら時間をかけて読み解いていくと，すでに1969年にCoreyらによって提唱されていたCAOS（computer aided organic synthesis）[2]の進化系であるCAMEOとよばれる自動反応予測システムの紹介であった．非常に新鮮な世界がそこにあった．

CAOSは「既存のすべての反応例を知り，そこから論理的に合成経路を示すのが優秀な有機合成化学者」ならば，その代わりにコンピュータのメモリを使用し，その思考パターンをきちんと「アルゴリズム化」すれば同じではないかという説得力のあるアイデアであった．Corey本人が体系化した逆合成を自動で行うことを目的にしていたが，それ以降，当時かなりの数の化学者がこの分野において，さまざまなシステムを提案した．しかし，これらのプロジェクトはどれも成功したとはいえなかった．理由はハー

図1 「コンピュータによる有機合成反応」[1]

ドウェアの未熟さと電子データベースの不在，そして情報学的手法の未発達にある．ただ現在大きな流れになっているデータ駆動型有機合成の起源がここにあり，Corey のような超一流化学者がこの手法に初期に取り組んだことが面白い．この流れの弱まりとともに自分の興味も失せ，前述の研究の「古典的ルーチン」に戻っていた．もちろん，気づかないあいだに，図書館には通う必要はなく，SciFinder などを使用でき，分析機器の性能が格段に向上する恩恵を受けながら，卓上のコンピュータは大進化を遂げていた．そんななかで 30 年が経過し，きわめて衝撃的な論文を目にすることになった．

2016 年 9 月，授業のネタ探しに雑誌を漫然と見ていると，Grzybowski 教授の "Computer-Assisted Synthetic Planning"〔*Angew. Chem. Int. Ed.*, **5**, 5904 (2016)〕という本人の仕事のレビューが目に入った[3]．これが，筆者の AI 有機合成への着手のきっかけになった．最初は CAOS という懐かしさとともに読み始めたが，すぐにこの仕事は只事ではないということに気がついた．電子データベースというビッグデータを使い，合成経路設計は IBM がチェスチャンピオンを打ち負かした Deep Blue の経路探索の流れを利用していた．何よりも自動合成設計の大きな障害となっていた官能基選択性や保護基の適用などの「反応における例外事項」の取扱いを，難しい情報学的手法は採用せず，例外事項を人力でできる限り抽出して改めてデータベースにするという直線的で非常に負荷のかかる手法で解決してしまっていた．

当初 Chematica とよばれたこのシステムは，のちに Synthia として 2018 年に発売され現在に至っている．今でもこのシステムの優劣を論じる人がいるが，「最初に稼働してオープンになったシステム」としての価値は計りしれない．この論文を読んだ当初は，「自分だけが知らないことでは」という恐怖を感じ，年齢を問わず顔を合わせた研究者にこの論文のことを尋ねた

が，誰も知らなかった．ここで改めて Grzybowski 教授の一連の仕事を最初から本気で勉強しなおし，彼自身にメールを送り，さまざまな質問をした．2018 年初めには大阪大学産業科学研究所に招聘された本人に直接会うことができ，以後京都大学にも来てもらった．筆者の緊張のなかに，こちらの本気度を理解してもらったようで，のちに彼の行った Synthia の優劣を評価する Turing Test にも日本からただ一人参加させてもらった[4]．その後，引き込まれていくように「デジタル有機合成」が自分の研究テーマになった．

今振り返ると，60 歳になった自分が，大学生時代に行うべき勉強のやり方を初めて真剣にやったのだと思う．筆者は有機合成の反応開発も実は結構やっており，独自のいい反応もないことはない．しかし思い返すと，この 60 の手習いが意外と誇らしい．他分野との融合が有機合成には必要なことといわれて育ったが，AI 有機合成とよばれるデジタル有機合成は本質的に分野統合力がある．有機合成のデジタル化部分が少ないと，有機合成は汎用技術になりきれない．このことが文頭の思いにつながっている．有機合成の本当の役割は，求める人に求められる分子を供給することである．デジタル有機合成は，このことを実現するはずである．

参考文献
1. W. L. Jorgensen, 松原誠二郎, 野崎一 訳, 化学, **38**, 483 (1983).
2. E. J. Corey, W. T. Wipke, *Science*, **166**, 178 (1969).
3. S. Szymkuć, E. P. Gajewska, T. Klucznik, K. Molga, P. Dittwald, M. Startek, M. Bajczyk, B. A. Grzybowski, *Angew. Chem. Int. Ed.*, **55**, 5904 (2016).
4. B. Mikulak-Klucznik, P. Gołębiowska, A. A. Bayly, O. Popik, T. Klucznik, S. Szymkuć, E. P. Gajewska, P. Dittwald, O. Staszewska-Krajewska, W. Beker, T. Badowski, K. A. Scheidt, K. Molga, J. Mlynarski, M. Mrksich, B. A. Grzybowski, *Nature*, **588**, 83 (2020).

松原　誠二郎 (Seijiro Matsubara)
京都大学大学院工学研究科 教授
1959 年生まれ．1986 年　京都大学大学院工学研究科博士課程修了
＜研究テーマ＞光学活性分子骨格の合成・デジタル有機合成

63 超耐光性蛍光色素で ミトコンドリアを視る
──σ*–π* 共役から広がる化学

　自分の研究の原点は何かと問われたときに真っ先に答えたいのが，シロール環におけるσ*–π*共役の重要性の提唱である．助手になりたての1990年代中盤，分子軌道計算を自ら学んで環状共役ジエンであるシロール環の電子構造を計算したところ，HOMOはブタジエンのπ軌道と同じであるのに対し，LUMOではブタジエンのπ*軌道がケイ素部位を介して広がっていることに気がついた（図1）[1]．なぜこのような広がりになるのか．のちに五員環であるがゆえに，ケイ素部位のσ*軌道とブタジエンのπ*軌道とが平行に固定され，σ*–π*共役が有効に起こり，電子受容性に富んだヘテロール環が生みだされると理解した．そして大切なことは，この軌道相互作用は，ケイ素に限ったものではなく，高周期元素の電子的効果のひとつの形としてとらえられる点である．このことに気づいて以降，ヘテロール環に魅せられ，いろいろな典型元素を組み込んだ多彩なπ共役骨格の合成に取り組むことになった．

　研究初期の段階で，電子輸送性に優れたシロール誘導体（図1）の合成を達成し，有機発光素子への実用化へとつなげ，意気揚々とスタートした研究ではあったが，その後，それに続く

二つ目の決定的な分子をなかなか生みだせずにいた．そんな研究の転機となったのが，名古屋大学のWPI研究としてスタートしたトランスフォーマティブ生命分子研究所への参画である．それまで，有機エレクトロニクスへの展開一辺倒で進めてきた研究に，生物学への展開というミッションが加わった．こういった外からの要請は，時として研究を飛躍させる機会となる．これまで多くの蛍光分子をつくってきたので，それらを蛍光イメージングへと応用するのは自然の流れであった．しかし，生物学の共同研究者に，筆者らの蛍光分子のよさや蛍光量子収率が高いこと，発光波長の特徴をアピールしても，どうも反応が鈍い．

　では，蛍光イメージングで何が求められるのか．この点を何度も議論していくなかで出てきたのが，耐光性に優れた蛍光分子である．蛍光分子はイメージングの最中に褪色していくものという生物学者の「常識」を覆すことができればブレークスルーになるというのだ．

　耐光性という新たな指標を加えて蛍光分子の探索に取り組み，たどり着いたのがリンを含むホスホールを基本骨格とするラダー型分子である．この分子の合成は，2008年に報告したフェニルアセチレン前駆体からの分子内環化反応をもとに達成した（図2）[2]．電子輸送性材料を目指し反応を開発してきたのが，ここで活きたのである．

　耐光性を評価したところ，生物学者がまず選ぶといわれる代表的な蛍光色素がすぐに褪色する条件においても，筆者らの分子はほとんど褪

シロールのLUMOにおける軌道相互作用

図1　シロールにおける軌道相互作用と，電子輸送性に優れたシロール誘導体

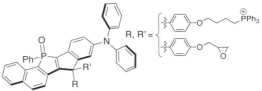

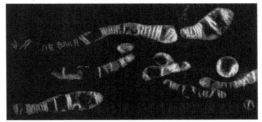

図2 ラダー型ホスホールの合成

色しなかった．この結果を共同研究者に見せたところ，そんな分子が本当につくれるのですね，といって前のめりになってくれた．すぐさま，耐光性の高さが活かされる展開として，超解像顕微鏡の一つであるSTED顕微鏡に応用してみると，撮像を繰り返しても褪色しない高い性能が示された．分子を修飾し，微小管に発現するα-チューブリンを選択的に染色することで，細胞丸ごとの三次元像の超解像撮像も可能となった．

　ここで，学際分野の融合研究の醍醐味をおおいに味わうことになる．これまでに可視化が難しく，視ることができれば「アツい」ものは何か．議論をとおして出てきた対象が，ミトコンドリアの内膜構造のクリステである．高校の教科書にも載っているミトコンドリアのモルフォロジーであるが，それらは固定細胞を用いてTEMで観察したものである．生きた細胞のダイナミックなクリステの動きは観察できていない．しかも，その厚みは，ちょうどSTED顕微鏡で到達できる解像度～20 nmぐらいと一致する．

　筆者らの超耐光性分子をさらにつくり込み，ミトコンドリアへの局在性をもたせ，膜への担持性をもたせた分子へと進化させた．この分子を用いて実際に細胞を染色したところ，ミトコンドリアへの局在は確認されたものの，超解像レベルの画像はなかなか得られない．しかし，そこで諦めることなく撮像を繰り返すうちに，鮮明な像を得る条件が見つかってきた．TEM画像にも引けをとらない，クリステの密度も計算できるほどの高精度イメージである（図3）[3]．

図3 超耐光性色素を用いたミトコンドリアのSTED顕微鏡像

最終的には，生きた細胞を用いて，0.6秒／枚のスキャン速度で1000枚の超解像イメージを得て，11分間のタイムラプス画像も獲得できるようになった．1990年代中盤にシロール環のLUMOを見て不思議に思ったことから始まった化学が，生物学研究の進歩に寄与する技術へとつながった瞬間である．

　物質科学，とくに分子性の材料を扱う科学では，ひとつの秀逸な分子の登場がサイエンスや社会の進歩に貢献する．その秀逸さを生みだす根本は，ちょっとした軌道相互作用によるものであることを体験した．分子の中身を深く考えることで，名刺代わりともいえる渾身の分子を創りだし続けていきたい．分子を基盤とした物質創製化学の醍醐味のひとつである．

参考文献
1. S. Yamaguchi, K. Tamao, *Bull. Chem. Soc. Jpn.*, **69**, 2327 (1996).
2. C. Wang, A. Fukazawa, M. Taki, Y. Sato, T. Higashiyama, S. Yamaguchi, *Angew. Chem. Int. Ed.*, **54**, 15213 (2015).
3. C. Wang, M. Taki, Y. Sato, Y. Tamura, H. Yaginuma, Y. Okada, S. Yamaguchi, *Proc. Natl. Acad. Sci. USA*, **116**, 15817 (2019).

山口　茂弘 (Shigehiro Yamaguchi)
名古屋大学大学院理学研究科／トランスフォーマティブ生命分子研究所 教授
1969年生まれ．1993年　京都大学大学院工学研究科修士課程修了
＜研究テーマ＞典型元素を駆使した機能性分子の創製

64

＞100万回転を実現する堅牢かつ高活性なキラル触媒の創出
——20年挑み続けて壁を越えた瞬間

筆者は新しい触媒の設計や創出にこだわって研究に取り組んでいる．活性化学種の働く様子を空想しながら分子設計し，想定以上の性能が発揮された瞬間の面白さに魅了されているからである．

キラル触媒の創出においては，立体選択性や適用反応系の難易度，有機合成化学的な有用性，化学収率，汎用性などがおもな評価項目となる．論文を"良い"論文誌に掲載させるためには，これらの項目が重要なのは間違いない．一方で，論文公表においては必ずしも重要ではないが，筆者がひそかにこだわり続けてきた評価項目のひとつに「触媒回転数(TON)」がある．

学生から助教／講師にかけてエノラートの化学における立体制御について取り組み，現在はC–H官能基化における立体制御について研究を展開しているが，正直「触媒回転数」を向上させにくい，難易度の高い反応が多い．触媒的不斉水素化に関して，野依触媒を筆頭に＞100万回転もの数字を叩きだす画期的なキラル触媒が華ばなしく報告されるなか，10回転すらしない"我が子"(＝自分の設計したキラル触媒)の改良に悪戦苦闘していた学生時代の経験が「触媒回転数」にこだわる原点である．論文投稿には10〜100回転程度のデータで十分であることが多いが，自信作ができるたびに「触媒回転数」の限界に挑んできた．しかし，触媒的不斉炭素–炭素結合形成反応では，生成物阻害が課題となったり，触媒濃度のきわめて低い条件での反応では触媒回転速度が十分でなかったりなど，数かずの制約が立ち塞がってきた．数万回

転の壁には跳ね返されることが多かった．図1にキラル三核亜鉛触媒を用いた不斉Mannich型反応の2005年の例を示す(当時最高の17,200回転を達成)[1]．数百倍の回転数向上までなら，細かい触媒チューニングと反応条件の精査でなんとかなったが，夢の＞100万回転の実現に必要な"1万倍の性能向上"を達成するためには，質的に次元の違う堅牢さと高い触媒活性の両立が課題となるという印象であった．正直にいって＞100万回転の壁は高く，10年以上経っても突破口を見いだせずにいた．

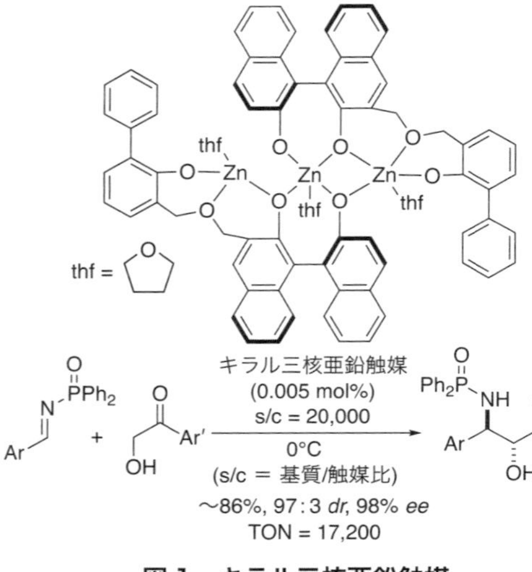

図1　キラル三核亜鉛触媒

転機は2015年に教授として着任した北海道大学での出会いであった．橋本俊一先生から引き継いだ薬品製造化学研究室では，世界を先導してきた外輪型キラル二核ロジウム触媒に関する卓越したノウハウをもつ優秀な学生たちと一緒に研究をする機会を得た．外輪型キラル二核

ロジウム触媒の化学を極限まで突き詰めてきた学生たちに,「ロジウム触媒の専門家である君たちにしか,ロジウムを代替,凌駕し,限界を突破する新規触媒は創出できない」と宣言し,新規プロジェクトを開始した.数多くの学生に苦労をかけたが,紆余曲折を経て世界初の外輪型キラル二核ルテニウム触媒(図2)の創出に成功した[2].この触媒は空気にも湿気にも安定であり,シリカゲルカラムで精製することも可能な堅牢さと高い触媒活性を兼ね備えている.

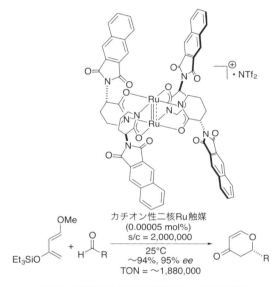

図2 外輪型キラル二核ルテニウム触媒

図2の構造は"ロジウムをルテニウムに置き換えただけ"に見えるかもしれない.しかし,たかが金属を置き換えただけと侮ってはいけない.その違いから生まれる新たな触媒特性には驚かされることが多い.高い酸化耐性を活かしたC–Hアミノ化反応や高いLewis酸性を活かした触媒反応などへの展開を進めた.たとえば,ルテニウム中心の一つが3価であることから強固なキラル環境を保持したままカチオン性錯体を発生させることができる.カチオン性にすることで,既存のロジウム触媒と比較しキラルLewis触媒としての性能が格段に向上した.ロジウム触媒で数日かかっていた反応が1時間以内に完結したことから,触媒回転速度が想定以上に高いことが推測され,次に触媒回転数の限界に挑むこととした.その結果,s/c(基質/触媒比)= 2,000,000でも反応が完結し,高い立体選択性が確認された.公表論文には世界最高記録として188万回転のデータを載せているが[2],400万回転に迫る結果も得ている.新たな出会いを通じ,不可能ではないかと諦めかけていた長年の目標が達成された瞬間であった.その喜びは筆舌に尽くし難い.触媒開発研究では,触媒を生みだすステージ,育てるステージ,ほかの研究者に使ってもらうステージへと研究が広がっていく.キラル外輪型二核ルテニウム触媒の化学は始まったばかりであり,まだ育成段階である.今後,触媒特性を存分に引きだしていきたい.

有機化学の研究において,1人の力だけで画期的成果を生みだすことはできない.チーム一丸となって挑戦し,学生達が脈々とタスキをつないでくれたことに感謝したい.ちなみに,20年前に構想した「目標」のなかには,いまだに歯が立たないものも残されている.「光学純度の低い触媒が,光学純品の触媒よりも優れた立体選択性を発現するキラル触媒系の創出」がその一例である.新たな突破口が見つかる日を夢見て研究を楽しんでいきたい.いつ突破口が見つかるかはわからないが,志を高く保ち,つねに準備をしている者にしか幸運は訪れない.

参考文献
1. T. Yoshida, H. Morimoto, N. Kumagai, S. Matsunaga, M. Shibasaki, *Angew. Chem. Int. Ed.*, **44**, 3470 (2005).
2. T. Miyazawa, T. Suzuki, Y. Kumagai, K. Takizawa, T. Kikuchi, S. Kato, A. Onoda, T. Hayashi, Y. Kamei, F. Kamiyama, M. Anada, M. Kojima, T. Yoshino, S. Matsunaga, *Nat. Catal.*, **3**, 851 (2020).

松永　茂樹(Shigeki Matsunaga)
京都大学大学院理学研究科 教授/北海道大学大学院薬学研究院 客員教授
1975年生まれ.2001年　東京大学大学院薬学系研究科博士課程中途退学
<研究テーマ>触媒設計,C–H官能基化,不斉合成

65

歴史は繰り返される
——有機合成から高分子合成への変遷

筆者は「New Trimethylenemethane Inter-mediates for [3+2] Cycloaddition Reactions」という題目で，有機合成の研究者として博士号を取得した．しかし，40歳を目前にして高分子合成に目覚め，現在に至っている．この分野転換を可能とした実質的な要因として，学生のときに味わった「ドキドキ体験」がある．本稿ではその経緯を紹介する．読者の何らかの参考になれば幸いである．

トリメチレンメタン（TMM）は，非ケクレ系4π電子系分子である（図1a）．Diels-Alder反応との類推から，TMMと不飽和多重結合との[3+2]付加環化反応は五員環化合物の合成法として期待される．しかし，実際にはTMMは三重項ジラジカル種であり，分子内環化によるメチレンシクロプロパン（MCP）への変換がきわめて速い．このため，TMMの合成反応への利用はきわめて限られていた．

筆者は中村栄一先生（現東京大学特別教授）の研究室で，新規テーマであったMCP/TMMに関する研究を任った．最終的に，ジアルコキシMCP **1**と電子不足オレフィンやカルボニル化合物を加熱すると，五員環生成物**3**や**4**ができる新しい反応を見いだした（図1b）[1]．これが博士論文の骨子である．**1**は大気下でも安定であるが，不飽和化合物と混ぜて加熱すると五員環が生成する．反応中間体として，アセタール炭素が正，アリル部位が負に分極した，双極イオンTMM **2**が生成し，これが電子的には[4+2]π環化付加反を起こしていると推定していた．「ドキドキ体験」はこの機構解明に関係する．

この目的のため，**1**のメチレン炭素を^{13}Cでラベルした**1***（*の炭素をラベル）を用いることを計画した．まず，^{13}CH$_3$Iを用いることでメチル化シクロプロペノンアセタール**5***を合成したのち，**1***へと異性化した．さらに，ラベルのスクランブリングを避けるため，可能な限り低温で蒸留したあとに^{13}C NMRを測定した．それはまさに「ドキドキ体験」であった．幸いにして**1***のメチレン炭素に由来する^{13}Cシグナルのみが観測され，まずはひと安心した．しかし，安心は「本当にラベルはスクランブルするのだろうか？」との不安にすぐに変わった．しかしサンプルを加熱すると，**1'***のメチレン炭素に由来するシグナルが発現し，最終的には1：1の強度比となった．これを契機に，仮説の証明に成功した．

時は流れ，筆者は京都大学に移動し，故吉田

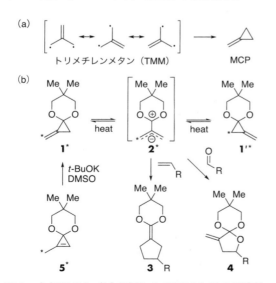

図1　(a) TMM，(b) 分極した TMM とその反応性

潤一先生（当時教授）の研究室で新たな研究テーマを立ち上げる機会をもった．その過程で，有機テルル（Te）化合物が加熱により可逆的にラジカルを生成することを発見し，学生のM君と一緒に，2匹目のドジョウがいないか探索した．その結果，有機合成への展開は限られる一方，初めて試したラジカル重合の実験では，きわめて良好な結果が得られた（図2a）．しかし，実験に再現性はなく，この研究はいったんお蔵入りとなった．原因はTe重合制御剤，たとえば**6**の精製にあった．**6**は酸素に敏感であるとともに，当時，加熱は禁忌と考えていたため，低温・窒素下でのカラム精製を繰り返した．しかし，カラム溶出後の酸化分解を防ぐことができなかった．

M君にはシリルテルリド（SiTe）化合物を用いる研究を新たに始めてもらったが[2]，ここでも精製の問題にぶつかるものと筆者は考え，悩んでいた．しかし，そのあいだにM君はさっさと蒸留して，SiTe化合物の精製に成功した．このとき，昔の体験を思いだした．ラジカルが出ていてもごく少量であること，また，ラジカルが出てもまた元に戻るので，いずれにせよ多勢に影響はないことである．

そこで，卒研を終えたばかりのI君に**6**の蒸留による精製を頼んだところ，問題なく精製できた．さらに，その後は再現性よく優れた重合結果が得られ，論文として日の目を見ることになった[3]．なお，その後の詳細な機構解析により，重合におけるラジカル生成機構は炭素－テルル結合のホモ開裂の寄与は小さく，交換連鎖機構とよばれる，ラジカルとTe化合物によるホモリティックな置換反応であることを明らかにしている．また，この方法は産学共同研究により，社会実装にも成功した[4]．

最近は，有機合成において展開が限られた点を逆に活かすことで，多分岐枝状構造をもつ高分子の構造制御合成にも成功している（図2b，c）[5]．実用性と構造制御性を備えた多分岐高分子の合成法であり，今後の展開をおおいに期待している．

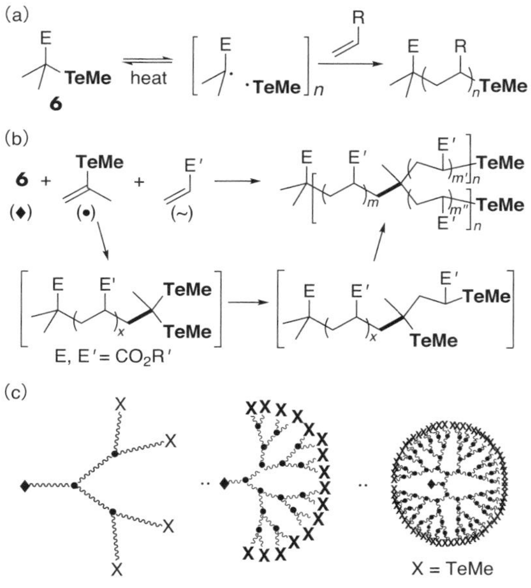

歴史は繰り返されるとよくいわれるが，自分の研究の小さな「歴史」においても，同じような局面に出くわすことは少なからずある．そのときに，どう対応し，さらに発展させるのかは重要である．以前に悩み考えたことは，このようなときに必ず活きてくると信じている．自分の歴史を大切に．しかし，それにとらわれない発想が重要だと考えている．

図2　Te化合物を用いるリビングラジカル重合
(a) 線状高分子の合成，(b) 多分岐高分子の合成，(c)(b)から得られる多分岐高分子の模式構造．

参考文献
1. E. Nakamura, S. Yamago, *Acc. Chem. Res.*, **35**, 867 (2002).
2. S. Yamago, *Synlett*, **2004**, 1875.
3. S. Yamago, *Chem. Rev.*, **109**, 5051 (2009).
4. https://www.otsukac.co.jp/advanced/living/terp/
5. S. Yamago, *Polym. J.*, **53**, 847 (2021).

山子　茂（Shigeru Yamago）
京都大学化学研究所 教授
1963年生まれ．1991年　東京工業大学大学院理工学研究科博士課程修了
＜研究テーマ＞合成化学（有機および高分子）

66

N−メチル化ペプチドの
マイクロフロー合成法開発
——フロー合成法を駆使した古典的な反応の価値の発掘

筆者の開発対象の反応は半世紀以上前に報告された形式のものが多く，使用する反応剤も目新しくはない．それでもマイクロフロー合成法というツールを駆使し，古典的な反応に向き合うと，いまだに新しい知見が得られることがあり，その瞬間に立ち会うと，いつも興奮を覚える．そして，時として得られた知見が強力な合成手法の開発につながる幸運に恵まれることもある．本稿では，その実例の一つを紹介したい．

N−メチル化ペプチドは中分子医薬として注目されているが，N−メチルアミノ酸はメチル化されていないアミノ酸と比べ，アミド化が10〜100倍程も遅い．従来合成法の多くは長時間，高温条件を要し，過剰量の縮合剤を用いるために廃棄物を多量に排出する点などが問題となっている．筆者らはさまざまな初期検討の結果，N−メチルアミノ酸の低反応性を補うべく，高い求電子性をもつ2を用いたアミド結合形成法の開発に取り組むこととなった（図1）．すなわち，アミノ酸から調製した酸無水物1とNMIから2を生成させ，N−メチルアミノ酸3とアミド化して5を得る計画である．なおNMIと酸ハロゲン化物から調製されるアシルN−メチルイミダゾリウム塩を用いたアミド化は1970年代に報告されている[1]．対アニオンの塩基性が高いほど遷移状態4で求核剤のプロトンを引き抜く効果により求核性が高まると提唱されており，筆者らは塩基性の高いカルボナートを対アニオンとする2を生成させればアミド化が加速すると期待した．

活性種2を用いるN−メチル化ペプチド合成

反応の有効性が明らかになってきたある日，学会で発表したところ，岡山大学の菅 誠治先生に「対アニオンは本当にカルボナートか？　系中にアミンの塩酸塩がいるので，より塩基性の低い塩化物イオンと交換していないか？　塩酸塩を除ければもっと反応が加速するのでは？」との助言をいただいた．

図1に記していないが，開発した反応では，系中で1を調製して単離せずにアミド化に用いているため，1の調製時に生じるアミンの塩酸塩が反応液には存在している．アミンの塩酸塩に由来する，より塩基性の低い塩化物イオンが，遷移状態4において，より塩基性の高いカルボナートの代わりに対アニオンとして働くと反応加速効果が減じる恐れがある．この可能性について検証するため，単離した混合炭酸無水物1に対して，HClが存在する条件としない条件で成績を比べた（図1）．なお本反応はフロー条件で，反応時間を10秒として実施した．

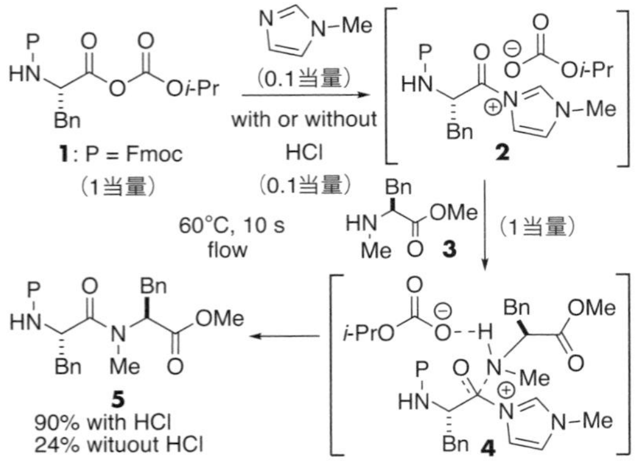

図1　アシル N−メチルイミダゾリウム塩 2 を経由する N−メチル化ペプチドの合成

このような高速反応では，フラスコを用いて反応時間を数分以上に設定すると，どの条件でも収率がほぼ100%となり，反応条件の優劣がわからなくなる．高速反応について正確な情報が容易に得られる点がフロー法の魅力の一つである．さて，得られた結果はまったく予想外のものであった．なんとHClを添加した条件は無添加条件よりも66%も高い収率を与えたのだ．アミド化においてHClは反応の阻害要因になるという一般的な考え方が，この反応では間違っていたことになる．

ではなぜHClの添加が反応を加速したのか？ DFT計算によりこの謎に迫ったところ，本反応では **1** から **2** を与える段階が律速で，プロトン源の添加により，混合酸無水物がプロトンに配位して求電子性が高まり，NMIの求電子置換反応が加速したことが示唆された（図2の **6**）．図1には記していないがこのアミド化では，図2に示す5種のLewis塩基が反応系中に存在している．またHClは計1.15当量存在する．この際1当量のHClは最も塩基性の高いDIEAに捕捉され続け，残り0.15当量のHClは低〜中程度の塩基性をもつ四つのLewis塩基の間を行き来し，混合酸無水物と相互作用した際にNMIが速やかに攻撃するものと推測している．重要な点は酸性，塩基性の絶妙なバランスであり，Lewis塩基の塩基性が高すぎればHClを完全に捕捉して加速効果は得られない．またHClより弱い酸を用いても加速効果は得られない．

フロー合成法で得られた手がかりが反応機構のより深い理解につながり，これにより開発できた本手法は，既知の代表的縮合条件と比べてはるかに短時間，高収率で目的物を与えた．またきわめて合成が困難なかさ高い天然物N–メチル化ペプチドのプテルアミド類の初の全合成も達成した[2]．

さて，かのWoodward先生にかかると，どこにでもある酸や塩基でも，順序よく加えて，

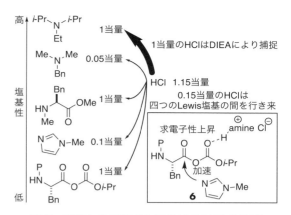

図2 開発したアミド化におけるHClの役割

ちょっと加熱してといった具合で目的物が得られたと門下のHoye先生が述懐している[3]．現在主流の縮合剤は複数の役割を1つで演じるため構造が大きく複雑になり，高価で廃棄物が多い傾向にある．Woodward先生のような神業を身につけるのは困難だが，フロー合成法を駆使して，たとえばHClやNaOHをミリ秒の精度で温度を制御しつつ加えることで，最新の反応剤を凌駕する成績を得られれば，それはそれで理想的なプロセスであると思っている．ここで紹介した見慣れた酸と塩基を用いる反応の開発も，その理想につながるものと期待している．それにしても半世紀以上前に報告された形式の反応であっても，いまだに面白い知見が得られるとは！ 合成化学は奥が深い！ 今後も見すごされている古典的な反応の価値の発掘調査を続けていきたい．

参考文献
1. S. A. Lapshin, V. A. Dadali, Y. S. Simanenko, L. M. Litvinenko, *Zh. Org. Khim.*, **13**, 586 (1977).
2. Y. Otake, Y. Shibata, Y. Hayashi, S. Kawauchi, H. Nakamura, S. Fuse, *Angew. Chem. Int. Ed.*, **59**, 12925 (2020).
3. B. Halford, *Chem. Eng. News*, **95**(15), 28 (2017).

布施 新一郎（Shinichiro Fuse）
名古屋大学大学院創薬科学研究科 教授
1977年生まれ．2005年 東京工業大学大学院理工学研究科博士課程修了
＜研究テーマ＞マイクロフロー法を駆使する合成プロセス開発

67

ピラノシド異性化反応：
常識ではないグリコシド立体化学制御
—— 予想外の反応を楽しもう

糖鎖合成の鍵反応は，糖ユニットを連結するグリコシル化反応である．一般的なグリコシル化反応では，通常，糖供与体のアノマー位の脱離基を Lewis 酸や親硫黄反応剤で脱離させて，アノマー炭素と環の外の脱離基のあいだの結合を切断し（エキソ開裂），環状オキソカルベニウムイオンを発生させる．その平面の上下それぞれから糖受容体であるヒドロキシ基を反応させることにより，アノマー位の立体配置を制御する（図1，経路a）．

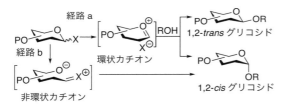

図1 グリコシル化反応
一般的なエキソ開裂グリコシル化反応（経路a）とエンド開裂反応（経路b）．

エンド開裂反応の証拠の提示

筆者らは，一般的な機構のグリコシル化反応と異なる鎖状カチオンを経由するアノマー位立体配置制御の手法を見いだした（図1，経路b）．これは，一緒に仕事をしていた石井一之博士が化合物 **1** の3位ヒドロキシ基のベンジル化を典型的条件下で行ったときに，予期せず *N*-ベンジル 2,3-*trans* カルバマート基をもつピラノシド **2** を得たことに始まる[1]（図2）．

さらにピラノシド **2** のベンジリデン基の還元的開裂を Et$_3$SiH と BF$_3$·OEt$_2$ を用いる典型的条件で行ったところ，これまた予想に反して，

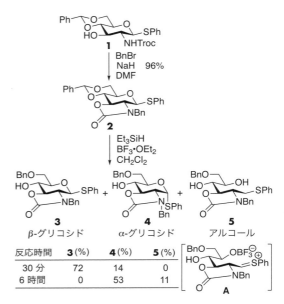

反応時間	**3**(%)	**4**(%)	**5**(%)
30 分	72	14	0
6 時間	0	53	11

**図2 鎖状カチオンの還元による
エンド開裂反応の証明**

アノマー位が異性化した 1,2-*cis* 型の化合物 **4** が得られた．通常は化合物 **3** のみが得られ，観測されたアノマー位での異性化反応は2位フタルイミド基やアジド基のようなほかのアミノ基保護パターンの場合には観測されない．そこで，もう一度同じ反応を行ったところ，6時間後には普通に得られる化合物 **3** がまったく得られず，異性体 **4** とアルコール **5** のみが得られた．アルコール **5** はアノマー位炭素と環内酸素原子のあいだの結合が切断（エンド開裂）された鎖状カチオン **A** が Et$_3$SiH により還元されたものである．

実は，ピラノシド環のエンド開裂反応は，1980 年代にリゾチームによる糖鎖加水分解の反応機構解明を目的とした X 線結晶構造解析

において，糖鎖のピラノシドがいす形配座を保っていることから提唱された．すなわち立体電子効果の観点からいす形の β-グリコシドでは，孤立電子対と結合が切れる側の空の σ* 結合がアンチペリプラナーにならないため，アセタールの加水分解ができないためである[2]．この仮説を証明するため，当時ピラノシドの立体配座をいす形に固定したピラノシド類縁体を用いて，さまざまな検討がなされた．それらの結果から，エンド開裂は，きわめて限られた基質でのみ起こるものと結論づけられていた．筆者らは予期せぬ「副生成物」からエンド開裂の証拠を明確に示したことになる[3]．

エンド開裂反応の合理的有用性

次に，エンド開裂反応を合成的に有用な変換反応に利用することとした．系統的な検討の結果，カルバマート窒素原子をアシル化（とくにアセチル化）した場合に，非常に広い基質範囲において，ほぼ完全に 1,2-cis アミノ糖に異性化することが明らかになった．この 1,2-cis 型のアミノ糖は既存のグリコシル化反応では，立体選択的合成が困難である．これまでのグリコシル化反応では結合をつくるときにアノマー位の立体配置を制御してきたが，筆者らのエンド開裂反応を用いれば，既存の複数のグリコシドの立体化学を一挙に変換できる．上記を立証すべく，化学合成した 1,2-trans グリコシドをもつ 4 糖 **6** を一挙に 1,2-cis グリコシド体 **7** へと変換した[4]（図 3）．本手法は，これまでにないグリコシド立体制御法である．

また，計算化学的手法により 2,3-trans カルバマート基をもつピラノシドのエンド開裂の駆動力が，2,3-trans カルバマート基の導入によるピラノシド環のひずみによること，そして立体電子効果の寄与は二次的であることを明らかにした[5]．

生理活性をもつオリゴ糖には，1,2-cis アミノ糖構造をもつものが多く，これらの合成に本反応は貢献できる．抗結核治療薬開発の鍵物質と期待されるマイコチオールやヘパリン合成など展開中である．現在，筆者らの結果を契機として，酵素反応におけるエンド開裂の可能性が再び注目され，筆者らの論文が有機合成の分野を超えて引用されるに至っている．

G. Stork 先生は，「フラスコのなかの反応と会話せよ」とおっしゃられていたが，ここに紹介した結果は，新しい発見をするにあたって単に目的物を得るのみならず，副生成物から何が起こっているのかの解析が重要であった例である．いろいろな幸運もあったが，予期しない結果を楽しんだ後のボーナスは大きいものだった．予期しない道草をしながら新しい化学を開拓することが研究の醍醐味であろう．

参考文献
1. S. Manabe, K. Ishii, Y. Ito, *J. Am. Chem. Soc.*, **128**, 10666 (2006).
2. C. B. Post, M. Karplus, *J. Am. Chem. Soc.*, **108**, 1317 (1986).
3. S. Manabe, K. Ishii, D. Hashizume, H. Koshino, Y. Ito, *Chem. Eur. J.*, **15**, 6894 (2009).
4. S. Manabe, H. Satoh, J. Hutter, H. P. Lüthi, T. Laino, Y. Ito, *Chem. Eur. J.*, **20**, 124 (2014).
5. H. Satoh, S. Manabe, Y. Ito, H. P. Lüthi, T. Laino, J. Hutter, *J. Am. Chem. Soc.*, **133**, 5610 (2011).

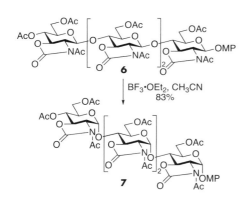

BF₃・OEt₂, CH₃CN
83%

図 3　エンド開裂反応による既存複数アノマー立体化学の一挙変換

眞鍋　史乃（Shino Manabe）
星薬科大学薬学部／東北大学大学院薬学研究科医薬品開発研究センター 教授
1967 年生まれ．1996 年　東京大学大学院薬学系研究科博士後期課程修了
＜研究テーマ＞高機能をもつ複合糖質の合成研究

68

続　実験のなかからの掘り出しもの
── 予想外の現象はいつ起こるかわからない

　書籍『化学者たちの感動の瞬間』の土台となった有機合成化学協会誌2000年5月の特集号「21世紀へ伝える有機合成化学―私の感動・興奮の瞬間」は，筆者が学部4年時の卒研配属後に出版された．当然化学の内容は理解できなかったが，多くの面白いエピソードを楽しく読んだ．その後，その特集号の著者の1人である奈良坂紘一先生の研究室に修士課程から配属されることとなった．奈良坂研究室で学んだ化学反応の見方やその変化の感じ方は，現在の筆者の研究の根幹をなしている．

　奈良坂先生は「実験のなかからの掘り出しもの」というタイトルのエッセイで，「自分の研究をふり返ると，頭で考えだすよりも，実験中に思わぬ変化を観察したり，思ってもみなかった生成物を得たことが，新しい合成反応の開発につながる契機となったことが多い」と述べられている[1]．予想外の現象に出会うチャンスを待ちながら，日々の実験に臨む研究スタイルは，ひたすら耐忍，出たとこ勝負のようで悪い印象をもつ読者がいるかもしれない．何の前触れもなく突然ひょっこりと現れる正体不明の現象（反応性）は，同じ実験をする誰もが出会えるはずである．ところが，いつ来るかわからないチャンスを確実に捉えるためには，それが科学的に面白いかを判断するための基礎知識とともに，いかなる反応も慎重に追跡して，処理後の確認を疎かにしない姿勢が必須であり，そう簡単ではない．しかし，そのようにして掴んだ反応性が，誰も知らない新しいものであった場合，それを研究テーマとして展開していく時間はとて

も楽しい．本稿では，筆者の研究室の現在の主テーマのひとつ，典型金属ヒドリドを用いる有機合成反応の開発が始まった予想外の経緯について紹介する．

　2010年ごろから銅触媒を用いる酸素酸化反応の研究を進めていた．なかでも，イミンの銅-酸素系による一電子酸化で生じるイミニルラジカルの反応性に興味があった．イミンの調製法のひとつとしてニトリルへの Grignard 反応剤の付加をよく利用した．この手法はベンゾニトリル系に対しては都合がよいが，α 位に水素原子をもつアルキルニトリルを用いると，α 位の脱プロトン化が進行してうまくいかないので，α 位を四級化する必要があった．2015年初頭，当時ポスドクだった Pei Chui Too 博士（現シンガポール特許審査官）はイミニルラジカルの分子内に配置された芳香族環への反応性を調べるため，ベンジルシアニド **1** の α 位のジメチル化を試みた（図1a）．Pei Chui は反応を早く終わらせたい一心で，過剰量の NaH と MeI を **1** に添加して加熱したわけだが，ジメチル化体 **2** の収率は37％にとどまり，不思議なことに脱シアノ化されたアルカン **3** が51％収率で単離された．Pei Chui が帰宅前に筆者のオフィスに立ち寄り，この反応の粗生成物と単離した **3** の ^{1}H NMR チャートを見せて，この脱シアノ化はたぶん面白いと思う，といってくれたのが事の始まりである．脱シアノ化はジメチル化体 **2** から進行しているものと考え，反応を精査したところ，NaH だけではまったく反応が進行しないが，NaI や LiI を混ぜて加熱す

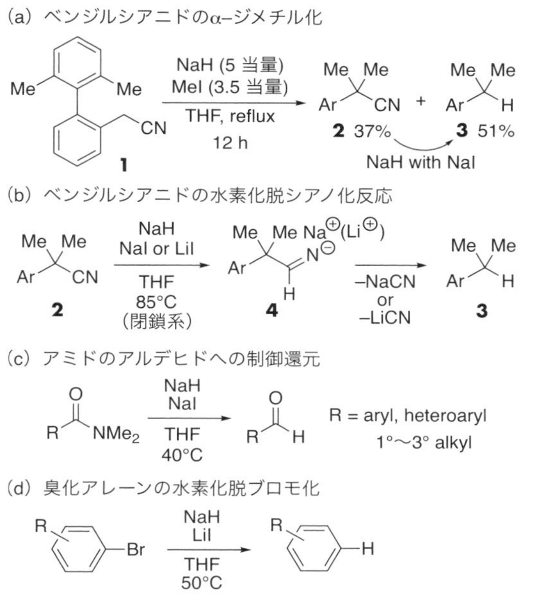

(a) ベンジルシアニドのα–ジメチル化

NaH (5 当量)
MeI (3.5 当量)
────────────→
THF, reflux
12 h

1 → **2** 37% + **3** 51%

NaH with NaI

(b) ベンジルシアニドの水素化脱シアノ化反応

NaH
NaI or LiI
────────────→
THF
85°C
（閉鎖系）

2 → **4** → **3**

−NaCN
or
−LiCN

(c) アミドのアルデヒドへの制御還元

NaH
NaI
────────────→
THF
40°C

R = aryl, heteroaryl
1°〜3° alkyl

(d) 臭化アレーンの水素化脱ブロモ化

NaH
LiI
────────────→
THF
50°C

図1　NaH によるヒドリド還元反応

ると効率よく進行することがわかった（図1b）. アルカン **3** 生成のカラクリは，**1** のジメチル化に伴って生じる NaI が NaH を活性化して，ジメチル化体 **2** の脱シアノ化を誘引していたというものである. さらに詳細を調べると，どうやら活性化された NaH がシアノ基をヒドリド還元しているという奇妙な仮説にたどり着いた. アルカン **3** はヒドリド還元により生じるイミニルアニオン **4** から NaCN あるいは LiCN の脱離を伴う C–C 結合の開裂と生じるベンジルアニオンのプロトン化が協奏的に進行して生成すると考えている[2].

　NaH をはじめとするイオン性典型金属ヒドリド種は，もっぱら Brønsted 塩基として用いられ，ヒドリド還元(求核)剤としては作用しないと教えられている. 上記の機構仮説は，その定説に反する. そこで，ここぞとばかりに，これまで続けていた銅触媒反応のプロジェクトを思い切って打ち切り，当時大学院生だった Sherman Chan 博士（現 Pfizer）や Derek Ong 博士（現 JEOL），ポスドクの Yinhua Huang 博士（現杭州師範大学教授）らとともに，NaH の反応性をとことん探ることにした. まさに出

たとこ勝負だったが，さらに調べていくと，NaH は NaI や LiI 存在下，アミドのアルデヒドへの制御還元（図1c）やハロゲン化アレーンの水素化脱ハロゲン化（図1d）などを可能にする特異なヒドリド還元剤として作用することがわかった.

　ふだん筆者らが使用する NaH は，NaCl 型の結晶構造中に $Na^+ H^-$ のユニットが無数に凝集した固体であり，非プロトン性有機溶媒には不溶である. それゆえ，化学式として $(NaH)_\infty$ と表すのが適当だろう. ところが本反応では，THF 中に溶解している NaI が $(NaH)_\infty$ の固体表面でイオン交換を起こし，新しい NaH^* と NaI が再生する（図2）. 化学式上では見た目上

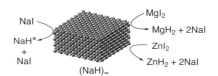

NaI
NaH^*
+
NaI

$(NaH)_\infty$

MgI$_2$
→ MgH$_2$ + 2NaI

ZnI$_2$
→ ZnH$_2$ + 2NaI

図2　NaH と金属ヨウ化物とのイオン交換

何の変化もないが，新しく生成する NaH^* は，THF にも溶解しうるナノサイズの小さな格子ゆえに，ヒドリド還元剤として作用しうると考えている. つまり，筆者らがここで目にしている反応性は，そもそも NaH がもっているものであり，凝集化した格子状態がそれを隠していたのだろう. この知見をもとに，最近では NaH と異なる典型金属ヨウ化物とのイオン交換を利用して調製できるいろいろな典型金属ヒドリドの反応性を調べている. もうしばらくこの化学を楽しみたい.

参考文献
1. K. Narasaka, *J. Synth. Org. Chem., Jpn.*, **58**, 468 (2000).
2. D. Y. Ong, J. H. Pang, S. Chiba, *J. Synth. Org. Chem., Jpn.*, **77**, 1060 (2019).

千葉　俊介（Shunsuke Chiba）
Nanyang Technological University 教授
1978 年生まれ. 2003 年　東京大学大学院
理学系研究科修士課程修了
＜研究テーマ＞有機合成化学

69

カルボン酸の触媒的水素化への遥かなる道で女神が微笑む
――金属カルボキシラート問題をどう解決？

炭素循環型社会実現の緊急性が顕在化するなか，バイオマスの炭素資源としての有効活用法が模索されている．これら炭素物質は高酸（素）化状態にあり，たくさんの C–O や C–N 結合，C=O 結合をもつため，それらの σ 結合や π 結合を切って電子や水素を炭素に効果的に注入するための新規な還元法が求められている．そのなかで，天然にも豊富なカルボン酸〔R(C=O)OH〕（図1a，**A**）の水素化を分子触媒で大きくゲームチェンジした感動の瞬間！について紹介したい．

価値を信じ最も難しいことから始める

筆者の研究における信条は「それが挑戦に値するのであれば最も難しい（核心をなす）問題から解き始める」．最も重要な問題の核心に迫る答えには枝葉末節に相当する各論からはなかなか行きつかない．一方で各論の問題はむしろ頂点にある解法の微調整で解ける可能性のほうが高い．この「大は小を兼ねる」という信念のもと，「不活性アミドの水素化に有効な金属錯体触媒は，それよりも反応性が高いすべてのカルボニル化合物（図1a）を還元できるだろう」という仮説を立てた．実際に，2011 年ごろに見いだした不活性アミドの水素化[1]に有効な (PNNP)M 錯体（図1b 左，M = Ru, OCOR 基がないもの）を用いる還元法は大きく発展し，「カルボン酸 **A** 以外」すべてのカルボニル基およびカルボン酸誘導体を水素化（加水素分解）し対応するアルコールへと変換できるようになった．しかしカルボン酸だけは，どの (PNNP)M 錯体を使っても効率的に水素化できなかった．筆者の信念は脆くもそこで行き詰まったのである．

金属カルボキシラートが諸悪の根源

カルボン酸の水素化はなぜうまくいかないのか．それは不活種「金属カルボキシラート（図1c，**C**；図1b）」の極度のできやすさに起因する．これは熱力学的に非常に安定な触媒の休止状態もしくは off-cycle 種であり，錯体がその構造に落ち込めば，触媒サイクルはそこから回らない．(PNNP)M カルボキシラート（図1b 左）がいったんできれば trans 配座で配位飽和になるため，H_2 を配位させ活性化できる金属の d 軌道は実質的にないに等しい．

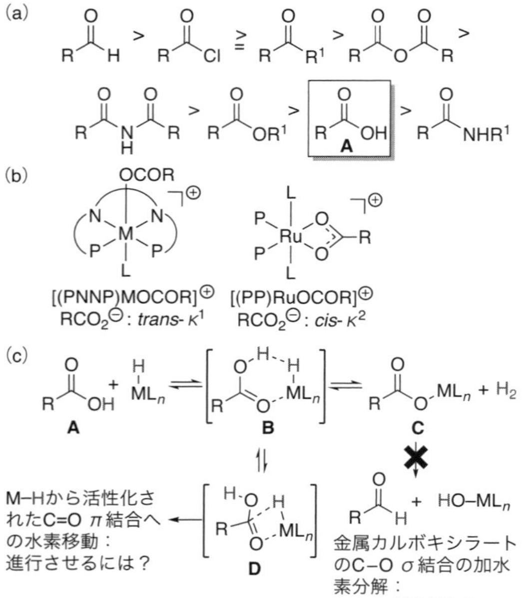

図1 金属錯体触媒によるカルボン酸の水素化
(a) カルボニル基の反応性の降順，(b) 四座 PNNP 配位子（左）と単座 P 配位子2個（右）をもつ金属（M）カルボキシラート錯体，(c) カルボン酸と金属錯体触媒との反応による触媒の還元活性発現と失活．

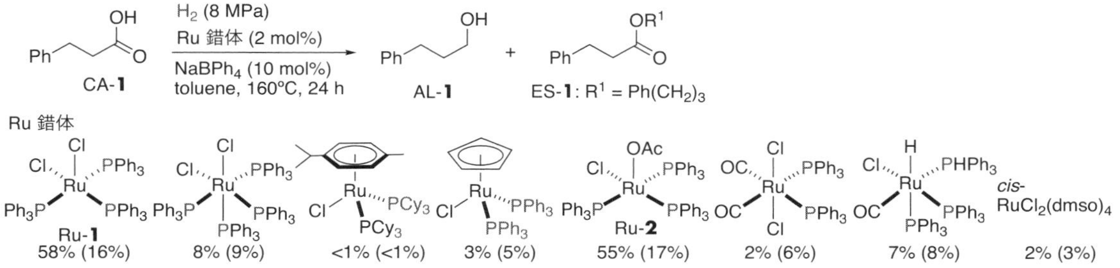

H$_2$ (8 MPa)
Ru 錯体 (2 mol%)
NaBPh$_4$ (10 mol%)
toluene, 160℃, 24 h

CA-1 → AL-1 + ES-1: R^1 = Ph(CH$_2$)$_3$

Ru 錯体

Ru-1
58% (16%)

8% (9%)

<1% (<1%)

3% (5%)

Ru-2
55% (17%)

2% (6%)

7% (8%)

cis-RuCl$_2$(dmso)$_4$
2% (3%)

図2　還元の実質的な収率は AL-1 + ES-1
括弧内は ES-1 の収率.

困ったときには巨人化学者たちの原理に立ち返る

途方に暮れるなか，当時まだ M1 だった鳴戸真之博士（現三菱ケミカル株式会社）と話し合い，有機合成指向有機金属化学（OMCOS）の原点となった Wilkinson 錯体 ClRh(PPh$_3$)$_3$ とその Ru 変異体 Cl$_2$Ru(PPh$_3$)$_3$（図2, Ru-1）へと立ち返ろうと発想を大きく転換させた．Ru-1 は（PNNP）M 錯体とは真逆で，配位不飽和錯体に容易になれるため cis 配座（図1 b 右）を利用して H$_2$ とカルボン酸を隣り合わせで取り込める（図1 c, **B**）．筆者の当時の見識として，(i) Ru カルボキシラートを用いる C–H 結合切断にそのころ多用されていた CMD 機構は，もとは H–H 結合切断のために J. Halpern[2] や野依の論文で提案されてきた原理（**B**）であるため Ru–H 種の形成は可能，(ii) 中性とカチオン性の Rh 錯体では C=C 結合の水素化機構が違うことは速度論的実験で実証済み，の二つがあった．(i) と (ii) に基づき配位不飽和な Ru-1 とその誘導体を，中性やカチオン性にして触媒活性を探れば何か変化があるかもしれないと期待した．中性 Ru 錯体では CA-1 の水素化はうまくいかなかったが，鳴戸君は大学の有機合成実験室としては極限に近い水素圧と温度を用いて反応系中でカチオン性 Ru 錯体を形成させる方法を試した（図2）．その結果，配位不飽和で中性の Ru-1 やアセタート錯体 Ru-2 から誘導したカチオン性の Ru 触媒を用いれば CA-1 の水素化が首尾よく進行する[3]！こんな幸運もあるのかと感動の嵐！ようやく女神が微笑んでくれた．

重要な原理の発見は予想以上の進展をもたらす

この最も難しい「ゼロから1」を生みだした新しい触媒作用原理「カルボン酸の自己誘導型水素化機構（図1 c, **D**）」を見つけてから，その発見の国際的インパクトも次第に大きくなっていった．Co[4] でも Re[5] でも同じ原理でカルボン酸の水素化触媒が見つかった．これらは金属の一次配位圏（内圏）でカルボン酸がアルコールへと変換される機構をたどるが，中性（PNCP）M 錯体を用いることで最近，カルボン酸を水素化できる世界で初めての「カルボン酸が金属に触れない」二次配位圏（外圏）機構も証明できた．金属カルボキシラートのジレンマはほぼ無視できるようになったのである．巡り巡って四座配位子によって化学修飾された頑健な金属錯体触媒へと立ち戻れた．巨人化学者たちが見いだした原理 (i) と (ii) の，分子触媒設計における有効性や普遍性は半世紀を経てもなお色あせない．

参考文献
1. T. Miura, M. Naruto, K. Toda, T. Shimomura, S. Saito, *Sci. Rep.*, **7**, 1586 (2017).
2. M. T. Ashby, J. Halpern, *J. Am. Chem. Soc.*, **113**, 589 (1991).
3. M. Naruto, S. Saito, *Nat. Commun.*, **6**, 8140 (2015).
4. T. J. Korstanje, J. I. van der Vlugt, C. J. Elsevier, B. de Bruin, *Science*, **350**, 298 (2015).
5. M. Naruto, S. Agrawal, K. Toda, S. Saito, *Sci. Rep.*, **7**, 3425 (2017).

斎藤 進（Susumu Saito）
名古屋大学学際統合物質科学研究機構／大学院理学研究科 教授
1969 年生まれ．1995 年　名古屋大学大学院工学研究科博士課程中途退学
＜研究テーマ＞再生可能な炭素資源の還元と変換による高エネルギー物質の創成

70

二官能性ポルフィリン金属錯体触媒の開発
——15年を経て恩師直伝の知恵を使う

学生時代に恩師から受ける影響はとても大きく，学んだ学術的価値観がその後の研究の方向性や戦略を決定づけることもある．筆者の恩師である生越久靖先生（京都大学名誉教授）からいわれたことを紹介する．「ポルフィリンには三つの利点がある．一つ目に，金属イオンと安定な錯体を形成できる．二つ目に，π電子系を利用した多様な分光法により分子の状態を把握できる．三つ目に，剛直なポルフィリン環を足場とすることで三次元的に精密に分子構築・官能基化できる」である．ポルフィリンを用いる分子認識の研究で学位を取得したのち，研究分野の異なる研究室に助手として採用されたためポルフィリンから少し遠ざかることになったが，上述のコンセプトは自分の記憶のなかでぼんやりと光り続けていた．15年くらい経ったときに，それは弱い光から強い光へと変わった．分子認識ではなく触媒の開発研究であったが，恩師直伝の知恵を活かすのに適した系が目の前に現れた．試してみると，感動の瞬間は立て続けにやってきた．

二酸化炭素（CO_2）とエポキシドから環状カルボナートまたはポリカルボナートを合成する反応は原子効率100%であり，グリーンケミストリーの観点で魅力的である．二つの官能基からなる協同触媒モチーフを想起した（図1）．金属イオン M（Lewis 酸）とハロゲン化物イオン X^-（求核剤）が協同的にエポキシドに作用して開環を促進し，発生した酸素アニオンへ CO_2 が付加したのちに，閉環して環状カルボナートを与えるか重合してポリカルボナートを与える．事前組織化（preorganization）の概念に反するが，あえて柔軟なメチレン鎖をリンカーに選び，求核剤としてイオン対（第四級アンモニウムハライド塩）を選択した．さらに，すばやく三次元構造を構築して最適化できる点を重視してテトラフェニルポルフィリンを基本骨格に採用した．

環状カルボナート合成について検討した結果，数 ppm の触媒量でも高い触媒活性（TOF = 12,000 ～ 46,000 h^{-1}，TON = 103,000 ～ 310,000）を示す一連の二官能性 Mg 錯体と Zn 錯体に行き着いた[1~4]．代表例を図1に示す．予想を超える触媒能が出たことに加えて，15年の歳月を経て伝家の宝刀を抜いたうえで，独

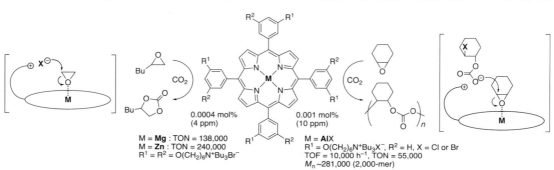

図1　二酸化炭素固定化のための二官能性ポルフィリン金属錯体触媒

自のアイデアを盛り込めたため非常に嬉しかった．北海道大学の長谷川淳也先生にDFT計算してもらったところ，リンカーのメチレン鎖は巧みに湾曲しながらアニオン認識部位を形成し，Br^-のエポキシドへの求核攻撃をアシストしていることがわかった．第四級アンモニウムイオンの形式電荷(+)はN原子上に書くが(N^+)，実際には正電荷はメチレン鎖の多数のH原子上に分散している．柔軟な第四級アンモニウムイオンは発生するすべてのアニオン性中間体と遷移状態を誘導適合で安定化し，第三の触媒基として機能する．つまり，二官能性触媒だと思っていたが，実は三官能性触媒であり，予想外の幸運に支えられていたわけである．

ところで，Znポルフィリンが触媒として機能した事実は特筆に値する．当初は，Znポルフィリンはネガティブ・コントロールとして位置づけていた．学生には詳細を告げないで数種類の金属と一緒に亜鉛をスクリーニングリストに入れておいたのであり，Znポルフィリンは触媒活性を示さないはずだった．ポルフィリン環と錯形成した亜鉛イオンは，d軌道が満たされているうえにポルフィリン環のπ電子が流入するためLewis酸性はかなり低い．ポルフィリン化学の長い歴史は，ZnポルフィリンのLewis酸触媒としての利用が非常識であることを突きつけていた．2012年の時点では，Znポルフィリンが何らかの有機反応のLewis酸触媒として機能したという文献を見つけることができなかったが，その後，この反応の触媒として機能するZnポルフィリン誘導体がほかの研究者によって続々と報告されている．「やってみないとわからない．とにかく混ぜてみよう！」といいたい．

その後，金属イオンをアルミニウムに置き換え，基質としてシクロヘキセンオキシドを用いると，ポリ(シクロヘキセンカルボナート)が得られた[5]．触媒量0.0025 mol％，反応温度120℃，CO_2圧力2 MPaで1時間反応させたときの

TOF値は10,000 h^{-1}であった．0.001 mol％（10 ppm）の触媒量でも24時間後に最大で分子量281,000のポリマー（2,000量体）が得られた．これに対して，第四級アンモニウム塩をもたないAlポルフィリンに第四級アンモニウム塩を混ぜた2成分触媒系では共重合は効率よく進行しなかった．これは，カルボナートイオン中間体が触媒から解離して拡散すると五員環形成（副反応）が進みやすくなり重合が進みにくくなるためである．これに対して二官能性触媒では，金属中心から解離したカルボナートイオンは第四級アンモニウムイオンとイオン対を形成して保持されるため，次のエポキシドが配位した時点で速やかに求核攻撃してポリマー鎖を伸長できる．協同触媒モチーフ（図1）にはマルチな幸運が潜んでいたわけである．

ポリカルボナート合成は野崎京子先生（東京大学教授）との共同研究による成果であるが，科研費新学術領域研究に採択された際に懇親会の席で思い切って相談していなければ，素早い展開はなかった．また，恩師が前述の知恵を授けてくださったときのこと（研究室の飲み会）は今も鮮明に覚えている．あれから30年経ったが，回り道や失敗もしながらコツコツと研鑽を積んで研究人生を満喫できており，これまで支えてくれた多くの人たちに感謝したい．

参考文献
1. T. Ema, Y. Miyazaki, S. Koyama, Y. Yano, T. Sakai, *Chem. Commun.*, **48**, 4489 (2012).
2. T. Ema, Y. Miyazaki, J. Shimonishi, C. Maeda, J. Hasegawa, *J. Am. Chem. Soc.*, **136**, 15270 (2014).
3. C. Maeda, T. Taniguchi, K. Ogawa, T. Ema, *Angew. Chem. Int. Ed.*, **54**, 134 (2015).
4. C. Maeda, J. Shimonishi, R. Miyazaki, J. Hasegawa, T. Ema, *Chem. Eur. J.*, **22**, 6556 (2016).
5. J. Deng, M. Ratanasak, Y. Sako, H. Tokuda, C. Maeda, J. Hasegawa, K. Nozaki, T. Ema, *Chem. Sci.*, **11**, 5669 (2020).

依馬　正（Tadashi Ema）
岡山大学学術研究院環境生命自然科学学域教授
1966年生まれ．1994年　京都大学大学院工学研究科博士後期課程修了
＜研究テーマ＞環境調和型有機合成化学

71

博士研究員からはじまる
アミド基への求核付加反応
——広がる研究テーマを思いつく幸せ

筆者は 2006 年から 2 年間，カリフォルニア州立大学アーバイン校の Overman 研究室に留学した．L. E. Overman 先生はアルカロイド全合成の大家で，有機化学が大好きでしょうがないという方である．先生が書かれた論文は合成化学者にとって教育的な示唆が数多く含まれており，読むだけでも先生の有機化学に対する愛情の片鱗を味わうことができる．

Overman 研究室では，アカデミックに進む博士研究員が多数いて，将来自分が取り組む研究テーマを研究室メンバーの前で発表するプロポーサルトークというものがあった．アカデミックで生き残るため，目の前の実験に必死に取り組む傍ら，将来の自分の研究テーマをあれこれ想像するひとときは，とても楽しい時間であった．しかし，そう簡単に自分の人生をかけるテーマは思いつかない．面白いテーマをひらめいたと思って，興奮しながら論文を調べると，すでに先例があることはざらである．やっと，誰もやっていない研究テーマが思いついたと，Overman 先生の部屋へ意見を伺いに行く．Overman 先生は化学についてとても誠実な先生で，面白くないアイデアについては，はっきりと面白くないという．「たかあき，アイデアはよいけど，将来的な伸びがないからやめたほうがよい」など，認めてもらうことは難しい．そんな Overman 先生に「それは面白い，ぜひやるんだ」といってもらえたテーマが，今では自分のライフワークの一つになった「アミド基への求核付加反応」であった．アミド基は入手容易であるが，安定すぎるため，官能基変換が

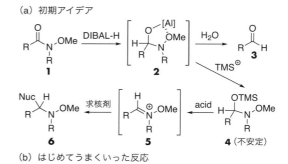

(a) 初期アイデア

(b) はじめてうまくいった反応

図1　N–メトキシアミド基への求核付加反応

難しい．これを自在に操って，含窒素化合物を迅速合成するテーマである．プロポーサルトークも上々に，慶應義塾大学千田憲孝研究室の助教として，帰国することになった．

アミドプロジェクト第一弾は，N–メトキシアミド 1 への求核付加反応の開発である（図1a）．1 を DIBAL-H で還元すると，五員環キレート中間体 2 を形成し，これを加水分解すればアルデヒド 3 となることが知られている（Weinreb 法）．もし，キレート中間体 2 のヒドロキシ基をシリル基で捕捉して N,O–アセタール 4 が生成すれば，イミニウムイオン 5 を経由して，アミン 6 が合成できると考えた．これまで，アルデヒドやケトン合成に利用されていた N–メトキシアミド 1 を，含窒素化合物の合成に利用するアイデアである．しかし，さまざまな条件を用いても N,O–アセタール 4 は合成できなかった．これは 4 が生成しても，

不安定で単離できないことが原因であることに気づいた．そこで，N-メトキシアミド**7**を還元したのち，キレート中間体をLewis酸で直接活性化し，求核剤を付加することにした（図1b）．予想は当たり，望むアミノニトリル**8**が収率43％で得られた．筆者がアカデミック研究者として生きていけると思った瞬間である[1]．この最初の発見から，さまざまな反応開発，さらに全合成へと発展していく．

筆者の専門は天然物の全合成，合成標的となる天然物の選択が何よりも大事な研究である．日頃から，天然物の単離論文，総説，天然物辞典をパラパラと見ることが習慣になっている．そして，同じ論文や本を，日をあけて何度も繰り返し見ている．たとえ同じ天然物であっても，そのときの自分の興味や体調で，見えかたがまったく変わるからだ．そして，あるとき出会った．アミドのことばかり考えていたからか，子どもがブロック遊びをするようになったからか．もう10回以上は見ていたはずのステモナ類が，その日はまるで違うものに見えた（図2）．200種類以上知られているステモナ類のなかで，筆者の目に映ったのは，ステモアミド（**9**），サキソラムアミド（**10**），ステモニン（**11**）の3種類．サキソラムアミド（**10**）は，三環性ステモアミド（**9**）の環状エステルに五員環が付加しているのに対し，ステモニン（**11**）は環状アミド側に五員環が付加していることに，ハッとした．

有機化学の教科書を見ると，三大選択性として，立体選択性，位置選択性，官能基選択性が記述されている．全合成化学者にとって，そのなかでも官能基選択性の制御は，保護・脱保護という余分な工程をなくせるため，合成経路の短工程化に直結する重要な選択性である．一般的にエステルとアミドが存在している場合，エステルが先に反応する．しかし，アミド基への求核付加反応を得意とする筆者には，常識とは反対のアミド基選択的な求核付加反応でステモニン（**11**）も全合成できると直感した．すなわ

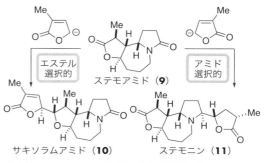

図2　ステモアミド類の官能基選択的な五員環ブロック合成

ち，ステモアミド類を五員環ブロックに分割し，官能基選択的に連結できれば，これまでにない短工程かつ網羅的な合成経路で，ステモナ合成を革新できると考えた[2]．

2015年11月にOverman先生が国際学会とOverman研同窓会（その名も「超人会」）のため，京都に来日した．2人で食事する機会をいただき，ご飯を食べながら，官能基選択的なステモナ合成の案について意見を伺った．食事後，この全合成を何が何でも実現してやると決意し，横浜に戻った．その後，どのように実現したかは，別の記事に譲りたい[3]．

博士研究員のときにOverman先生に認めてもらったアミド基への求核付加反応は，研究を進めれば進めるほど，新しいアイデアや知りたいことがあふれてくる研究テーマであった．今では，勧めていただいた理由が心から理解できるようになった．

参考文献
1. K. Shirokane, Y. Kurosaki, T. Sato, N. Chida, *Angew. Chem. Int. Ed.*, **49**, 6369 (2010).
2. M. Yoritate, Y. Takahashi, H. Tajima, C. Ogihara, T. Yokoyama, Y. Soda, T. Oishi, T. Sato, N. Chida, *J. Am. Chem. Soc.*, **139**, 18386 (2017).
3. 佐藤隆章, 有機合成化学協会誌, **76**(5), 454 (2018).

佐藤　隆章（Takaaki Sato）
慶應義塾大学理工学部 准教授
1978年生まれ．2006年　東北大学大学院理学研究科博士課程修了
＜研究テーマ＞天然物合成の革新を目指しています

72

キラル Brønsted 酸触媒の開発
――イミン選択的反応からキラルリン酸の開発へ

今から25年ほど前に溯るが，アルデヒドとアルドイミンの反応性(求電子性)の差に興味をもっていた．RCHOとRCH=NR′はどちらの反応性が高いでしょう？と質問すると，さまざまな答えが帰ってきた．Lewis酸触媒の反応においては一般的にアルデヒドのほうが反応性は高いと考えられていたが，1996～1997年ごろ，山本嘉則・中村浩之(当時東北大学理学部)と小林 修（当時東京理科大学理学部）の二つのグループから相次いでイミン選択的求核付加反応が報告された．それぞれ，$PtCl_2(PPh_3)_2$，$Yb(OTf)_3$をイミンの活性化剤として用いることにより，アルデヒド存在下においても，アルドイミンが選択的に反応することが報告された．

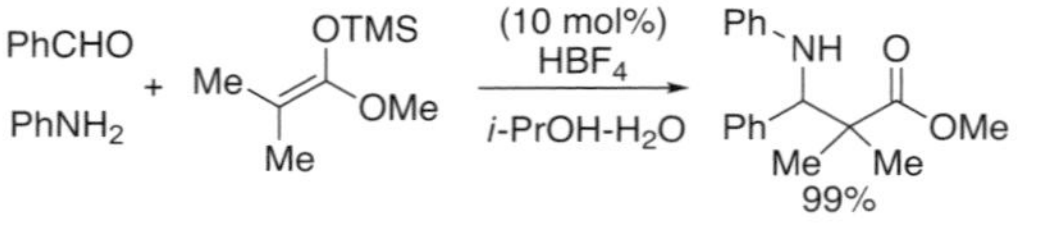

PhCHO
PhNH2
+
OTMS
Me
OMe
Me
(10 mol%)
HBF4
i-PrOH-H2O
Ph
NH
O
Ph
OMe
Me
Me
99%

図1　三成分縮合 Mannich 型反応

そのころ，筆者らも上記の課題に取り組んでおり，高価な金属錯体を用いずとも，安価で取り扱いの容易なBrønsted酸が優れたイミン選択性を示すことを見いだした．すなわち，アルデヒド，アニリン，ケテンシリルアセタールの三成分縮合反応が含水溶媒中HBF_4(10 mol%)により効率よく進行し，対応するMannich生成物であるβ-アミノエステルが良好な収率で得られた（図1）[1]．アルドール生成物はまったく得られないことから，Brønsted酸はイミンに対する優れた活性化剤であることがわかった．Brønsted酸はエステルやアセタール類の生成，加水分解などの触媒として汎用されているものの，炭素–炭素結合形成反応に適用した例は，当時はきわめて少なかった．プロトン(H^+)すなわち，Brønsted酸により基質を求電子的に活性化し，炭素–炭素結合を形成できれば，より優れた合成反応になると期待される．そこで，キラルBrønsted酸を用いれば，不斉触媒反応へと展開できるのではないかと考えた．すなわち，キラルな対アニオンをもつキラルBrønsted酸を用いれば，キラルプロトン等価体として機能することが期待される．さまざまなキラルBrønsted酸を試すなかで，(*R*)-BINOL由来のキラルリン酸**1a**は堅固なビナフチル骨格をもっており，高い不斉誘起ができることと考えた．

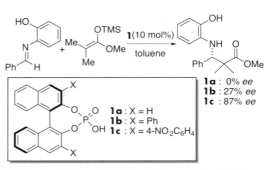

HO
N
Ph
H
+
OTMS
Me
OMe
Me
1(10 mol%)
toluene
OH
NH
O
Ph
OMe
1a : 0% ee
1b : 27% ee
1c : 87% ee
X
O
O
P
O
OH
X
1a : X = H
1b : X = Ph
1c : X = 4-NO2C6H4

図2　キラルリン酸を用いた Mannich 型反応―リン酸の3,3′位の置換基効果

(*R*)-BINOL由来のキラルリン酸**1a**はアミンの光学分割剤として知られており，また稲永純二(九州大学名誉教授)らは**1a**のランタノイド金属塩を不斉触媒と用いた付加環化反応を報告していたが[2]，キラルBrønsted酸触媒として用いた例はなかった．そこでキラルリン酸

1a をキラル Brønsted 酸として Mannich 型反応に用いたところ，望みの生成物は得られたが，残念ながらラセミ体であった．キラルリン酸の不斉触媒活性に期待していただけにがっかりしたが，気を取り直して，(*R*)-BINOL の 3,3′ 位にフェニル基を導入したキラルリン酸 **1b** を合成し反応を試したところ，27％程度の *ee* が観測された．キラルリン酸により不斉誘起が可能であることを見いだした瞬間である（図 2）．そこからしばらく時間を要したが，3,3′ 位の置換基を精査し，4-ニトロフェニル基をもつ **1c** が最適であることを見いだした．高い不斉収率の発現には，イミンの窒素上の *o*-ヒドロキシフェニル基が必須である．そのことから，キラルリン酸は Brønsted 酸としてイミンを活性化すると同時に，ホスホリル基の酸素原子がイミンの *o*-ヒドロキシ基と水素結合を形成した九員環構造 **2**（図 3）を経て進行するのではないかと推測し投稿した．ところが，審査員から九員環遷移状態の証拠は？とのコメントがあり，当時は理論化学計算も行っていなかったので，キラルイオン対構造に修正して論文を 2004 年春に発表した[3]．

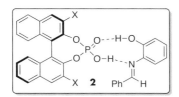

図 3　予想した九員環構造

その後，山中正浩教授（立教大学理学部）との共同研究により，予想した九員環構造 **2** を経ていることが明らかになった[4]．すなわち，キラルリン酸は Lewis 塩基性部位をもつ二官能性の酸触媒であると考えられる．

2005 年 3 月に B. List が来日し，3 週間ほど学習院大学に滞在した．その際に，筆者らの論文のキラルイオン対構造を見て，「即座にこれは使えると思った」といってくれた．筆者らの

論文に注目してくれたことを聞き，とてもうれしかったのを覚えている．

筆者らの論文とほぼ同時期に寺田らがキラルリン酸を用いた Mannich 反応を独自に報告した[5]．たいへん驚いたが，筆者らの論文と寺田らの論文が発表された 2004 年の春以降，キラルリン酸を用いた不斉触媒反応は，世界中の多くの研究者に注目され，「秋山–寺田触媒」ともよばれるようになった．うれしい半面，競争は激しくなった．Brønsted 酸はイミンの優れた活性化剤であると考えて研究を開始したことから，イミンに対する求核付加反応を中心に研究を進めたが，その後，多くの研究者の参入により，キラルリン酸はイミンのみならず，カルボニル基，ヒドロキシ基，アルケン，アルキンなど幅広い官能基の活性化剤として優れた触媒能をもっていることが明らかになった．また List や D. Toste らをはじめとして，リン酸をキラル対アニオンとして用いた反応も次つぎと報告されており，キラルリン酸の有用性は大きく広がっている．近年は，ほかの金属触媒，光酸化還元触媒などと組み合わせた反応も報告されており，キラルリン酸の汎用性の高さにも驚いている．

参考文献
1. T. Akiyama, J. Takaya, H. Kagoshima, *Synlett*, **1999**, 1045.
2. J. Inanaga, Y. Sugimoto, T. Hanamoto, *New J. Chem.*, **19**, 707 (1995).
3. T. Akiyama, J. Itoh, K. Yokota, K. Fuchibe, *Angew. Chem. Int. Ed.*, **43**, 1566 (2004).
4. M. Yamanaka, J. Itoh, K. Fuchibe, T. Akiyama, *J. Am. Chem. Soc.*, **129**, 6756 (2007).
5. D. Uraguchi, M. Terada, *J. Am. Chem. Soc.*, **126**, 5356 (2004).

秋山　隆彦（Takahiko Akiyama）
学習院大学理学部 教授
1958 年生まれ．1985 年　東京大学大学院理学系研究科博士課程修了
＜研究テーマ＞有機触媒を用いた不斉触媒反応の開発

73

イリジウム触媒に魅せられた
一有機化学者の 20 年をふりかえる
——女神（イリス）は微笑んでくれたのか？

21 世紀の扉が見え始めた 1999 年 4 月，筆者は 32 歳で自分自身が研究テーマを設定できる幸運に恵まれた．当時，岡山大学一般教養棟の古びた木製の実験台で一人たたずみ思索を巡らせていると，前任者がはがし忘れた周期表のポスターが目に入った．そのなかで，原子番号 77 の元素「イリジウム」が筆者に微笑みかけた（ように勝手に感じた）．そのころすでに，Vaska 錯体や Crabtree 触媒は有名であったが，Ir の有機合成における貢献度は，すでに華ばなしく活躍していた同族の Co や Rh と比べ，まだ鳴りを潜めている minor player の印象だった（1997 年に発表された武内亮先生の Ir 触媒による位置選択的アリル位アルキル化は，燦然と輝いていたが）．

そこで筆者は大学院生のころから研究していたカルボニル化に焦点を当て，キラル Ir 触媒を用いた一酸化炭素の挿入を伴う高エナンチオ選択的 [2+2+1] 付加環化，すなわち Pauson-Khand 反応 (PKR) の開発に取り組むことにした（図 1）[1]．当時限られた実験リソースのなかで不安定な反応剤は扱えなかったので，ひたすら市販の反応剤を混ぜて，活性な触媒種を系中で調製した．深夜に NMR 測定のため別棟へ向かう際に，野生の狸とすれ違いながら頑張った甲斐があり，JACS（今では信じられないが Supporting Information はわずか 3 ページ）に受理された際には，研究者として独り立ちできた喜びをかみしめた．論文発表後しばらくして海外のある研究者から「同条件で反応を行ったがまったく反応が進行しない」との連絡があり，

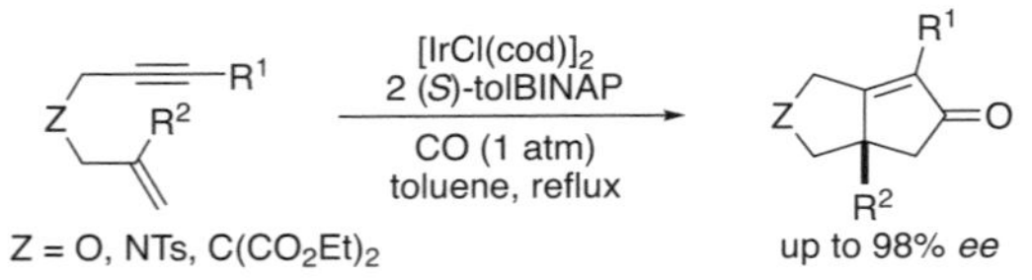

図 1　エナンチオ選択的 PKR 反応

冷や汗をかいた．実験手順を詳細に確認すると，溶媒を脱気せずに用いていることがわかり，無事再現性がとれた旨の連絡を得た際は，胸をなでおろした．遷移金属錯体を扱う場合には当たり前だと思っていた「溶媒脱気」を実験項に記載していなかったのである．

Ir 触媒を用いた付加環化を検討するなかで，古典的な反応であるアルキンの三量化による芳香環の構築において，かさ高い置換基を導入すれば軸不斉が制御できるという着想を得た．しかしながら 1,6-ジインといろいろなアルキンの分子間反応を検討したが，当初は系が汚く，収率，鏡像体過剰率ともに低かった．そこで Ir 触媒への配位を期待し，酸素官能基 (OMe) を導入したアルキンを用い，両末端にナフチル基をもつ対称 1,6-ジインとの反応を検討した結果，軸不斉を二つもつ C_2 対称テルアリール化合物がほぼ完全にジアステレオ，かつエナンチオ選択的に得られた（図 2）[2]．その後，窒素

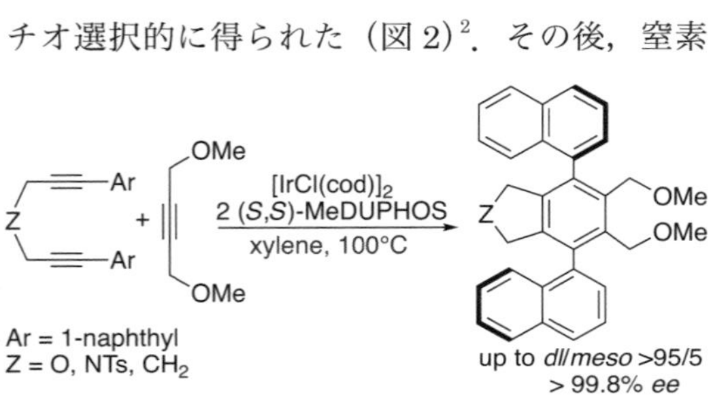

図 2　[2+2+2] 付加環化による軸不斉の制御

官能基，さらにはヘテロ原子一つでも，反応が室温で進行することを見いだした．

一方で，Ir 錯体の新規な触媒活性を探索するため，塩化物に銀塩を入れてカチオン性錯体とすると，付加環化に対する活性は消失したが，C–H 結合開裂に対する活性があることを見いだした．そこで，当時報告例が少なかった sp^3 C–H 活性化に焦点を絞って検討した結果，アミドを配向基として用い，アルキンとの反応で C–H アルケニル化を達成した（図 3）[3]．

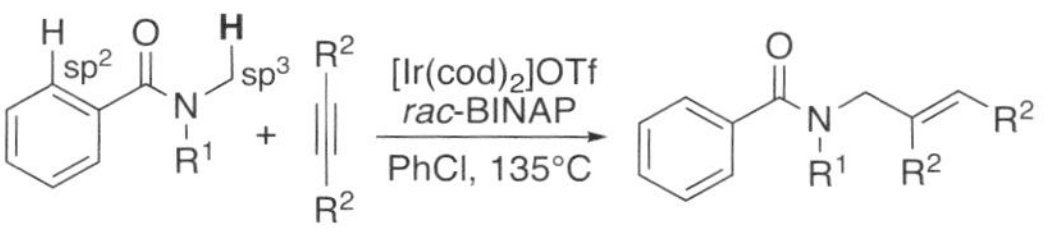

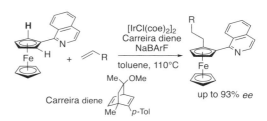

図3　アルキンによる sp^{3}C–H 結合アルケニル化

次に第二級 sp^{3}C–H 結合活性化による中心不斉の構築を目指した．ところが，いろいろなイリジウム触媒やアシル配向基，アルケンを検討しても，No reaction の日々が続いた．そこで重水素標識化実験により反応の詳細を確認したところ，C–H 結合開裂，アルケン挿入までは進行しているが，還元的脱離が進行していないことがわかった．そこで配向基をピリジル基に変え，配位性溶媒である 1,2-dimethoxyethane（DME）を用いることで，高エナンチオ選択的アルキル化を達成した（図 4）[4]．

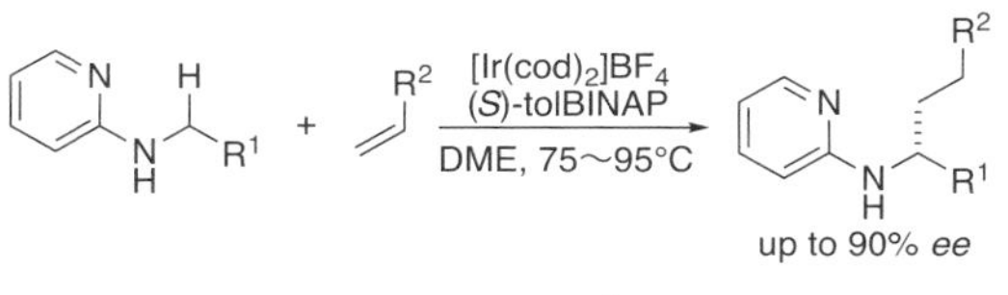

図4　アルケンによる sp^{3}C–H 結合不斉アルキル化

さらに面不斉の創製を目指してフェロセンの C–H 結合アルキル化を検討した．その結果，上記の反応と異なり，ホスフィン配位子を添加しないほうが触媒活性は高いことがわかった．予想外にも，ホスフィン配位子に置換するための仮の配位子である cycloocta-1,5-diene（cod）自体が効率的な配位子として機能したのである．

そこで，キラルなジエンを配位子として用いれば，不斉反応への展開が可能であると考え，検討の結果 Carreira ジエンにより高エナンチオ選択的 C–H アルキル化を実現できた（図 5）[5]．これらのカチオン性 Ir 触媒による C–H 結合活性化の業績が，連続して *Synfacts* 誌に紹介された際には，Ir 触媒にこだわり，粘り強く研究を続けた意義を確信し，担当学生らとともに祝杯をあげた．

図5　sp^{2}C–H 結合アルキル化による面不斉の制御

元素名のイリジウムはギリシャ神話の女神イリスにちなんで名づけられた．筆者は女神を妄信（？）したおかげで，いくつかの業績を達成することができた．そして女神は筆者だけでなく多くの研究者に恵みを与え，Ir 触媒は今日，とくに C–H 結合活性化の分野では大活躍しており，まさに major player に成り上がった．偉大な存在になり，最近は「高値の花」であるが，筆者は今後も「イリジウム推し」を続けるつもりである．

参考文献
1. T. Shibata, K. Takagi, *J. Am. Chem. Soc.*, **122**, 9852 (2000).
2. T. Shibata, T. Fujimoto, K. Yokota, K. Takagi, *J. Am. Chem. Soc.*, **126**, 8382 (2004).
3. K. Tsuchikama, M. Kasagawa, K. Endo, T. Shibata, *Org. Lett.*, **11**, 1821 (2009).
4. S. Pan, K. Endo, T. Shibata, *Org. Lett.*, **13**, 4692 (2011).
5. T. Shibata, T. Shizuno, *Angew. Chem. Int. Ed.*, **53**, 5410 (2014).

柴田　高範（Takanori Shibata）
早稲田大学理工学術院 教授
1966 年生まれ．1994 年　東京大学大学院理学系研究科博士課程修了
＜研究テーマ＞不活性結合活性化と多環式化合物の効率合成

74

触媒的な化学選択性逆転法の開発
—— 化学の常識を疑え！

研究生活をスタートすると，思いどおりにいかないことばかりで凹んでいる学生も多いのではないだろうか．でも不安に思うことなかれ，そんなときこそ成長のチャンスだ！　うまくいかないからこそ，どうしたらうまくいくかを毎日考え，そして工夫する．そこで得たものは，その後の研究者人生において，必ず自分を助けてくれる武器になるはず．また，そうした日々があるからこそ，今まで気がつかなかったものにも気づかせてくれる．本稿では，うまくいかずもがき苦しんだからこそ，「うまくいかないことが実は面白い」と気づかせてくれた，そんな筆者の感動の瞬間を紹介する．

2005年春に大阪大学基礎工学部の真島和志先生の研究室に助教授として赴任した当初，環境の違いに戸惑いながらも，多くの学生と一緒に研究をする環境をつくっていただいたおかげで，すぐにフルスロットルで研究を開始することができた．その学生のなかの一人が今回の主役，岩﨑孝紀君（現東京大学准教授）である．彼の研究テーマはニトリルとβ-アミノアルコールからオキサゾリンへの触媒的な変換反応の開発で，びっくりするほどの実験量で研究を推し進め，最終的に亜鉛四核クラスターというちょっと変わった構造をもつ触媒を用いた，エステルからオキサゾリンへの変換反応を開発した（図1）[1]．ここで研究にひと区切りをつけることも考えられたが，触媒構造とLewis酸-Brønsted塩基型の触媒機能などから，金属酵素であるアミノペプチダーゼの機能モデルとして利用できるのではないかと考え，亜鉛四核ク

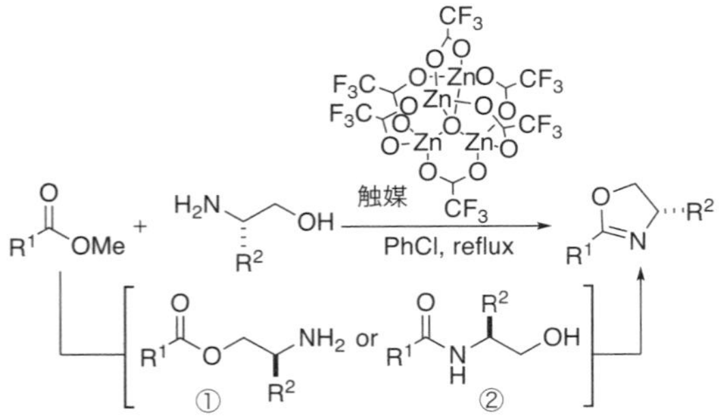

図1　オキサゾリンの触媒的合成法

ラスター触媒の研究をさらに推し進めることとなった．

この反応は，① エステル交換を経る経路と，② エステルのアミド化を経る経路が想定された．アミノアルコールのアシル化反応では求核性の高いアミノ基のアシル化が選択的に進行することが知られており（図2a），また実際に反応の中間体として観測されたものはβ-ヒドロキシアミドのみであったため，②の経路が有力と考えていた．ただし，①の可能性も見すえ，両方の反応の検討を開始したところ，予想に反し，亜鉛四核クラスターはエステル交換反応に高い触媒活性を示した．この反応は非常に幅広い官能基許容性をもっており，また高い環境調和性（E-Factor 0.66）も示すことができた．一方，アミンとエステルとの反応では亜鉛四核クラスターは低い触媒活性しか示さず，金属や配位子も変えて検討を続けたものの，収率は低空飛行のままであった[2]．

1年以上「なぜ簡単だと思っていたアミド化反応が進行しないのか？」と悶々と考える日々が続いた．2007年3月末，富山での日本薬学

会年会でエステル交換反応の成果を発表し，大阪に戻る特急サンダーバードのなかでも，二日酔いの頭で「なぜアミド化は進行しないのだろう？」とぼーっと考え続けていた．ふと，「あれ，これはアミド化が進まないほうが面白いのかも！」と気づく．すなわち，亜鉛四核クラスター触媒によるアシル化反応は，ヒドロキシ基には高い活性を示すものの，アミノ基にはほとんど活性を示さない．つまり，アミノ基存在下でもヒドロキシ基選択的にアシル化が進行するのではないか，というアイデアである．わくわくドキドキしながら早速実験を行ってもらったところ，亜鉛触媒を用いると期待どおりヒドロキシ基が選択的にアシル化されることがわかった（図2b）[3]．通常，保護−脱保護を含む多段階プロセスを用いるか，等モル量以上の反応剤を用いる必要のある化学選択性の逆転を，触媒的に実現できると示せた瞬間である．

オキサゾリン合成において，中間体としてβ-ヒドロキシアミドしか観測されなかったのは，生じたβ-アミノエステルが$O \rightarrow N$アシル転移を経て，より安定なβ-ヒドロキシアミドに素早く異性化してしまうためであった．

この結果は2007年秋に長崎で開催された反応と合成の進歩シンポジウムで初めて公表した．要旨にはあえて記載せず，当日の岩﨑くんの発表で，初のお披露目である．エステル交換反応の結果に続いて，メインのO-選択的アシル化反応の結果をスライドに映しだすと，会場がザワつき，多くの聴衆の視線がスクリーンに釘づけになる．これがあるから研究ってやめられない！これまでの苦労が一気に報われた瞬間だ．

若い皆さんにも是非この感覚を味わい，研究の沼にハマってもらいたい．

現象として化学選択性を逆転できることがわかっても，なぜ化学選択性が逆転するのかは，さまざまな反応機構解析を行ったにもかかわらず，ずっと謎のままであった．そんななか，林結希子さん（現ノリタケ株式会社）が，亜鉛の代わりにコバルト錯体を使って錯体ベースで詳細に検討し，ついに反応機構の解明に成功した[4]．これができるのが真島研究室の強さであると実感．もう一つの感動は，金属酵素の機能モデルとして開発した亜鉛四核クラスターが，酵素と同じ速度式で機能していたことである．多機能型触媒の反応は酵素モデルで説明がつくことも多いため，解釈に困ったときは一度検討してみてはいかがだろうか．

化学選択性の触媒制御の面白さに目覚め，以後これが筆者の重要な研究テーマとなった．これまでにOとNの選択性だけではなく，酸性度の触媒的な逆転などさまざまな反応の開発にも成功した．また，これまでのセレンディピティに頼るやり方からの脱却を目指し，官能基評価キットを用いた化学選択性の網羅的データ収集[5]にも取り組んでいる．今後もわくわくする気持ちを大切に，化学の常識を覆す反応の開発に挑み続けていきたい．

参考文献
1. T. Ohshima, T. Iwasaki, K. Mashima, *Chem. Commun.*, **2006**, 2711.
2. 最終的には NaOMe 触媒を用いる反応の開発に成功した. T. Ohshima, Y. Hayashi, K. Agura, Y. Fujii, A. Yoshiyama, K. Mashima, *Chem. Commun.*, **48**, 5434 (2012).
3. T. Ohshima, T. Iwasaki, Y. Maegawa, A. Yoshiyama, K. Mashima, *J. Am. Chem. Soc.*, **130**, 2944 (2008).
4. Y. Hayashi, S. Santoro, Y. Azuma, F. Himo, T. Ohshima, K. Mashima, *J. Am. Chem. Soc.*, **135**, 6192 (2013).
5. N. Saito, A. Nawachi, Y. Kondo, J. Choi, H. Morimoto, T. Ohshima, *Bull. Chem. Soc. Jpn.*, **96**, 465 (2023).

大嶋 孝志（Takashi Ohshima）
九州大学大学院薬学研究院 主幹教授
1968年生まれ．1996年 東京大学大学院薬学系研究科博士課程修了
＜研究テーマ＞グリーンケミストリー，触媒化学，創薬化学，デジタル有機合成

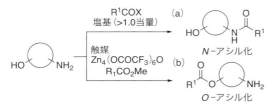

図2 アミノアルコールのアシル化反応

75

ストライガ選択的な
高活性自殺発芽剤の発見
――縁と幸運に導かれて

2006 年の 5 月に研究室を立ちあげる機会を得てから，有機イオンを設計して分子性の触媒としての機能を引きだすというアプローチで，基本的な活性種であるアニオンやカチオン，ラジカルの制御に基づく選択的な分子変換反応の開発を一貫して進めてきた．この研究が軌道に乗り始めたころ，伊丹さんからの 1 本の電話をきっかけに，トランスフォーマティブ生命分子研究所 (ITbM) の立ち上げに加わり，有機分子の力を信じて生物学の研究者とタッグを組み，新しい分野融合研究に取り組むチャンスに恵まれた．これが最初の縁である．

とはいえ，手掛けるべきテーマを定めるのは容易ではなかった．当初はオーキシンという単純な分子の植物ホルモンとしての機能に魅かれたが，何か一緒にできないかと話していた木下さんのグループの博士研究員であった土屋さん（現 ITbM 特任教授）が，アフリカの農業に深刻な被害をもたらしているストライガという寄生植物の発芽に関して研究していた．トウモロコシなどの宿主が根から分泌するストリゴラクトン（図 1）という植物ホルモンに刺激されて発芽

し寄生するというメカニズムを面白いと思った．そして何より，土屋さんと筆者らのグループの浦口准教授（現北海道大学教授）が高校の同級生で，卒業以来の再会であったという不思議な縁で，「分子の力でストライガの問題を解決する」ことを目指した研究を始めることになった．

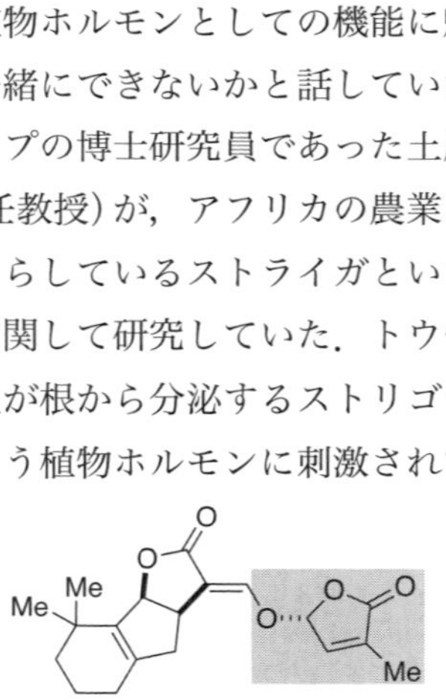

ストライガを宿主がいないところで発芽させれば，寄生できず数日のうちに死に至る．この自殺発芽を促すよい発芽刺激剤があれば，ストライガを撲滅できるのではないかと考えられていた．天然の発芽刺激剤であるストリゴラクトンは有望だが，安価に大量合成することが難しいだけでなく，植物ホルモンとして作物の生育に必須の機能ももつため，ほかの植物への影響が懸念された．そこで筆者らはストリゴラクトンに匹敵する発芽刺激活性をもち，ストライガだけに作用する有機分子を開発し，自殺発芽剤としての実用化につなげられればと考えた．土屋さんがランダムスクリーニングから見いだしたリード化合物は，ピペラジンの窒素原子にアリールスルホニル基とフリルカルボニル基がそれぞれ結合した分子であった（図 1，**1a**）．

この分子を出発点として，博士研究員のサムが誘導体を合成し，エーテル部位の置換基をメチル基とした **1b** の活性が高いという知見を得

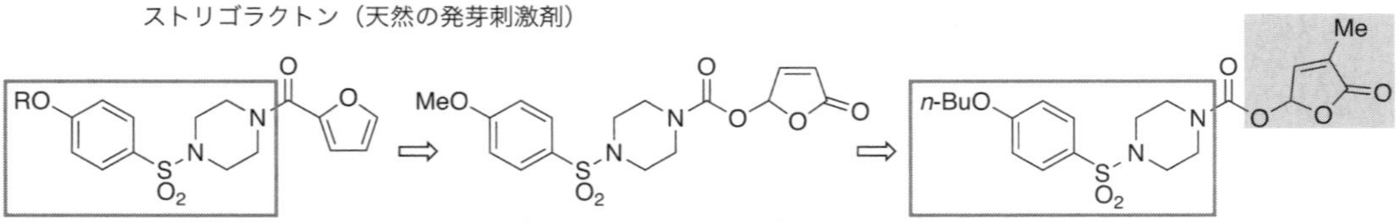

ストリゴラクトン（天然の発芽刺激剤）

1a（R = n-Bu），**1b**（R = Me）　　　**2**（高活性な極微量不純物）　　　スフィノラクトン

図 1　高活性自殺発芽剤の発見に至るまで

た．そこで，**1b**をできる限り純粋にして再現性を確認しようとしたが，精製していくにつれ活性が低下するという予想外の結果になった．一つの可能性として，最初の合成段階でごく微量に含まれていた副生成物がきわめて高い発芽刺激活性をもつと考えられた．しかし，実際に何が混ざっているかをはっきりさせるのは簡単ではない．答えがあるかもしれないという思いと，そこにたどり着ける確率の心許なさのあいだで揺れたが，「諦めない」という姿勢を共有し，あるはずの分子を捕まえようと決めた．

技術補佐員の山口さんがほぼ活性がないとわかった**1b**をグラムスケールで合成し，粗精製後に高速液体クロマトグラフィー（HPLC）で分析すると，やはり単一のピークしか見えない．しかし，それ以外の分子の存在を確かめるために分画してみると，ほとんどピークがない画分に非常に高い発芽刺激活性をもつ分子が含まれているとわかった．それをさらに細かく分画し，ITbM分子構造センターの桑田さんの協力を得て可能性を狭めていくと，活性の高い分子に相当すると思われるピークが確認できた．質量分析によって分子量は**1b**より32大きいことがわかったので，酸素を二つ増やした構造をいくつか考えて合成を試みたが，残念ながら高い活性をもつものはなかった．仕方なく，可視光増感剤を用いて，酸素雰囲気下で光を照射し**1b**を酸化してみたところ，HPLCの保持時間と質量分析の結果が活性分子に一致する生成物（**2**）が低い収率ながら得られた．これを単離して構造を決定し，発芽活性を確認できたときの喜びは言葉にできないほどのものであった．

2は比較的安定で，精製の過程で活性を失うことがなかったのは幸運であった．ここから構造を修飾し，10^{-15} mol/Lの濃度で十分にストライガの発芽を刺激できる活性を賦与することができた[1]．**1a**はストリゴラクトンとはまったく異なる構造であったが，こうして発見された高い活性をもつ分子にはストリゴラクトンの活性

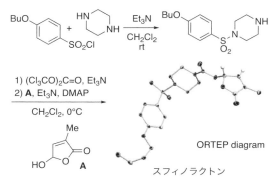

図2　スフィノラクトンの合成

に重要だといわれているラクトン部分の構造が残っており，人工の構造と天然の構造のハイブリッド分子であるといえる．この分子をスフィノラクトンと名づけたのは，スルホニルピペラジンが結合したラクトンという意味とともに，人間の頭とライオンの体をもつスフィンクスにちなんでのことである．市販品から3工程の合成法を確立し，X線結晶構造解析によって構造を確認している（図2）．

現在この分子はケニアにあり，アフリカの土壌でどのように振舞うかについてデータを集めていく研究が始まっている．

ITbMに研究者が集うことで生まれた縁と幸運に導かれ，思ってもいなかった分子の発見に居合わせ，その感動を共同研究者と共有することができたのは幸せであった．こういった多分野融合の研究によってこそ，有機合成化学の普遍的な価値を捉えなおし，有機合成化学がなぜ重要で，なぜ発展させていくべきなのかについて，伝える力を手にできると強く感じている．

参考文献
1. D. Uraguchi, K. Kuwata, Y. Hijikata, R. Yamaguchi, H. Imaizumi, Sathiyanarayanan AM, C. Rakers, N. Mori, K. Akiyama, S. Irle, P. McCourt, T. Kinoshita, T. Ooi, Y. Tsuchiya, *Science*, **362**, 1301 (2018).

大井　貴史（Takashi Ooi）
名古屋大学トランスフォーマティブ生命分子研究所／大学院工学研究科 教授
1965年生まれ．1994年　名古屋大学大学院工学研究科博士課程修了
＜研究テーマ＞分子性イオン触媒の創製と有機合成への応用

Solid-phase catalysis/CD HTS の開発
—— 不斉触媒の普遍的な迅速探索法の確立を目指して

コンビナトリアルケミストリーの手法を取り入れた触媒探索研究は魅力的である．ただし，膨大な数の反応に対し，それぞれの反応生成物の化学収率や不斉収率を迅速に解析し，評価できる迅速解析システム（HTS）の構築が不可欠となる．

2002 年秋，千葉大学理学部への着任が決まり，新しい研究テーマを考えていた．東京大学薬学部の柴﨑正勝先生に師事し，大阪大学産業科学研究所の笹井宏明研究室で助手として研究してきた筆者の専門は触媒的不斉合成である．一方 2001 年から，ハーバード大学 Schreiber 研究室でコンビナトリアルケミストリーを用いる多様性志向型有機合成とケミカルバイオロジーを学ぶ機会を得た．千葉大学での研究テーマを「コンビナトリアルケミストリーを用いる新規不斉触媒の探索」に設定するのは，必然であった．

正確にいえば，マサチューセッツの素晴らしい環境のなかで，この発想に至っていた．当時，不斉触媒探索のための HTS といえば，還元や酸化など特定の基質や反応に特化した研究であり，多様な反応に適用できる HTS はなかった．学生のころから，化合物の光学純度の決定には CD 検出器を利用していたため，CD を使わない手はなかった．SciFinder で検索をすると，東京工業大学の三上幸一先生と K. Ding 先生が，CD を用いた研究を報告していた[1]．両先生に敬意を払うとともに，すでに報告されていること知り，この計画は一度封印した．技術開発は最初に報告した研究者は高く評価されるが，

それを応用する後発研究は「二番煎じ」として評価が著しく落ちるためである．

さて，千葉大学でのテーマ設定に戻ろう．「コンビナトリアルケミストリーを用いて新規不斉触媒を開発しよう」という気持ちは変わらなかった．改めて三上先生と Ding 先生の論文[1]を読み返し，自身の研究計画との差を生みだせないか考えた．三上先生と Ding 先生は溶液中において，異種類の光学活性配位子と金属イオンの自己集合による錯体のライブラリーを構築し，アルデヒドへのジエチル亜鉛の付加反応に有用な触媒の探索に CD 検出を用いていた．キラル源の配位子と化合物を分離精製するためにアキラルなシリカゲルカラムクロマトグラフィーを必要としていた．筆者は Schreiber 研究室で固相合成を学んでいる．そこで固相不斉触媒のライブラリーを用いるとどうなるかを考えた（図 1）．

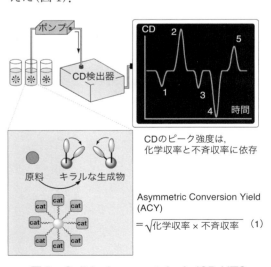

CDのピーク強度は，
化学収率と不斉収率に依存

Asymmetric Conversion Yield
(ACY)

$$= \sqrt{\text{化学収率} \times \text{不斉収率}} \quad (1)$$

図 1　Solid-phase catalysis/CD HTS

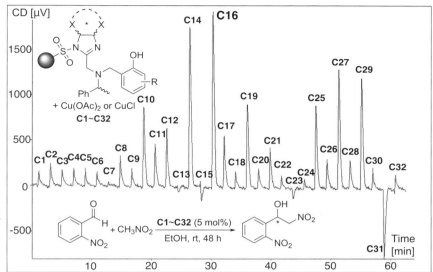

図2　不斉 Henry 反応に有用な固相イミダゾリンアミノフェノール（IAP）──銅触媒の探索

キラル源が固相に局在する場合，反応が進行して生成物に不斉が誘起されない限り，反応液を直接解析しても有意な CD スペクトルは検出されない．これならカラム精製もいらないのではないか．こうして開発したのが，Solid-phase catalysis/CD HTS である（図1）[2]．

この触媒探索システムを用いるために，32種類の光学活性イミダゾリンアミノフェノール配位子（IAP）–銅触媒の固相ライブラリー（**C1～C32**）を構築した．固相触媒の評価には，不斉 Henry 反応を用いることにした．不斉 Henry 反応の反応液を2分間隔で連続的に直接 CD 検出器に導入することで，図2の結果を得た．各 CD 検出のピーク強度は，化学収率と不斉収率の双方に依存する．図2ではピーク強度の最も強い **C16** が，最良の触媒となる．この研究では，触媒的不斉反応の効率を評価する指標として，asymmetric conversion yield（ACY）を新たに定義した〔図1，式（1）〕．また，254 nm における測定において上に凸のピークは，（*S*）-体の Henry 反応生成物が得られたことを示唆している．

最初にこの結果を見たときの感動は今でも忘れることはできない．実際，**C16** に対応する IAP 配位子を液相で合成し，酢酸銅から触媒を用いることで，最高 95% *ee* にて目的化合物を得る Henry 反応を達成することができた[3]．Solid-phase catalysis/CD HTS の魅力は，化合物を精製することなく反応を解析できる点にある．図2では32種類の反応結果をほぼ1時間で解析できた．多くの光学活性化合物は円偏光の差をもつので，この手法はさまざまな反応に用いることができ，温度や溶媒などの反応条件の最適化にも使える[4]．

Solid-phase catalysis/CD HTS の開発は多くの師に学び，学生のころから活用してきた分析機器のメーカーから支援を得て，初めて達成できたものである．この場を借りて，厚く御礼申し上げます．

参考文献
1. K. Ding, A. Ishii, K. Mikami, *Angew. Chem. Int. Ed.*, **38**, 497（1999）.
2. T. Arai, M. Watanabe, A. Fujiwara, N. Yokoyama, A. Yanagisawa, *Angew. Chem. Int. Ed.*, **45**, 5978（2006）.
3. T. Arai, N. Yokoyama, A. Yanagisawa, *Chem. Eur. J.*, **14**, 2052（2008）.
4. T. Arai, *J. Synth. Org. Chem., Jpn.*, **68**, 19（2010）.

荒井　孝義（Takayoshi Arai）
千葉大学大学院理学研究院 教授
1968 年生まれ．1995 年　東京大学大学院薬学系研究科博士課程修了
＜研究テーマ＞触媒的不斉合成とヨウ素の高度利用

77

うれしい！自身で骨格を構築できた喜び
——高ひずみ九員環ジインの構築と不安定第三級カルボアニオンによる付加反応の制御

筆者の感動の瞬間は，天然物の合成研究の過程で鍵となる反応が進行したときであることが多い．計画どおりに合成スキームが実行できたときよりも，思うとおりにいかなくて，考えに考えて達成できたときに大きな感動が得られる．

初めにあげるのは，大学院生のときに行った反応である．ネオカルチノスタチンは東北大学の石田らにより報告された強力な DNA 切断活性をもつ化合物で，アポタンパク質に包まれて安定化されている．その活性本体の構造が九員環エンジインであることを 1989 年瀬戸らが *Tetrahedron Letters* に発表して以来，ダイネマイシンやカリケアマイシンなど，次つぎにエンジイン系天然物が報告された．大学院の博士課程に進学した筆者は，高橋孝志先生（東工大名誉教授）のご指導のもと，この研究テーマに取り組んでいた．13 員環のエーテル **2a** を合成する際，水素化ナトリウム（ヘキサンでオイルを洗い取ったもの）を使って **1** の分子内 Williamson エーテル合成法を試みたが，当初進行していた反応がスケールを上げるとまったく進行しなくなった．原因を考えているうちに，反応条件がスケールアップに伴い厳密な非含水条件になっていることに思い当たった．もともと水は少しくらい入っていただろうと思い，微量の水を加えたところ，再現性よくエーテル化が進行するようになった．これには非常に驚いた[1,2]．

鍵反応は **2** の渡環的［2,3］-Wittig 転位である．立体配座計算によると反応点どうしの距離は原系において 3.6 Å（360 pm）と非常に接近

しており，アニオンを発生することができれば，ただちに反応が進行すると予想された．実際に **2a** に塩基を加えると TLC は棒状になり，何が起こっているのかはわからなかった．生成物が不安定すぎて分解していると考え，生成するアルコキシドを捕捉しようとしたが，全部分解してしまい生成物はまったく取れなかった．高橋先生にヒドロキシ基をメトキシメチル基で保護してみてはと助言され，自分で思うより先にいわれてぐっとくるものはあったが，ともかく **2b** で進めてみたところ，きれいに **3** のスポットが現れて感動した．NMR スペクトルを測定すると九員環ジインに特徴的な高ひずみアセチレンの ^{13}C NMR シグナルの低磁場シフトが観測された．初めて九員環ジインを構築することができ，非常にうれしかった[1,2]（図 1）．

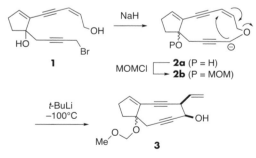

図 1　九員環ジイン 3 の構築

ネオカルチノスタチンはスチレン-マレイン酸共重合体と結合したアポプロテインに内包された抗がん剤スマンクスとして利用された．また，近年はカリケアマイシンが抗 CD33 モノクローナル抗体との抱合体として再度の承認申

請を経て抗体薬物複合体マイローターグ®として実用化されており，強力な毒性化合物が見事医薬品に活用されていることは特筆に値する．

　次にパクリタキセル（タキソール）の合成研究の過程で行った反応をあげる．筆者がコロンビア大学の故 G. Stork 先生の研究室で2年半のポスドクを経験したときのことである．当時タキソールのA環とC環の構築法を研究しており，その連結について考えていた．直接的に連結するにはA環の1位にアニオンを発生させ，C環についた2位のアルデヒドに対し，立体選択的に 1,2-付加すればよい．A環の前駆体をずっと考えていた．夜，手が空いているポスドクを捕まえ，アイデアを投げかけてはボツになっていた．カルボアニオンは置換基が増えるほど不安定になる．さらに酸素官能基がつくとより不安定である．［2,3］-Wittig 転位反応の経験や W. Clark Still 先生のケミストリーを知っていたので，スズからカルボアニオンを発生させればよいと思い立った．これを周りのポスドクに話すと筆者の前任者がやっていたらしい．そこで昔のノートを見たところ記載があり，うまくいっていなかった．確かにこんな電子豊富なアニオンは使いづらいだろうと思った．

　では電子求引基を入れてみてはどうだろうか，立体化学を制御するために架橋型にして縛ってみたらどうだろうかと考えた．幸い，当時エキソメチレン型のA環前駆体を光学活性体として合成できていたので，このケトン **4** にトリメチルスズアニオンを付加した．この反応は可逆であるため，α面から付加して生成したアルコキシドが分子内のエステルを攻撃してラクトン化した **5** が選択的に生成した．**5** に BuLi を−78 ℃で作用させるとカルボアニオン **6** が発生し，C環に相当するアルデヒド **9** に立体選択的に 1,2-付加した．このとき，A環由来のアルケン **8** も生成した．これはアシルオキシ基がよい脱離基になるためカルベン **7** の形成が起こった結果と考えた．そこで，カルベン形

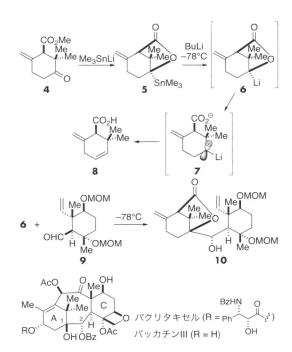

図2　パクリタキセルの合成研究：A, C 環の連結反応

成を抑えるためにアルデヒド **9** も−78 ℃に冷却しブリッジを使って滴下することで，この問題を解決できた．非常にきれいに，かつ立体選択的に望む立体配置の生成物 **10** が得られ，自分で考えたアイデアを実現することができた（図2）．非常にうれしかったことを覚えている[3]．

　帰国後，別の合成ルートで *dl*-バッカチンⅢの全合成を達成した[4]．布施新一郎博士（現名古屋大学教授）がねばりにねばってオキセタン環の構築に成功したときは感動的であった．

参考文献
1. 土井隆行，東京工業大学博士論文(1991).
2. T. Doi, T. Takahashi, *J. Org. Chem.*, **56**, 3465 (1991).
3. G. Stork, T. Doi, L. Liu, *Tetrahedron Lett.*, **38**, 7471 (1997).
4. T. Doi, S. Fuse, S. Miyamoto, K. Nakai, D. Sasuga, T. Takahashi, *Chem. Asian J.*, **1**, 370 (2006).

土井　隆行 (Takayuki Doi)
東北大学大学院薬学研究科 教授
1963 年生まれ．1991 年　東京工業大学大学院理工学研究科博士課程修了
＜研究テーマ＞天然物とその類縁体の合成，三次元構造解析，創薬化学

78

ケトンの高活性不斉水素化触媒を求めて
——遷移状態モデルに基づいた試行錯誤

ケトン類の不斉水素化反応は，光学活性第二級アルコール類を合成する最も直接的な方法の一つである．野依良治先生や北村雅人先生のご指導のもと，名古屋大学理学研究科博士課程の研究課題で「BINAP–Ru 錯体触媒を用いる β–ケトエステル類の不斉水素化反応」に携わって以来，より優れた触媒と出会うため試行錯誤を続けてきた．水素化が究極の還元反応になりうると信じているからである．

水素化反応は水素分子を活性化して有機分子に付加させるため，一般に遷移金属触媒や遷移金属錯体触媒が用いられる．高度な立体制御が要求される不斉水素化には，不斉環境の構築と調製に適した後者の金属錯体触媒が汎用される．水素化反応機構の観点から，ケトンはおもに官能基をもつものともたない単純ケトンに分けられる．β–ケトエステルなどの官能基化されたケトンは触媒活性種となるヒドリド金属錯体にキレート配位し，低エネルギーの環状遷移状態を経て水素化される（図 1）．$RuCl_2(binap)L_2$（L：溶媒などの弱い配位子）型錯体は，水素存在下で HCl を放出するとともに触媒活性種の $RuHCl(binap)L_2$ 型錯体となる．このとき，系内の HCl により基質のカルボニル基がプロトン化され，Ru に π 配位した状態を経て水素化される．この触媒系は官能基化されたケトン類に広く適用でき，抗生物質の中間体合成などで工業化もされた．さらに 1987 年に *J. Am. Chem. Soc.* で発表された β–ケトエステル類の不斉水素化反応に関する論文[1]は，アメリカ化学会からとくに影響力の大きな論文として「歴史的化

ketone：Ru ＝ 2000：1　20〜30℃
(S/C ＝ 2000)　　　　36 h

99% 収率
>99% *ee*

$RuCl_2[(R)$-binap$]L_2$　　　　妥当と思われる遷移状態

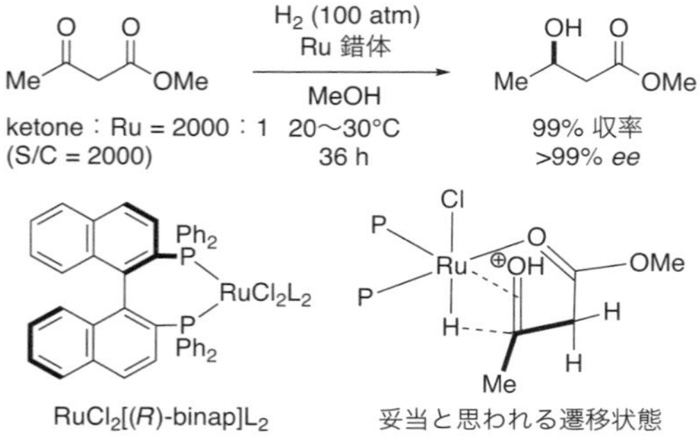

図 1　β–ケトエステルの不斉水素化反応

学論文大賞」（2021 年，受賞機関：名古屋大学，分子科学研究所，高砂香料工業株式会社）を贈られた．

さて，官能基によるキレーション構造をとれない単純ケトンを水素化するには，どうしたらよいだろうか．安定な環状遷移状態の形成を基質の構造に頼れないのであれば，触媒にその仕組みを導入すればよいと考え，図 2 下段右に示す遷移状態を案出した．すなわち，金属にアミノ基が配位することで窒素上の水素 H_c はプロトン性を増し，水素結合によりケトンのカルボニル基を活性化する．このとき，ルテニウムヒドリド H_a は，活性化されカチオン性を増したカルボニル炭素へ求核的に相互作用する．こうして形成された六員環遷移状態は隣り合う各頂点が反対の部分電荷をもつため安定化され，協奏的に反応する．H_a の求核性を高めるため，トランス位にはヒドリド H_b を配した．触媒の金属と配位子がともに反応に関与するので，「金属–配位子協働遷移状態」と名づけた．この触媒設計をもとに共同研究者との試行錯誤の末，優

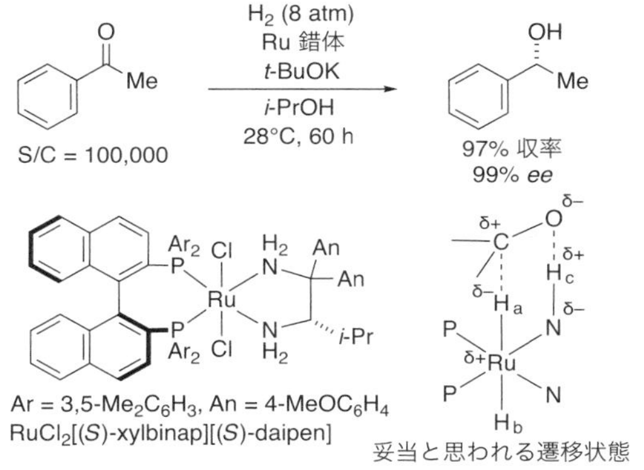

H2 (8 atm)
Ru 錯体
t-BuOK
i-PrOH
28°C, 60 h
Me
S/C = 100,000
OH
Me
97% 収率
99% ee
Ar2
Cl
H2
An
P
N
An
Ru
P
N
i-Pr
Ar2
Cl
H2
Ar = 3,5-Me2C6H3, An = 4-MeOC6H4
RuCl2[(S)-xylbinap][(S)-daipen]
δ−
δ+
O
C
δ+
Hc
δ−
Ha
δ−
N
P
δ+Ru
P
N
Hb
妥当と思われる遷移状態

図 2　単純ケトンの不斉水素化反応

れた機能を示す触媒系を開発することができた．代表例を図 2 に示した[2]．光学活性ジホスフィン (*S*)-XylBINAP とジアミン (*S*)-DAIPEN を配位子とする $RuCl_2$ 錯体を塩基の共存下，水素 8 気圧，2-プロパノール中で用いることで 10 万倍量のアセトフェノンから 99% *ee* の 1-フェニルエタノールが得られた．

不斉水素化研究において目指すエナンチオ選択性は 100% であり，明確である．それでは触媒活性は何が目標となるのだろうか．こんなことを考えるうちに，いつしか反応系中の水素が「ガス欠」になるほどの高活性触媒を開発したいと思うようになった．北海道大学に赴任後，松村氏をはじめとする高砂香料工業株式会社のメンバーとの共同研究で超高活性な不斉水素化触媒系を発見した（図 3）[3]．ルテニウムと配位子のアニシル基炭素間に原子価結合をもつこの錯体は，特異なルテナビシクロ構造をもつため RUCY（試薬として販売）と命名された．この錯体を塩基の存在下，水素 7 気圧で用いると，10 万倍量のケトンが 15 分で水素化され，光学的にほぼ純粋なアルコールが定量的に得られた．図 2 に示した $RuCl_2$ 錯体を用いる水素化反応時間を 240 分の 1 に短縮した．驚いたことに，水素 50 気圧における触媒回転効率（TOF）は毎分 3 万 5 千回（毎秒 580 回）に達した．これはガソリン車エンジンの 10 倍以上の回転速度であり，まさに規格外の触媒活性である．また，

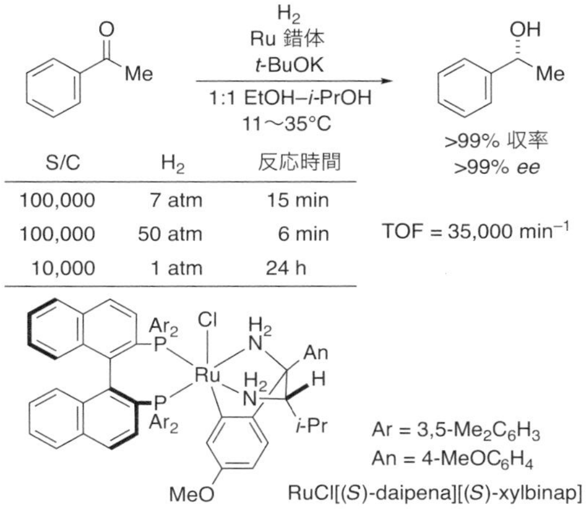

H2
Ru 錯体
t-BuOK
1:1 EtOH–i-PrOH
11〜35°C
Me
OH
Me
>99% 収率
>99% ee
TOF = 35,000 min−1
Ar2
Cl
H2
P
N
An
Ru
H2
H
P
N
Ar2
i-Pr
MeO
Ar = 3,5-Me2C6H3
An = 4-MeOC6H4
RuCl[(S)-daipena][(S)-xylbinap]

S/C	H_2	反応時間
100,000	7 atm	15 min
100,000	50 atm	6 min
10,000	1 atm	24 h

図 3　ケトンの超高速不斉水素化反応

10,000 倍量のケトンであれば，大気圧の水素下でも，24 時間ですべて水素化できた．

このルテナビシクロ構造をもつ錯体は，ケトン類に限らず，キノキサリン類の不斉水素化反応やラセミ体 α-アミノエステル類の不斉水素化反応による光学活性アミノアルコール合成にも高い触媒活性とエナンチオ選択性を示すことが最近の研究で明らかになった．

筆者が開発に携わった上記の触媒は，いずれも Ru 錯体である．しかし，配位子の種類や錯体の構造，反応条件を適宜変えることで多彩な性能を発揮する．意図を超えた触媒性能を目にするたびに心が引き込まれていくように感じる．この研究は，驚きに満ちている．

参考文献

1. R. Noyori, T. Ohkuma, M. Kitamura, H. Takaya, N. Sayo, H. Kumobayashi, S. Akutagawa, *J. Am. Chem. Soc.*, **109**, 5856 (1987).
2. T. Ohkuma, M. Koizumi, H. Doucet, T. Pham, M. Kozawa, K. Murata, E. Katayama, T. Yokozawa, T. Ikariya, R. Noyori, *J. Am. Chem. Soc.*, **120**, 13529 (1998).
3. K. Matsumura, N. Arai, K. Hori, T. Saito, N. Sayo, T. Ohkuma, *J. Am. Chem. Soc.*, **133**, 10696 (2011).

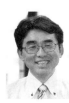

大熊　毅（Takeshi Ohkuma）
北海道大学大学院工学研究院 教授
1962 年生まれ．1991 年　名古屋大学大学院理学研究科博士後期課程修了
<研究テーマ>分子触媒を用いる高活性かつ高立体選択的反応の開拓

79

齢をとっても，酵素触媒合成実験から感動と喜び
—— Enzyme-triggered cross aldol condensation to indirubins

筆者は「酵素触媒を活用する有機合成を生業（なりわい）」としているが[1,2]，「須貝は一生これだけ？」と自他ともに疑問視するうち，齢だけはとった．しかし実験から得られる感動は，一本槍と勉強不足のおかげか，還暦をすぎても，初学者のころとちっとも変わらない．農学系→理工系→薬学系と所属・環境が変わったなか，今は周囲の生薬分野や医療分野の先生がたに触発され，ポリフェノール類の酵素変換の実験に，自分の手を動かして取り組んでいる．

2018 年 12 月に開催された生体触媒化学シンポジウムで，富山県立大学の伊藤伸哉先生が「インドールからインジルビン（indirubins）の発酵生産」を発表された．配糖体インジカン（**1a**）が酵素加水分解されインドキシル（**1b**）が生じ，酸化されラジカルが二量化，空気酸化さ

れ高名な濃青色染料インジゴ（**2**）に変化する（図 1）．ところが，よく似て非なるインジルビン（**4a**）という濃紫色の色素が，イサチン（**3a**）を経由して生じるということを初めて知り興奮し，帰途，後述の合成を着想した．

インジルビンは **1b** と **3a** のアルドール縮合生成物である．19 世紀にインジゴの化学構造を解明した Baeyer 自身が合成している．**1a** の代わりに酢酸インドキシル（**1c**）を基質としエノラートを発生させ，**3a** に求核付加する．創薬化学では，芳香環上にさまざまな置換基を導入した誘導体がこの手法で合成されており，6-ブロモインジルビン-3′-オキシム（6-BIO）がグリコーゲン合成酵素リン酸化酵素-3β の阻害剤であることも初めて知り，薬学部所属にもかかわらずまったく無知で冷や汗をかいた．

フェノール性酢酸エステルをリパーゼ触媒により脱アセチル化する反応を筆者は研究しており，**1c** を酵素処理すれば **1b** が生じると考えた．**1b** の pK_a はトリエチルアミンの共役酸と同程度で，アミンを添加すれば系内で有機溶媒中アルドール反応が進行すると期待した．筆者は Baeyer → Fischer →鈴木梅太郎→鈴木文助→松井正直→森謙治・北原武（敬称略）と続く末裔である．酵素アルドール合成は自分の使命と勝手に任じ，試薬類を購入して試験管内で混合してみた（図 2）．

カラー画像で伝えられず残念だが，**1c** と **3a** のみを混ぜた場合，イサチンの橙色は変化しない（run 1）．ここにリパーゼを加えると，徐々に **4a** に由来する濃紫色に変化し（run 2），ア

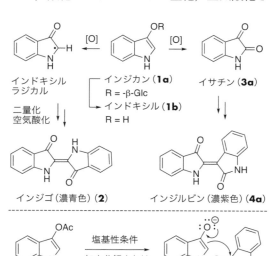

図1　インジゴとインジルビン，生合成と化学合成

インドキシルラジカル

インジカン（**1a**）
　R = -β-Glc
インドキシル（**1b**）
　R = H

イサチン（**3a**）

二量化
空気酸化

インジゴ（濃青色）（**2**）

インジルビン（濃紫色）（**4a**）

酢酸インドキシル（**1c**）　OAc

塩基性条件
加水分解またはエステル交換

インドキシルアニオン

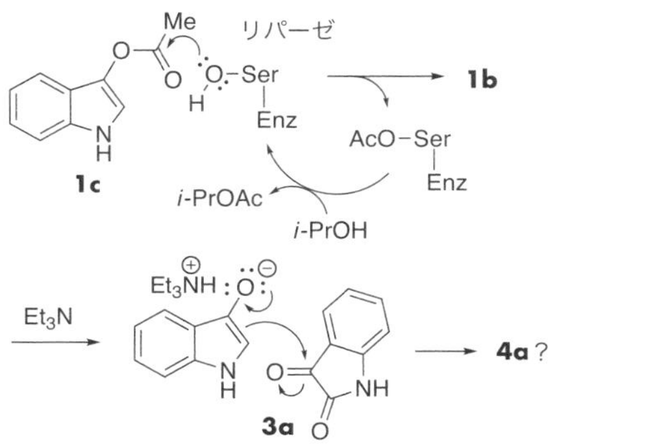

図2の反応スキーム（酢酸インドキシル 1c のリパーゼ処理）

run	リパーゼ	1c	3a	色の変化
1	−	○	○	橙色のまま
2	○	○	○	橙→濃紫色
3	○	−	○	橙色のまま
4	○	○	−	無色→濃青色

図2 酢酸インドキシルをリパーゼで処理し，アルドール供与体をつくる

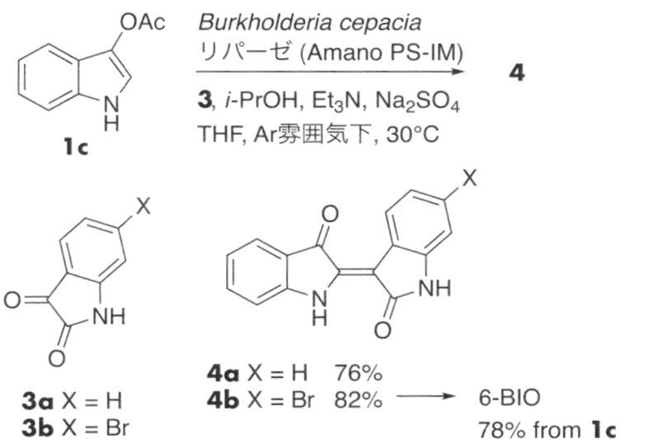

図3 インジルビン誘導体のグラムスケール合成

3a X = H
3b X = Br

4a X = H 76%
4b X = Br 82% ⟶ 6-BIO
78% from 1c

ルドール縮合が確かに進行したことに，手を打って喜んだ！

撹拌を停止し，酵素製剤を沈降させた上清でも変色が進行したので，この反応は "enzyme-catalyzed promiscuous reaction"（酵素の活性中心で起こる異常反応）ではなく，enzyme-triggered reaction である．**3a** とリパーゼのみでは色は変化せず（run 3），アルドール供与体は **1c** にリパーゼが作用したときのみ生じていることがわかった．一方，**1c** とリパーゼを混合した際には，最初は無色のままだったが，長時間経過すると，溶存酸素の影響を受けてインジゴの濃青色に変化した（run 4）．したがって，リパーゼの作用によって生じた **1b** は，反応系内では **3a** に変化しない．

この呈色試験は年末の大掃除を経て，学生らが帰宅したあとに，静かな実験室のなか，1人行った．40年前，指導教員だった森謙治先生は，ご自身で，とくに年末によく実験されていたが，大晦日の夕方には「家族と紅白歌合戦を見るから，院生諸君お先に失礼します，よいお年を」と帰宅され，そんな研究室の情景を思いだした．

そして正月明け，呈色試験で得られた情報を

参考に，スケールアップに取り組んだ（図3）．最終段階で副生する水分の除去を目的に無水硫酸ナトリウムを添加し，また空気酸化を回避すべくアルゴン雰囲気下に変更した．1.75 g の **1b** から 1.98 g の **4a**（収率 76%）が得られた．この方法は，粗生成物をろ過で回収後，分別抽出のみで目的物を純粋に得ることができ，強塩基性条件下を要する従来型反応に比べ，後処理が非常に簡単である．受容体として臭素原子を導入した基質 **4b** を用いる「交差型」反応で，6-BIO を合成することもできた．この成果は複素環化学の先達に敬意を表し，世界を先導してきた日本発の *Heterocycles* 誌に投稿し，100巻記念特集号に掲載された[3]．

実験上のちょっとした観察から，いかに多くの重要情報を読み取り，フィードバックできるかはいつの時代も大切である．まだまだ自分で実験し，喜びや悲しみを，実例を通じ若い世代の方がたと共有していきたい．

参考文献
1. 冨宿賢一，西山繁，須貝威，有機合成化学協会誌，**64**, 664 (2006).
2. 古田未有，花屋賢悟，庄司満，須貝威，有機合成化学協会誌，**71**, 237 (2013).
2. T. Sugai, K. Hanaya, S. Higashibayashi, *Heterocycles*, **100**, 129 (2020).

須貝　威（Takeshi Sugai）
慶應義塾大学薬学部 教授
1959年生まれ．1984年　東京大学大学院農学系研究科博士課程中途退学
＜研究テーマ＞酵素触媒の選択性を活用した有用物質合成法の開拓

80

タンデムヘテロ Friedel-Crafts 反応の開発
——高色純度青色発光材料「DABNA」の着想に至るまで

筆者はタンデムヘテロ Friedel-Crafts 反応を鍵とした機能性材料を開発しているが，本稿ではその開発の経緯について紹介する．

学生時代は，中村栄一先生のもとで有機亜鉛反応開発に従事していた．あるとき，Scholl 反応を用いた配位子合成を考えた（図 1）．**2a** の構造をグラファイト構造中に組み込むことで，均一系触媒並みに触媒活性が高い固体触媒を開発できるのではという目論見である．Aldrich 社のカタログを調べると，**1a** が市販された直後であり，筆者が研究室の試薬係として自分で試薬を注文できる立場であったことも闇実験の後押しとなった．休日返上で **1a** とさまざまな酸化剤を混合してみたが，いずれの条件でもホスフィンオキシド **1b** が得られるのみであった．次に **1b** を用いて検討したが，望みの Scholl 反応は進行せず，検討を中断した．

その後，博士課程に進学して，シカゴ大学でポスドクを経験し，2006 年に学生時代に指導を受けた中村正治先生のもとで助手の職を得た．研究室のメインテーマである鉄触媒クロスカップリング反応の開発が軌道に乗り始めたころ，独自テーマの許可をいただき，2008 年から橋本君（当時 4 年生）に，**2a** の合成を再検討して

もらうこととなった．まず，ハロゲン化物の分子内カップリングによる合成ルートを検討してもらっていたところ，偶然，Olah らのホスファ Friedel-Crafts 反応の論文を発見した[1]．ベンゼン中，PCl_3，S_8，$AlCl_3$ を加熱するだけで $S=PPh_3$ が得られるという驚異的な反応であり，これを目にした瞬間，図 2 に示した合成経路を思いついた．すなわち，分子内タンデム Friedel-Crafts 反応により，リン原子を導入しながら，一挙にホスフィン **3a** の縮環骨格を構築するというものである．その後，橋本君の合成センスのおかげで，半年ほどでホスフィンスルフィド **3b** の単離構造決定に成功した[2]．

2010 年にはタンデムボラ Friedel-Crafts 反応の開発に着手した（図 3）．共役系の縮環部にホウ素を含む化合物は非常に少なく，方法論として確立すれば，新材料の創出につながると考えた．文献を調べてみると，ボラ Friedel-Crafts 反応そのものは M. J. S. Dewar らにより 1958 年に報告されていたが，タンデム化した例はなかった．そこで，さまざまな反応条件を検討した結果，Lewis 酸として $AlCl_3$，Brønsted 塩基として 2,2,6,6-テトラメチルピペリジン（TMP）を用いると反応が効率的に進行することを見いだした[3]．合成した含 BN ジ

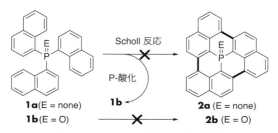

図 1 Scholl 反応による合成検討

1a(E = none)
1b(E = O)
2a (E = none)
2b (E = O)

図 2 新たな合成ルート

X = halogen
introduction of E=PY₂（Y = 脱離基）
tandem phospha-Friedel-Crafts
3a (E = none)
3b (E = S)

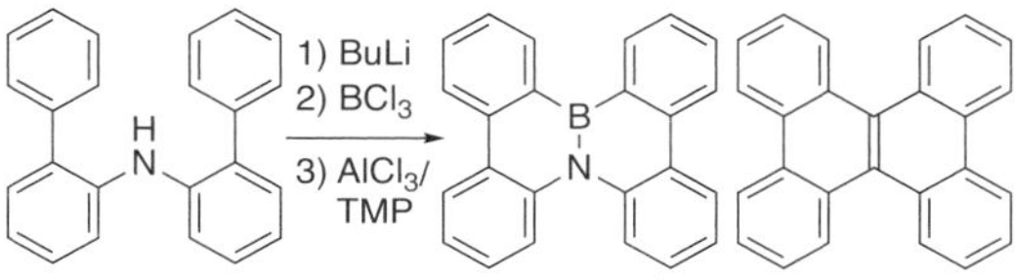

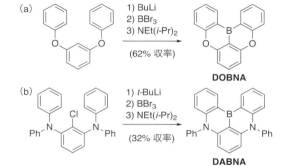

図3 タンデムボラ Friedel-Crafts 反応

4 (67% 収率) **5**

ベンゾクリセン **4** は，ジベンゾクリセン **5** を大きく上回る半導体特性を示すと同時に，興味深い光学特性を示した．すなわち，蛍光極大波長はほぼ同じなのに，**4** のりん光極大波長が **5** と比べて 150 nm 以上短波長側にシフトしていたのである．これは，BN 置換により一重項励起状態（S_1）のエネルギーは変化せず，三重項励起状態（T_1）のエネルギーは増加しているということである．不思議に思い，T_1 の SOMO を見比べてみると，**4** では窒素とホウ素の共鳴効果により L-SOMO が窒素のオルト位とパラ位に，H-SOMO がホウ素のオルト位とパラ位に局在化して，SOMO 間の交換相互作用が小さくなっていることに気がついた（図4）．

ここから，ベンゼン環の 1,2 位に配置すれば，共鳴効果が協奏的に働いて，S_1 と T_1 のエネルギー差（ΔE_{ST}）がさらに縮小し，熱活性化遅延蛍光（TADF）特性が発現すると考えた．そこで，1,3-ジフェノキシベンゼンを購入し，BuLi で脱プロトンしたのち，BBr_3 と i-Pr_2NEt を加えて加熱したところ，1 回目の検討で十分量の目的化合物（DOBNA）を単離することができた（図5a）[4]．自分で行った実験ということもあり，TLC で生成物スポットを確認したときの感動は今でも鮮明に覚えている．

DOBNA の蛍光およびリン光スペクトルを測定したところ，ΔE_{ST} は 0.15 eV まで縮小し

L-SOMO of **4** (−5.82 eV)　H-SOMO of **4** (−2.54 eV)　L-SOMO of **5** (−5.47 eV)　H-SOMO of **5** (−3.23 eV)

図4 三重項励起状態（T_1）の SOMO

図5 DOBNA（a）および DABNA（b）の one-pot 合成

ていた（**4** は 0.45 eV）．また，驚くべきことに，スペクトル半値幅が 30 nm 程度と非常にシャープであった．これは多重共鳴効果によって HOMO と LUMO が異なる炭素上に局在化して非結合性軌道になった結果であり，有機 EL ディスプレイ用発光材料として理想的な特性である．そこで同様の手法で，酸素を窒素で置換した DABNA を合成したところ，蛍光極大波長 460 nm 前後の高色純度青色発光を示すことがわかった（図5b）[5]．現在，その誘導体が有機 EL ディスプレイに広く実用されており，工業生産にはタンデムボラ Friedel-Crafts 反応が用いられている．

筆者の運命を変えたのは，Olah らの 1977 年の論文である．最近の論文は皆が読んでいるので，若手には昔の論文を読むことを勧めたい．

参考文献
1. G. A. Olah, D. Hehemann, *J. Org. Chem.*, **42**, 2190（1977）.
2. T. Hatakeyama, S. Hashimoto, M. Nakamura, *Org. Lett.*, **13**, 2130（2011）.
3. T. Hatakeyama, S. Hashimoto, S. Seki, M. Nakamura, *J. Am. Chem. Soc.*, **133**, 18614（2011）.
4. H. Hirai, K. Nakajima, S. Nakatsuka, K. Shiren, J. Ni, S. Nomura, T. Ikuta, T. Hatakeyama, *Angew. Chem. Int. Ed.*, **54**, 13581（2015）.
5. T. Hatakeyama, K. Shiren. K. Nakajima, S. Nomura, S. Nakatsuka, K. Kinoshita, J. Ni, Y. Ono, T. Ikuta, *Adv. Mater.*, **28**, 2777（2016）.

畠山　琢次（Takuji Hatakeyama）
京都大学大学院理学研究科 教授
1977 年生まれ．2005 年　東京大学大学院理学系研究科博士課程修了
＜研究テーマ＞タンデムヘテロ Friedel-Crafts 反応を鍵とした材料化学

81

ルテニウム錯体の多彩な
触媒機能に魅せられて
——決して一人ではできなかったこと・そして感動を分かち合う

1983年4月，筆者は京都大学工学部石油化学科の渡部良久先生の研究室を希望し，配属された．渡部良久教授は，0価のカルボニル鉄酸塩〔KHFe(CO)$_4$〕がきわめて有効な有機合成反応剤であることを明らかにした研究者であり[1]，助教授の鈴木俊光先生は，鉄系触媒を用いる重質炭素資源の変換反応を開発しておられた．また，助手の光藤武明先生は鉄ビニルカルベン錯体の合成と反応性の解明，低原子価ルテニウム錯体触媒を用いる新規炭素−炭素結合形成反応の開発に取り組んでおられ，助手の辻 康之先生はルテニウム錯体触媒存在下，アルコールを用いる芳香族アミンの N−アルキル化反応の開発，およびインドールやキノリンなど含窒素複素環化合物の合成に取り組んでおられた．

ルテニウム錯体触媒との出会い

筆者は博士後期課程に進学したときに，光藤先生，辻先生とは異なる手法での，ルテニウム錯体触媒に特徴的な新規有機合成反応の開発，また，一酸化炭素（以下，COと表記）の有効利用と金属カルボニルの化学の継承を目指した．まず，ギ酸アミドやアルデヒドのホルミル基（CHO）をCO等価体として用いるアルケンや1,3-ジエン類への付加反応を見いだした．一方，官能基をもつアルケンとして酢酸アリルを選び，ベンズアルデヒドと反応させた場合に，まったく予想しなかったホモアリルアルコール誘導体が高収率で得られることを見いだした．この反応は，系中で発生したπ-アリルルテニウム中間体のπ-アリル配位子が，アルデヒドのカルボニル基の炭素原子に求核的に付加した反応で

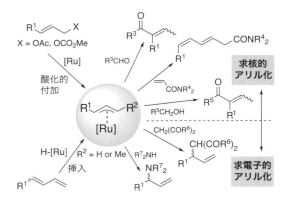

図1 π-アリルルテニウム中間体を経由する求核剤および求電子剤の触媒的アリル化反応

あった．すなわち，辻 二郎先生や Trost 教授によるπ-アリルパラジウムの化学とはまったく異なる新しい"π-アリルルテニウムの化学"が展開できると確信した瞬間であった．集中的に研究を進めた結果，π-アリルルテニウム錯体のπ-アリル配位子は求核剤および求電子剤のいずれとも反応する "Ambiphilic（求核性と求電子性を併せもつ）" な反応性をもつことを化学量論反応と触媒反応の両面から実験的に明らかにした（図1）[2]．また，榊 茂好先生（当時京都大学）との共同研究により，Ambiphilic な反応性の発現にはCOおよびEt$_3$Nがともにルテニウムに配位することが不可欠であり，また高橋成年先生，鬼塚清孝先生（当時大阪大学産業科学研究所）との共同研究により，不斉アリル化反応の開発に成功した．

触媒的炭素−炭素結合切断／炭素骨格再構築反応

前述したルテニウム錯体触媒を用いるアリル化反応は，ケトンではまったく進行しなかった．そこで，ケトン由来の生成物である第三級ホモ

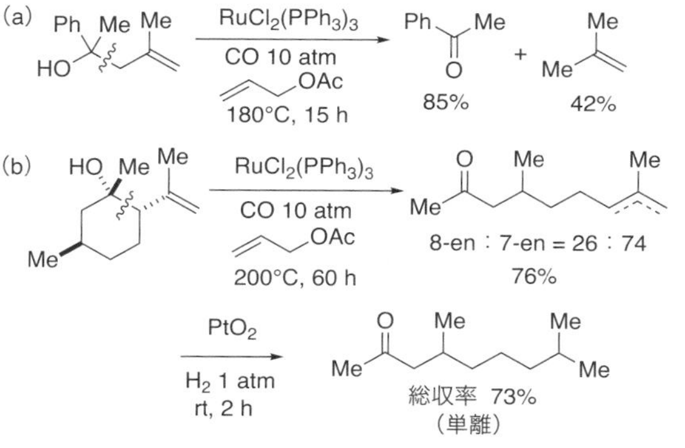

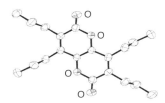

図2 触媒的β–炭素脱離反応の最初の例

アリルアルコールを，同様の触媒反応条件下で加熱・撹拌した結果，定量的にアセトフェノンが得られた（図2a）．すなわち，π–アリルルテニウム中間体の生成を駆動力とするβ–アリル炭素脱離反応の最初の例を見いだした（図2b）[3]．

ここから炭素–炭素結合切断／炭素骨格再構築反応の開発を開始し，ほかの研究者とは切り口が異なる数多くの新反応を見いだした[4]．とくに筆者の記憶に残っているのは，「ルテニウム錯体触媒を用いるシクロプロペノン類の開環カルボニル化反応」である．質量分析により，2分子のシクロプロペノンと2分子のCOからなる生成物が高収率で得られ，単結晶X線構造解析により，"ピラノピランジオン"であることがわかった（図3）[5]．すぐに，アメリカ化学会誌に速報として投稿した際のレフリーとの反応機構に関する白熱した議論はきわめて有意義であった．加えて，頭のなかで考えるより，はるかに面白い反応が見つかった瞬間であり，大学の研究者冥利に尽きる経験であった．

図3 ピラノピランジオンの単結晶X線構造解析

Sharpless 教授の研究室への留学

2022年に2度目のノーベル化学賞を受賞したアメリカ・スクリプス研究所のK. B. Sharpless教授のもとで，1994年11月から1年間，研究する機会を得た．

Sharpless教授から与えられた筆者の研究テーマは，① 不斉ジヒドロキシル化（AD）反応を応用し，不斉炭素原子の絶対配置がすべて R 体，およびすべて S 体である"キラルデンドリマー"をつくり分けること，および ② AD 反応の機構（[3＋2]か[2＋2]か？）を，当時のラボメンバーと明らかにするというものだった．幸い，いずれの研究結果も論文として発表できた．

筆者が衝撃を受けたのは，中国人ポスドクが不斉アミノヒドロキシル化（AA）反応を見つけた際に，約15名のポスドクが自分の研究を一斉に中断し，AA反応の最適化に取り組んだことである．研究の主力が大学院生である日本の大学では不可能であり，欧米の研究者とはまったく異なるコンセプトで研究テーマを設定する重要性を悟った．

幸運にも，筆者はいつも研究の感動を共有できるスタッフと大学院生に囲まれ，人生の厳しい選択を迫られたときも，決して1人ではなかった．これまで研究をとおして出会ったすべての方々に，厚くお礼申し上げる．

参考文献
1. 渡部良久，武上善信，有機合成化学協会誌，**35**，585（1977）．
2. T. Kondo, T. Mitsudo, "Carbon-Carbon Bond Formation via π-Allylruthenium Intermediates," Ruthenium in Organic Synthesis, S.-I Murahashi（Ed.），Wiley-VCH（2004），p.129.
3. T. Kondo, K. Kodoi, E. Nishinaga, T. Okada, Y. Morisaki, Y. Watanabe, T. Mitsudo, *J. Am. Chem. Soc.*, **120**, 5587（1998）．
4. T. Kondo, *Eur. J. Org. Chem.*, **2016**, 1232.
5. T. Kondo, Y. Kaneko, Y. Taguchi, A. Nakamura, T. Okada, M. Shiotsuki, Y. Ura, K. Wada, T. Mitsudo, *J. Am. Chem. Soc.*, **124**, 6824（2002）．

近藤　輝幸（Teruyuki Kondo）
京都大学大学院工学研究科 教授
1961年生まれ．1989年　京都大学大学院工学研究科博士課程修了
＜研究テーマ＞有機金属化学，生体イメージング，分子プローブ合成

超微量天然物の構造決定
——有機合成化学者だからできたこと

　超微量天然物の構造決定研究を通じて，有機合成を学んでいてよかったと心から思った経験談を述べたい.

　2007年，大阪市立大学（当時）の生物学科の先生からカメムシの新規幼若ホルモン（JH）の構造決定をやってみないかと誘いを受けた. JHの構造決定は1967年に初めて報告され，その後，いくつかのJH類が見いだされている[1]. 過去に行われた昆虫ホルモンやフェロモンの単離構造決定は苦労の連続であったことは天然物化学では有名である. そのはずで，1匹の昆虫当たりのJHはピコグラムレベルしか含まれていない[1]. ただ，今回手がけたチャバネアオカメムシを含むカメムシのJHは，構造がわかっていないとの話であった. 挑戦的と思い二つ返事でやります！といったものの，いわゆる天然物の王道である何万匹ものカメムシを集めてNMRで解析するために必要な量（10 μg）を確保することは現実的ではないということに気がつく. 楽観的すぎたと反省しつつ，ものがないなら有機合成で構造を当ててみようと考えた. ただし，手掛かりは既知のJH III（**1**）とJHB₃

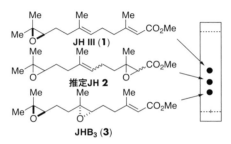

図1　JH類のTLC
2は超微量（ピコグラム）のためトリチウムラベル化と放射線検出により確認した.

（**3**）のあいだに新規JHのスポットが見えるというTLCの結果だけだった（図1）.

　過去に構造決定されたJHである**1**と**3**の構造，TLCの挙動，なけなしの量のJHの質量分析の結果（ただし混合物を分析しているので，見えているものがJH由来かどうかは依然不明）をもとに，新規JHの構造を**2**と予想した. ただ，MSのデータから新規JHの分子式を$C_{16}H_{26}O_4$と予想したが，データベースを検索すると3272の化合物がヒットする. 途方もない作業になる可能性をはらんでいた.

　とにかく合成しないと何も始まらないので，研究室にあったゲラニルアセトン（*E/Z*混合物）

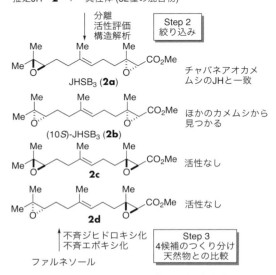

図2　有機合成を駆使した構造決定

からDarzens反応と非選択的なエポキシ化を行って，立体異性体の混合物として**2**を合成した（図2，Step 1）．一つずつ合成する手間を考えれば，混合物から絞り込むほうが手っ取り早いと考えた．

合成を開始し，Darzens反応のTLCをホットプレートに乗せたとき，**1**と**3**のあいだに混合物の発色が見えた．もしかして…と思った．急ぎ，生物活性評価をお願いしたところ，ナノグラムレベルで活性を示した．混合物は理論的に32種の立体異性体の混ざったものであり，そのなかの一つが効いていれば目的とするJHが含まれている可能性が高い．

次に混合物をキラルカラムで分離した（図2，Step 2）．20以上のフラクションの生物活性を調べると，のちに**2a**と**2b**として構造が明らかとなる，二つの合成化合物に活性が認められた．一方，NMRを測定してみると，溶媒を変えても，両者は同じスペクトルを与えた．活性本体の構造は**2a**～**2d**のいずれかまで絞り込めたが，あと一歩手が届かない．ここでまた有機合成の出番である．

立体化学を明らかにするために，ファルネソールから**2a**～**2d**を不斉合成した（図2，Step 3）．立体過程が明らかなSharpless ジヒドロキシ化[2]と香月・Sharpless エポキシ化反応[3]が決定的な役割を果たした．**2a**～**2d**の生物活性を評価したところ，**2a**と**2b**に活性が認められた．

最後は天然物との比較である．実験昆虫に用いたチャバネアオカメムシからできる限りのJHを集め，キラルGCカラムで分析した．その結果，チャバネアオカメムシ由来のJHは**2a**と一致した．新規幼若ホルモンJHSB$_3$（**2a**）の発見である．その後，JHSB$_3$（**2a**）と同程度の強力な生物活性を示す(10*S*)-JHSB$_3$（**2b**）は，別のカメムシに存在することを突き止めた．有機合成が第二の新規JHの発見を導いた．

初めてJHの構造が明らかになった1960年代の構造決定を読み解くと，最終的に推定化合物を有機合成し，それらの活性評価をもとに構造が決定されていた[4]．筆者も同じ道を歩むことになったが，異なる点は，今回の新規JHの構造決定には最新のキラルテクノロジーと不斉合成技術が不可欠であったことだ．わずかな構造の違いしかない32種の混合物がキラルカラムによってほぼ分離できたことや，遠隔不斉炭素中心の立体化学が，試薬制御によるつくり分けを特徴とする不斉合成により決定できたことはまさに幸運であり，偉大な先人たちが切り拓いてきた有機合成化学の進歩の賜物である．

超微量天然物の構造決定に限ったことでなく，化合物を生みだす有機合成はいつの時代にも新たな科学の地平を切り拓き，知的生産をもたらす高度な技術として役立っている．これからもその役割は続いていくことだろう．

自分の経験がいつどこで役立つかは予測できないもので，実際に役立ったという経験をし，ふり返ったときに初めて実感する．だから，面白い現象や意外な発見に巡り合うために，有機合成の知識と技術に常に磨きをかけておく必要がある．また，同じつくるにしても，何ができているのか，どうなっているんだろうかとワクワク・ドキドキするような合成をしたほうが楽しい．楽しむために学び，知恵を絞り，実験をすれば，有機合成はもっと面白くなるに違いない．

参考文献
1. 品田哲郎, 有機合成化学協会誌, **74**, 611 (2016).
2. H. C. Kolb, M. S. VanNieuwenhze, K. B. Sharpless, *Chem. Rev.*, **94**, 2483 (1994).
3. 香月勗, 有機合成化学協会誌, **49**, 340 (1991).
4. B. M. Trost, *Acc. Chem. Res.*, **3**, 120 (1970).

品田　哲郎 (Tetsuro Shinada)
大阪公立大学大学院理学研究科 教授
1965年生まれ．1992年　神戸女子薬科大学大学院薬学研究科博士課程修了
<研究テーマ>天然物化学

83

アンフィジノール3の構造改訂と全合成
——ものづくりの大切さ・あきらめない心・有機合成のパワー

渦鞭毛藻とよばれる海洋性プランクトンから単離されたアンフィジノール3（AM3）は，超炭素鎖有機分子とよばれる天然物である（図1）．特異で複雑な構造をもつが，天然からごく微量しか得られないため，構造決定（とくに絶対配置）には大きな困難を伴った．そこで威力を発揮するのが有機合成化学である．すなわち，提唱されている構造をもつ化合物を実際に合成し，そのスペクトルデータを比較すれば，答えは一目瞭然，単純明快である．しかし，化合物が複雑で巨大であるほど，困難が増し，時間を要するのも事実である．

AM3（MW 1328）の場合，自由度の高い鎖状部分に多くの不斉中心が存在するため，絶対配置の決定はたいへん困難な作業であった．そこで，絶対配置の決定が困難であった不斉炭素を含む部分構造と対応するジアステレオマーをそれぞれ合成し，NMRデータを天然物のものと比較することにした．地道な作業ではあるが，微量天然物の絶対配置を確認するうえで最も確実な方法である．2005年にAM3の研究を最初に始めた学生のMKさんは，2位の絶対配置を確認するためにC1〜C14部分に関する可能な4種類のジアステレオマーを合成した．しかし，不斉中心が5炭素離れているため，^{1}H NMRではまったく区別がつかない．^{13}C NMRも誤差範囲の違いしかないが，合成した4種類を比較することで2位の絶対配置が逆のものが天然物と最も近いことがわかった．

そこで改めて天然物の分解反応を行うことにした．手先が器用で実験スキルの高いMKさ

図1　アンフィジノール3（AM3）

んは，わずか50 µgというごく微量の天然物を用いて分解反応を行い，2位の絶対配置が逆であるという答えを導きだした[1]．さらに，MKさんは，C43〜C67部分を合成することで51位の絶対配置も訂正した[2]．天然物の絶対配置の決定における有機合成のパワーを改めて感じた．

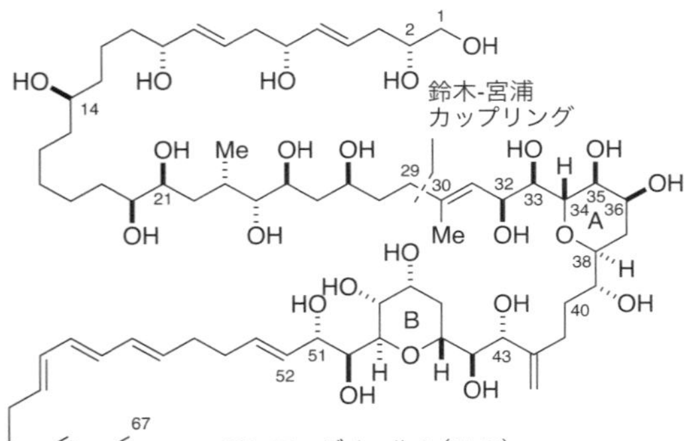

最終的には全合成を行うことで，答え合わせをする必要がある．29位と30位を鈴木-宮浦カップリングによって連結する収束的な合成計画を立てた（図1）．あとを引き継いだTTさんは，パワフルに実験を進め，C1〜C29部分の合成（総工程数39段階）に成功していたため[3]，さらに全合成に向けて，ビスTHP（C30〜C52）部分との鈴木-宮浦カップリングを検討した．当初は楽観的に考えていたが，予想に反して目的物がまったく得られないという結果になってしまった．

そこで，より小さいフラグメントでモデル実験を行った．C21〜C29部分とC30〜C40（A環）部分の鈴木-宮浦カップリングは，通常の条

件でまったく問題なく進行し，「モデル実験は所詮モデル実験である」ことを痛感させられた．

さらに，C1 ～ C29 部分と C30 ～ C40（**A** 環）部分のカップリングを検討したがうまくいかず，最終的にはタリウム系の塩基を用いてみたが，失敗に終わり途方に暮れた．そして，学生らとともにいろいろなことを考えながら検討を進めた．小さいフラグメントがつながるなら，少しずつ伸ばしていけば…？．ある会議で成果を報告しなければならず，重苦しい気分で発表に臨んだ．「鈴木-宮浦カップリングがうまく進行しないので，この合成ルートを見直そうかと考えています」と述べた．質疑応答の際，北原武先生（東京大学名誉教授）から，「このルートは筋がよいので，あきらめず頑張ってみなさい」という励ましのお言葉をいただいた．著名な先生からのアドバイスは大きなモチベーションとなり，その激励の言葉に後押しされ，あきらめずに初志貫徹することを決意した．

その後，あとを引き継いだ YW さんは，合成研究の過程で，32 位～ 36 位および 38 位の絶対配置も逆であることを明らかにした[4]．さらに，2018 年に改訂された構造をもとに，改めて全合成を開始し，C30 ～ C52 部分の合成（総工程数 63 段階）に成功した．「モデル実験は所詮モデル実験である」と前述したものの，多段階を経て合成したセグメントを用いてさまざまな条件検討を行うことには二の足を踏む．単純にアルキル鎖が長いものを C1 ～ C29 部分の代わりに用いてモデル実験を行ったが，うまくいかないことが判明した．

実験がうまくいかなくなったときにはいろいろと考える必要に迫られる．鈴木-宮浦カップリングは有機溶媒と水溶液を混合したなかで行われるため，実際の反応はかなり複雑な状態で進行していると推測される．脂溶性が高いヨードオレフィンは有機溶媒のほうにいて，無機塩基は水のなか，アルキルボランやパラジウム触媒はどうなっているのだろうか？など，学生ら

とさまざまな考えをめぐらす．YW さんの膨大な実験と注意深い観察の結果，水中の無機塩基の濃度（ある場合には，希釈して変化させる）が基質依存的に重要であることが明らかになった．実際に現場で実験を行っている学生たちの目の前で反応は起こっており，学生らの注意深い観察力が命運を分ける．最終的に，二大セグメント（MW 1844 と MW 1747）のカップリングは首尾よく進行して成績体（MW 3396）を得ることができ，2020 年には AM3 の初の全合成に成功した（最長直線工程数 40 段階，総工程数 112 段階）[5]．合成品の ^{1}H および ^{13}C NMR スペクトルデータは，天然物のものと一致した．比旋光度の符号と絶対値も同じであった．バンザーイ!!

AM3 の研究を始めてから約 15 年の歳月を要したが，かかわった多くの学生たちによってバトンが引き継がれ，ようやく答え合わせをすることができた．1999 年に AM3 の絶対配置が報告されて以来，20 年あまりの歳月を経て正しい構造を証明できた感動の瞬間である．

真理を探究するうえで，あきらめない心が重要であり，ものづくりの大切さと有機合成のパワーを改めて実感した．

参考文献
1. T. Oishi, M. Kanemoto, R. Swasono, N. Matsumori, M. Murata, *Org. Lett.*, **10**, 5203 (2008).
2. M. Ebine, M. Kanemoto, Y. Manabe, Y. Konno, K. Sakai, N. Matsumori, M. Murata, T. Oishi, *Org. Lett.*, **15**, 2846 (2013).
3. T. Tsuruda, M. Ebine, A. Umeda, T. Oishi, *J. Org. Chem.*, **80**, 859 (2015).
4. Y. Wakamiya, M. Ebine, M. Murayama, H. Omizu, N. Matsumori, M. Murata, T. Oishi, *Angew. Chem. Int. Ed.*, **57**, 6060 (2018).
5. Y. Wakamiya, M. Ebine, N. Matsumori, T. Oishi, *J. Am. Chem. Soc.*, **142**, 3472 (2020).

大石　徹（Tohru Oishi）
九州大学大学院理学研究院 教授
1964 年生まれ．1992 年　東北大学大学院理学研究科博士後期課程修了
＜研究テーマ＞海洋天然物の全合成・構造決定・構造活性相関

84

運命のクロロホルム

——最初に選んだものが正解！

それは30年も前のことである．当時，企業の基礎研究所に勤務していた筆者は，独自開発の光学活性なコバルト錯体(図1)を触媒として，水素化ホウ素ナトリウム ($NaBH_4$，SBH) を還元剤とする，ケトン類の不斉還元反応の研究に従事していた．SBHは水素化アルミニウムリチウムに比べて安価で取扱いが容易であり，工業用にも広く用いられるにもかかわらず，当時触媒的不斉還元に利用されることはなかった．SBHの反応は通常，メタノールやエタノールを溶媒とするのが一般的である．これはアルコールの電子供与性によりヒドリドの求核性向上が期待されるとともに，SBHが有機溶媒にほとんど不溶であるのが理由である．コバルト錯体を触媒とする不斉還元を実現するには筆者らの研究でも，無用の配位構造を排除するために非プロトン性溶媒が必須であると考えたが，やはりSBHはいずれの有機溶媒に対しても溶解性がきわめて低かった．それでも多少とも溶解することを期待して，クロロホルムを用いたことがのちのちのさまざまな決定的な要因に結びつくとはそのときは考えてもいなかった．

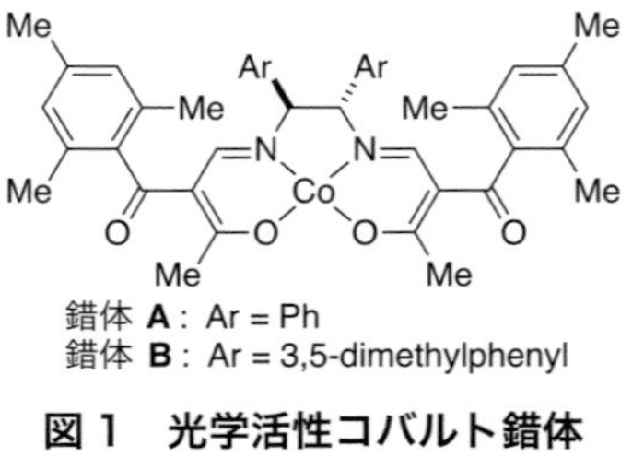
Me
Ar
Ar
Me
Me
Me
N
Co
N
Me
Me
O
O
O
O
Me
Me
錯体 A：Ar = Ph
錯体 B：Ar = 3,5-dimethylphenyl

図1　光学活性コバルト錯体

この反応を研究員Y君が行うと速やかに進行し，還元体の光学活性アルコールが高いエナンチオ選択性で得られたが，研究員N君ではまったく再現できなかった．違いは何か．Y君は缶出しのクロロホルムをそのまま使っていたのに対し，N君はこれに安定化剤が含まれていることを知っており，アルミナカラムで除去精製したのち，反応溶媒として使っていた．安定化剤として入っていた少量のアルコールが，SBHを活性化，反応を促進していたのである(図2)．実際，精製したクロロホルムに少量のアルコールを添加すると，ケトンの不斉SBH還元反応は安定的に進行し，高いエナンチオ選択性で対応する光学活性第二級アルコールが得られるようになった[1]．

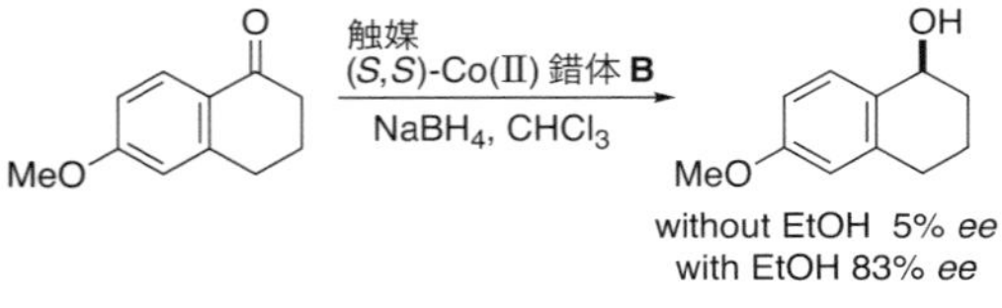
O
触媒
(S,S)-Co(II) 錯体 B
NaBH4, CHCl3
MeO
OH
MeO
without EtOH 5% ee
with EtOH 83% ee

図2　触媒的不斉SBH還元反応

このテーマは筆者の異動とともに慶應義塾大学理工学部化学科に引き継がれた．時代は環境調和最優先，企業から引き合いがあっても，ハロゲン系溶媒は敬遠された．しかし，THFやトルエン中では，反応は遅く，エナンチオ選択性も大幅に低下した．

大学に異動後，反応機構の研究も開始していた．コバルト錯体の山吹色の溶液は，SBHに触れると赤紫色に変わり，また重水素化SBHから得られる赤紫色溶液の質量分析では［質量数＋2］のピークが観測され，活性種はコバルトヒドリドであると考えられた．コバルトヒド

リドを想定して計算化学により反応機構を解析しようとしたが，妥当な遷移状態は見つけられなかった．しかし，GC-MS の質量分析チャートをじっくり観察すると，いつも［質量数 ＋ H ＋ 84］のピークが存在することに気づく．クロロホルム（CHCl₃）から塩素が抜けてコバルトに結合していると考えた．計算化学的にも，SBH からのナトリウムカチオンとクロロホルムからの CHCl₂ 基が結合したコバルトヒドリドを初期構造とすると，不斉還元反応が見事に再現されたのである[2]．

結果として，反応を加速するのに必要なクロロホルムの量は触媒量で十分であり，THF 溶媒中にコバルト錯体と同レベル量をマイクロシリンジで添加するだけで触媒が活性化され，ケトン類の触媒的不斉 SBH 還元を実現することに成功した[3]．同時に進めていたジアゾ酢酸エステルから調製されるコバルトカルベン種の反応性検討からも，同様のコバルトヒドリド活性種の発生が計算化学から予測され，完全ハロゲンフリーの触媒的不斉 SBH 還元の完成につながった．

ケトン類の触媒的不斉還元反応は，どの触媒系も一般に芳香族ケトンの還元は高い選択性が発現するのに対し，ジアルキルケトンの触媒的不斉還元は難しいとされていた．クロロホルムがコバルト錯体の軸配位子として活性化するのならば，クロロホルムをトリクロロアルカンに変更すれば選択性の向上が達成できるかもしれないと考えた．結果として，1,1,1-トリクロロエタン（CH₃CCl₃）を用いると，左右のアルキル基の立体的な大きさを認識した不斉還元ができることを見いだした[4]．

さて反応活性種であるが，クロロホルムと同様であれば，SBH と触れてできる赤紫色の溶液には［質量数 ＋ H ＋ 97］が観測されるはずだが，見つからない．でも，塩素の同位体に由来する［M ＋ 2］と［M ＋ 4］は存在し，確かに塩素原子は 2 個含まれている．幸いにもこの中間体はシリカゲルカラムクロマトグラフィーにも安定で，オレンジ色の針状単結晶が得られた．学生時代からの旧友で構造解析が専門の O さんにお願いして SPring-8 での X 線結晶構造解析の結果，1,1,1-トリクロロエタンから塩素原子が抜けてコバルト錯体に結合したジクロロエチル基から，さらに HCl が脱離して 1-クロロビニル基になり，これに塩化物イオンが結合した構造であることが明らかになった（図 3）．どうりで塩素原子が 2 個見えていたわけである．この中間体はきわめて安定であり，Y 嬢と台湾からの博士研究員 HH さんが最低 10 回は回収再利用が可能な頑丈なコバルト錯体触媒であることを明らかにした[5]．

あのとき Y 君が缶出しクロロホルムを選んでいなければ，こういう研究展開はなかった．まさに，運命のクロロホルムである．

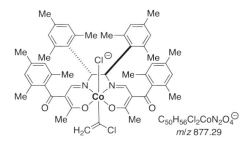

$C_{50}H_{56}Cl_2CoN_2O_4^{\ominus}$
m/z 877.29

図 3　反応活性種の構造

参考文献
1. 山田徹，永田卓司，大塚雄紀，池野健人，向山光昭，有機合成化学協会誌，**61**(9)，843 (2003)．
2. I. Iwakura, M. Hatanaka, A. Kokura, H. Teraoka, T. Ikeno, T. Nagata, T. Yamada, *Chem. Asian J.*, **1**, 656 (2006).
3. A. Kokura, S. Tanaka, H. Teraoka, A. Shibahara, T. Ikeno, T. Nagata, T. Yamada, *Chem. Lett.*, **36**, 26 (2007).
4. T. Tsubo, H.-H. Chen, M. Yokomori, K. Fukui, S. Kikuchi, T. Yamada, *Chem. Lett.*, **41**, 780 (2012).
5. T. Tsubo, M. Yokomori, H.-H. Chen, K. Komori-Orisaku, S. Kikuchi, Y. Koide, T. Yamada, *Chem. Lett.*, **41**, 783 (2012).

山田　徹（Tohru Yamada）
慶應義塾大学理工学部 教授
1958 年生まれ．1987 年　東京大学大学院理学系研究科博士課程修了
＜研究テーマ＞触媒的不斉合成反応，マイクロ波化学

85

C=S 基が基軸となる反応から
蛍光発光化合物開発へ
—— 予期せぬ出会いを見逃さず，新たな展開に挑戦を

論理的思考は科学の基本である．一方，作業仮説に基づいて実験を進めていくと，予想していなかった現象に出会うことがある．そこでこれにつき合って価値のわからない世界に入り込むのか，あるいは当初の目的を達成すべく振だしに戻って考え直すかは，研究の醍醐味のひとつである．前者を選んだら突き進むしかない．「これは本当に新たな世界を切り拓こうとしているのか」あるいは「独りよがりではないのか」とつねに自分に問いかけてきた．そのなかで出会った反応をここでは紹介したい．

アミダートの酸素原子を同族の原子で置き換えた陰イオンの電子の非局在化に関して研究していた．その一環として第二級セレノアミド 1 と TBAF との反応では 1 の脱プロトン化が進行して，セレノイミダート 2 が発生する（図1）．2 の炭素−セレン結合の二重結合性について考察していたなかで，カウンターカチオンの効果を明らかにするために，セレノアミド 1 と BuLi との反応を行った．TBAF の場合と同様，窒素上の脱プロトン化によって 3 が発生し，3 のエチル化は 4 を与える．ただこの実験を担当していた学生は，BuLi を添加した瞬間，反応液の色が深紫色に変化し数秒以内にそれが消えることを観察していた．この発見が過剰の BuLi 添加の実験につながり，実際 BuLi を 2 当量添加したのちのエチル化生成物はセレノアミド 6 だった．すなわち系中では 3 の脱プロトン化も進行し，ジアニオン 5 を与えることが示唆された．類似の反応は第二級チオアミドを用いても進行することも明らかになり，さま

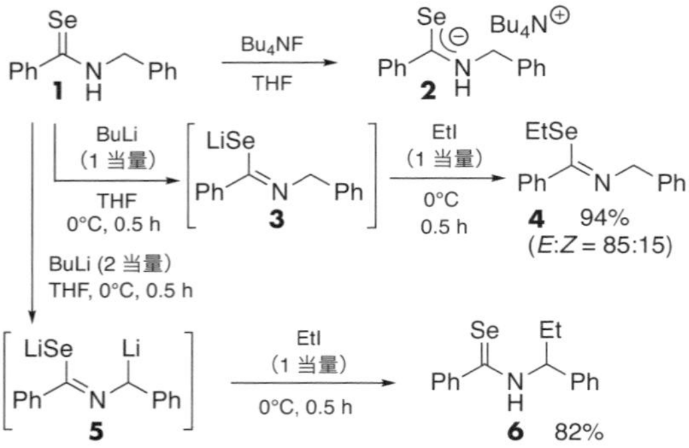

図1 第二級セレノアミド 1 からの脱プロトン化，エチル化

ざまな求電子剤を窒素に隣接する炭素上に導入する反応の開発に至った[1]．

イミニウムイオンの酸素原子を同族元素に置き換えた陽イオンについても同様に検討した．この場合，陽イオンに対する求核剤の反応性についても調査していたところ，チオイミニウム塩 8 に対してリチウムアセチリド 9 とマグネシウムアセチリド 10 を続けて加えると，それぞれが 1 当量ずつ 8 の硫黄に連結した炭素上に組み込まれた生成物 11 を与えた．これは担当していた学生が，わずかな現象の違いを注意深く観察していた成果である．さらにこの反応をアルキニルリチウムから別のリチウム反応剤へ適用することも検討していた．新たに担当した学生は，図2の反応は再現できるものの，フェニルリチウムを用いた場合には目的のアミン 12 の収率は 20％程度にとどまっていた．それがある日 90％程度まで向上したという．実験手順の詳細をいろいろ検討したところ，MeOTf による 7 のメチル化を経ずに，7 に直

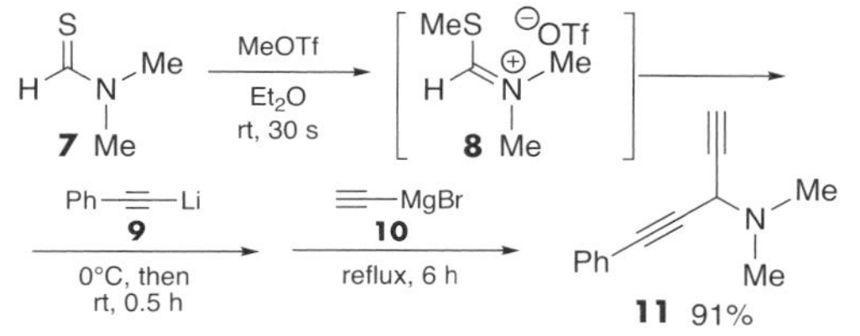

図2 チオイミニウム塩 8 に対する二つの炭素求核剤の連続付加反応

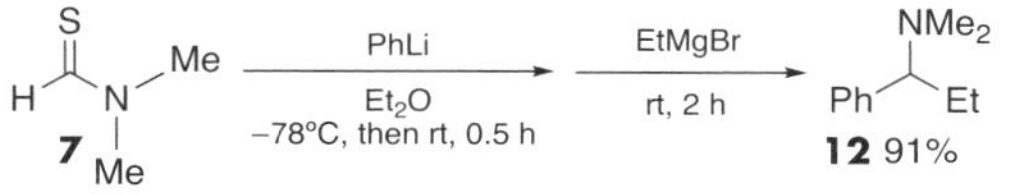

図3 チオホルムアミド 7 に対する二つの炭素求核剤の連続付加反応

接リチウム反応剤，Grignard 反応剤を加えると，アミン **12** を高収率で与えることを明らかにできた（図3）．これは意図せず通常の操作を忘れてしまったことによって生まれた新反応である[2]．

　ついでチオホルムアミドと同様の C=S 基の炭素上への炭素求核剤の連続付加反応をチオギ酸エステル **13** へも適用した[3]．その結果，二つの炭素求核剤が，C=S 基の炭素および硫黄上に組み込まれた生成物を得た．チオホルムアミドの反応と同様，最初の求核剤が炭素上に組み込まれて **15** が発生するものの，LiOR の脱離が進行して系中でプロパルギルチオアルデヒド **16** が発生したものと思われる．ついで二つ目の炭素求核剤である PhMgBr のフェニル基が **16** の C=S 基の硫黄上に付加し，プロパルギル Grignard 反応剤 **17** が発生したものと思われた．そこで **17** に対して求電子剤を加えたところ，**14** へ導くことができた（図4）．

　筆者らが発見した図1に示した反応と図3

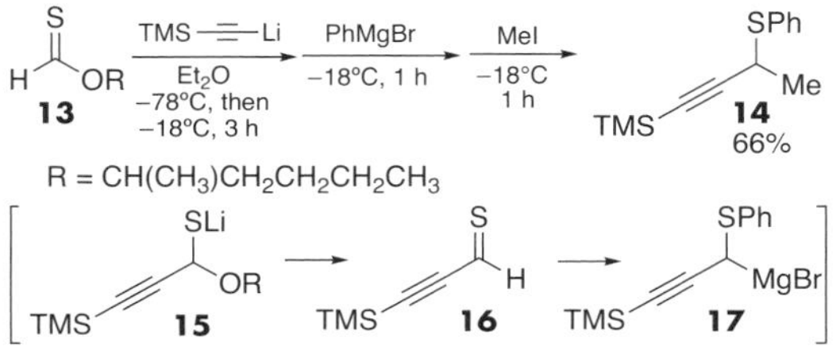

図4 チオギ酸エステル 13 からの連続付加反応

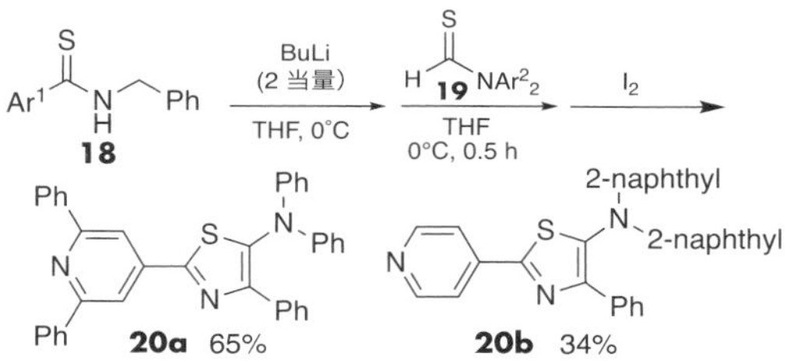

図5 5-N-アリールアミノチアゾール 20 の合成反応

で明らかになったチオホルムアミドの性質を組み合わせた反応も行ったところ，5-アミノチアゾールが得られることがわかった．さらに N,N-ジアリールチオホルムアミド **19** を用いた場合，蛍光発光を示す 5-N-アリールアミノチアゾール **20** を導くことができた（図5）．図5 の反応で用いる基質 **18** と **19** がもつ置換基の組合せによってマルチクロミズムも達成した．たとえば **20a** は Lewis 酸を添加することによって発光色が変化し，溶液中で白色発光させることができる[4]．また **20b** は固体状態で化合物をすりつぶし，その後アセトン蒸気にさらすと白色発光を呈した[5]．

　以上いずれも実験を担当している学生が，当初の作業仮説とは異なる現象と出会ったことが端緒となって切り拓かれた成果である．L. Pasteur がいわれたとされる「幸運は用意された心のみに宿る」のごとく，目の前のちょっとしたノイズを見逃しませんように．

参考文献
1. T. Murai, *Pure Appl. Chem.*, **82**, 541 (2010).
2. T. Murai, Y. Mutoh, *Chem. Lett.*, **41**, 2 (2012).
3. T. Murai, T. Ohashi, F. Shibahara, *Chem. Lett.*, **40**, 70 (2011).
4. K. Yamaguchi, T. Murai, J.-D. Guo, T. Sasamori, N. Tokitoh, *ChemistryOpen*, **3**, 396 (2016).
5. Y. Tsuchiya, K. Yamaguchi, Y. Miwa, S. Kutsumizu, M. Minoura, T. Murai, *Bull. Chem. Soc. Jpn.*, **93**, 927 (2020).

村井　利昭 (Toshiaki Murai)
岐阜大学工学部 教授
1957 年生まれ．1982 年　大阪大学大学院工学研究科博士前期課程修了
＜研究テーマ＞有機合成化学，典型元素化学

86

インドールアルカロイド
マジンドリンの全合成
── 失敗の裏に隠されている宝物

筆者らは微生物由来の生物活性天然物（大村天然物）の合成研究と医薬品の創製に関して，精力的に研究している．とくに，特異な分子骨格をもち，有用な生物活性を示すが，天然からは微量しか得られない新規天然物を標的化合物として，効率的かつ合理的でしかも柔軟性に富んだ新規分子骨格構築法を開発してきた．これまで新規メローテルペノイド類，インドール化合物群，マクロライド化合物群，環状ペプチド類など，56種の生物活性天然物の全合成を達成している．本稿では，そのうち新規インドール化合物マジンドリンの全合成研究について紹介する．

筆者が1988年にペンシルバニア大学 A. B. Smith 教授が主宰する研究室に留学したときのテーマは，ユニークな構造をもつインドールアルカロイド，パスパリシンとパスパリニンの全合成であった（図1）．まずキラルなウィーランド・ミーシャーケトンを 1 kg 合成したのち，鍵中間体の大量に合成して鍵反応であるメタルエナミン法を 100 回以上も行って検討した結果，留学してから 1 年 10 か月かけてようやくパスパリシンの初の全合成を達成した．

その後 Smith 教授からさらにパスパリニンの全合成をするように指示を受けた．そこで，鍵中間体のエポキシド体を塩基で処理すれば一挙に合成できると考え，mCPBA を用いたエポキシ化を検討した．インドールの窒素にスルホニル基をはじめさまざまな保護基を導入しインドールの反応性を抑えても，いずれもインドールの 3 位が簡単に酸化されてしまい，まったく目的物を得ることができなかった．最終的にはパスパリシンを SeO_2 でアリル酸化して，パスパリニンの初の全合成を達成することができた[1]が，インドール化合物のエポキシ化は「ネガティブデータ」として心の底に重く残っていた．

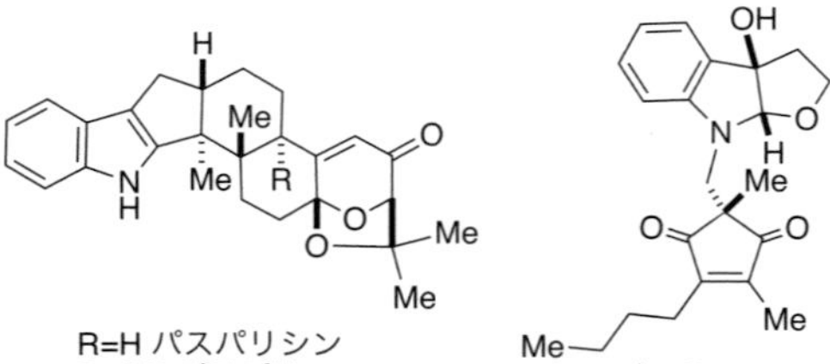

帰国して 5 年が過ぎたころ，IL-6 の活性阻害剤として新規大村天然物マジンドリンが見いだされた（図1）．マジンドリン類は 3a-ヒドロキシフロインドリン骨格にジケトシクロペンテン部分がメチレン鎖で架橋した特徴的な構造であるが，培養ではごく微量しか得られなかった．そこで絶対構造を決定し，化合物を供給することを目的に全合成をすることにした．

マジンドリンの構造の一部である 3a-ヒドロキシフロインドリン骨格を見たとき，ピカッと留学中の「ネガティブデータ」が蘇ってきた．いろいろ検討し，トリプトフォール **1** を用いて mCPBA でエポキシ化をしたところ，瞬時にしかも一挙に酸化環化反応が起こり，ラセミの 3a-ヒドロキシフロインドリン **2** が合成できることを見いだした．さらにさまざまな不斉エポキシ化反応を検討した結果，Sharpless エポキシ化反応を高希釈下で行うと，キラルな 3a-ヒドロキシフロインドリン (−)-**2** を収率よく，

R=H パスパリシン
R=OH パスパリニン

マジンドリンA

図1 インドールアルカロイド類の構造

しかも高い光学純度で合成できた．このときは非常に興奮した（図2）[2]．続いて，このキラルな3a-ヒドロキシフロインドリンとアルデヒドとの還元的アミノ化により鍵中間体 **4** を合成した．さらに，キラルな3a-ヒドロキシフロインドリン分子中の酸素のキレーション効果を利用すれば，立体選択的なアシル化反応ができるのではないかとの仮説を立てた．すなわち，フロインドリンの酸素に金属が配位することによりコンフォーメーションが固定されアシル化が立体選択的に起こることを期待したのである．検討の結果，エステル **4** を2.5当量のLDAで処理したところ，ジケトシクロペンテン環上の第四級炭素を定量的に，しかもほぼ完璧な立体選択性で構築することに成功した．こうして天然物がもつ不斉環境を利用した新しい立体選択的反応法の開発に至った．続くもう一つの鍵反応であるアリルシランの分子内アシル化反応を行ったところ，フッ化剤を用いるとシリル基の開裂とともにジケトシクロペンテン部分を一挙

に構築する反応を見いだした．こうしてトリプトフォールから計8段階，総収率16%ときわめて短工程かつ立体選択的なマジンドリンAの全合成ルートが確立できた[3]．

この経路は実践的かつ効率的なため，マジンドリンAを3g得るとともにマジンドリン関連物質を大量に得ることができ，構造活性相関に関する研究が展開できるようになった．さらに合成したマジンドリンAを用いて，閉経後骨粗鬆症モデルである卵巣摘出マウスで骨吸収に対する効果を検討した．その結果，マジンドリンAを経口投与すると骨量減少が用量依存的かつ有意に抑制された．このように，天然からはごく微量しか供給できないマジンドリンを合成によって相対ならびに絶対立体配置を決定し，そして大量合成により微量天然物を供給してより詳細な生物活性を調べることができ，そのうえさらにラベル体を合成して作用機作を明らかにした．このことにより有機合成化学の重要性を異分野にアピールすることができたのである．

以上のように特異な構造をもつマジンドリンの全合成研究をとおして，インドリン化合物の新たなケミストリーと新規分子骨格法を確立することができたが，そのきっかけになったのがアメリカ留学中の「ネガティブデータ」として刻まれていた反応だった．「失敗は決して無駄ではなく，いつか必ず活かせる」ことを証明することができたエピソードである．

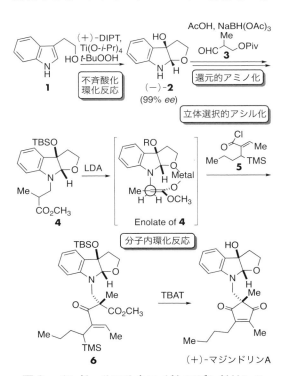

図2　インドールアルカロイド マジンドリンの不斉全合成

参考文献
1. A. B. Smith, J. K. Wood, T. L. Leenary, E. G. Nolen, T. Sunazuka, *J. Am. Chem. Soc.*, **114**, 1438 (1992).
2. T. Sunazuka, T. Hirose, T. Shirahata, Y. Harigaya, M. Hayashi, K. Komiyama, S. Ōmura, *J. Am. Chem. Soc.*, **122**, 2122 (2000).
3. T. Hirose, T. Sunazuka, T. Shirahata, D. Yamamoto, Y. Harigaya, I. Kuwajima, S. Ōmura, *Org. Lett.*, **4**, 501 (2002).

砂塚　敏明（Toshiaki Sunazuka）
北里大学大村智記念研究所 教授・所長
1959年生まれ．1988年　北里大学大学院薬学研究科博士後期課程修了
＜研究テーマ＞天然物有機合成化学，医薬品創製

87

ヒドロホウ素化の常識を打ち破る！
——急進展したイリジウムを触媒に用いる合成反応開発

　学部4年生で研究室に配属され，イリジウム触媒反応の開発に取り組むことになった．指導教員の宮浦憲夫先生（北海道大学名誉教授）は有機ホウ素化合物を用いたクロスカップリングで成功を収められていたが，鈴木章先生（北海道大学名誉教授）から研究室を引き継いだのを機に，新たな分野開拓に目を向けられていた．Vaska錯体の研究から，イリジウムは安定な錯体を形成するため触媒としては機能しにくいというのが当時の通説であり，Crabtree触媒による四置換アルケンの水素化や，イミンの効率的水素化に特徴が垣間見えていたものの，イリジウムを触媒に用いる合成反応開発は未開の領域であった．助手として着任直後の山本靖典先生（現北海道大学特任教授）に実験指導を仰ぎ，まず[IrCl(cod)]₂の調製に着手した．しかしながら，某社から購入した塩化イリジウム（黄緑色の固体）では目的の錯体はまったく生成しなかった．そこでSTREM社から塩化イリジウムを取り寄せることにした．2週間ほど待って届いた黒光りする結晶から無事[IrCl(cod)]₂を調製することができ，試薬の質の重要性を痛感した．当初得られたのは土色の粉であったが，実験を重ねると美しい赤色結晶が得られるようになり，自分の実験技術が向上していることを実感できた．

　博士後期課程に進んだころ，宮浦教授が「Wernerの錯体を知っているか？　これを経由する触媒反応が開発できたらおもしろいよ」とおっしゃった．H. Werner先生らにより精力的に研究が行われていたイリジウムやロジウ

図1　Wernerのビニリデン錯体

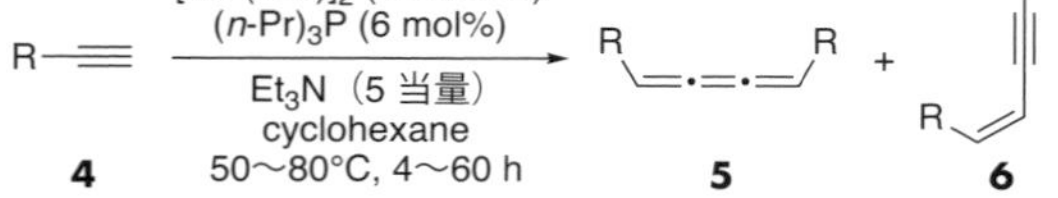

ムのビニリデン錯体3のことで，末端アルキンの配位した1価のイリジウム錯体1からアルキン末端C(sp)-Hの酸化的付加による2の形成を経て生成するという（図1）[1]．当時ビニリデン錯体を経由する触媒反応はルテニウムやモリブデンで報告があったものの，ロジウムではエンジインの環化異性化の1例のみで，イリジウムでは例がなかった．そこで，末端アルキンを用いて，イリジウム触媒反応の探索を開始した．しかしながら，試みた反応剤はことごとく末端アルキンと結合を形成せず，末端アルキンの自己二量化によるブタ-1-エン-3-イン誘導体の生成が進行するのみであった．とくに珍しい反応ではなかったが，ほかにネタがなかったため，宮浦先生に頼み込んで日本化学会春季年会での発表を認めてもらった．発表申込を終え検討を進めていたところ，3,3-ジメチル-1-ブチンの自己二量化では，1,2,3-ブタトリエン5が生成することがわかった（図2）[2]．これはビニリデン錯体を経由して反応が進行したことを示唆する結果で，おおいに元気が出た．

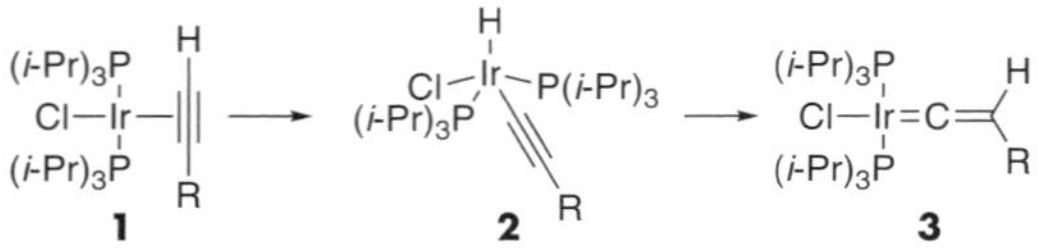

図2　末端アルキンの自己二量化

ビニリデン錯体を経由する末端アルキン **4** の自己二量化では，アルキンの置換基 R によって **5** が得られる場合と，(Z)-ブタ-1-エン-3-イン **6** が得られる場合があった．後者は炭素-炭素三重結合に対しアルキン末端の C(sp)-H が trans 付加した生成物であることから，通常 cis 付加で進行するアルキンへの付加反応を，ビニリデン錯体の形成に基づく反応設計により trans 付加に切り替えられるのではないかと発想した．そこで，無触媒条件下・触媒条件下のいずれでも cis 付加で進行することが常識となっていた末端アルキンのヒドロホウ素化を試すことにした．[IrCl(cod)]$_2$ と P(i-Pr)$_3$ から系中で調製した触媒とトリエチルアミンの存在下，1-オクチン（**4a**，1.2 当量）とカテコールボラン **7** を室温で反応させたところ，3 種の異性体の混合物（58：32：10）が得られた（図3）．

^{1}H NMR で二重結合の C(sp^2)-H に由来するピークを調べると，β 体のカップリング定数の小さいほう（Z 体）が主たる異性体であった．過去に例のない trans-ヒドロホウ素化を見いだし，ヒドロホウ素化の常識を打ち破った瞬間である．すぐに実験室に戻り，反応条件をスクリーニングした．すると，ロジウム触媒のほうがよく，完全な位置および立体選択性で trans-ヒドロホウ素化が進行することがわかった[3]．立体化学制御が驚くほどうまくいったことに興奮したが，末端水素を重水素化した 1-オクチンで反応を行うと，ビニリデン錯体の経由を裏づける重水素の 1,2-シフトが確認でき，さらに興奮した．結果を知った宮浦先生も驚喜され，有機金属化学の大家をして唸らせるほどの大発見であることを認識し，心が躍った．

学生・ポスドクとして研究生活を送った時期に，イリジウムを触媒に用いた合成反応開発の顕著な進展を目の当たりにした．たとえば武内亮先生（青山学院大学教授）のグループが，分岐型生成物が選択的に生成するイリジウム触媒アリル位置換反応を示され[4]，パラジウム触媒で

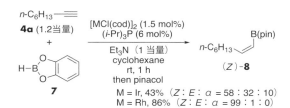

図3　1-オクチンの trans-ヒドロホウ素化

の常識を打ち破る反応様式の登場に驚愕した．ベンゼン化合物の C(sp^2)-H 直接ホウ素化は，芳香族化合物の合成化学を革新した分子変換であり，有機化学におけるここ四半世紀で最大の発明といっても過言ではない．この反応にはイリジウム触媒が有効であるが[5]，宮浦研究室のスタッフで開発を主導した石山竜生先生（現北海道大学准教授）は，開発初期の段階でこの事実を把握されていた．筆者の合成した [IrCl(cod)]$_2$ を分けて差し上げたのだが，重要な合成反応の誕生に筆者もほんの少しだけ貢献したといえるかもしれない．

イリジウムは触媒としては機能しにくい，という当時の通説にとらわれず，果敢に挑戦したことがこのような急進展をもたらしている．学生や若手研究者の皆さんには，先入観をもたず試行することが肝要と心に刻み，野心をもって研究に取り組んでもらいたい．

参考文献
1. F. J. G. Alonso, A. Höhn, J. Wolf, H. Otto, H. Werner, *Angew. Chem. Int. Ed.*, **24**, 406 (1985).
2. T. Ohmura, S. Yorozuya, Y. Yamamoto, N. Miyaura, *Organometallics*, **19**, 365 (2000).
3. T. Ohmura, Y. Yamamoto, N. Miyaura, *J. Am. Chem. Soc.*, **122**, 4990 (2000).
4. R. Takeuchi, M. Kashio, *Angew. Chem. Int. Ed.*, **36**, 263 (1997).
5. T. Ishiyama, J. Takagi, K. Ishida, N. Miyaura, N. R. Anastasi, J. F. Hartwig, *J. Am. Chem. Soc.*, **124**, 390 (2002).

大村　智通（Toshimichi Ohmura）
京都工芸繊維大学分子化学系 教授
1973 年生まれ．2001 年　北海道大学大学院工学研究科博士後期課程修了
＜研究テーマ＞有機化学の常識を打ち破る革新的化学反応のデザイン・創出

88

フグ毒テトロドトキシンの全合成
——多官能性天然物の合成は想定を超えた発見に満ちている

天然物合成最大の魅力の一つは，研究過程で遭遇する予期できない発見だと思う．筆者が30年以上続けているフグ毒テトロドトキシン（TTX）類の全合成研究で出会った発見と感動の一部を紹介したい[1]．

決　心

1995年博士学位を取得した筆者は，当時の磯部稔研究室で暗礁に乗り上げていたTTXの不斉全合成に再挑戦することにした．学生は卒論生の浅井雅則君1人．TTXは1972年に岸義人（当時名古屋大学）らによって見事なラセミ体の全合成が報告されて以来，20年以上著名な有機合成化学者の挑戦を退け続け，とてつもなく困難な合成標的として知られていた．博士学位研究で冴えない結果しかだせなかった筆者は，この分野で生き残るために飛び抜けて重要な研究をする必要があると考えたテーマだった．正直なところ，確固とした勝算があったわけではない．もしダメなら仕方ない，研究を諦め教育職で生きながらえることも覚悟した決断だった．

中間体の大量合成

過去の研究結果を見直し，すでにレボグルコセノン（**3**）から9工程で合成されていた化合物**2**からTTXを合成することに決めた（図1）．しかし難題TTXの全合成に挑戦するには，**2**が10 gは必要だと考えた．課題はイソプレンとのDiels-Alder反応の位置選択性の悪さとOverman転位の再現性の低さにあった．1年近い徹底した条件検討の末，100 gの**3**から50 g以上の**2**を合成できるようになった．その後累計200 g近く合成した**2**は，TTX類の

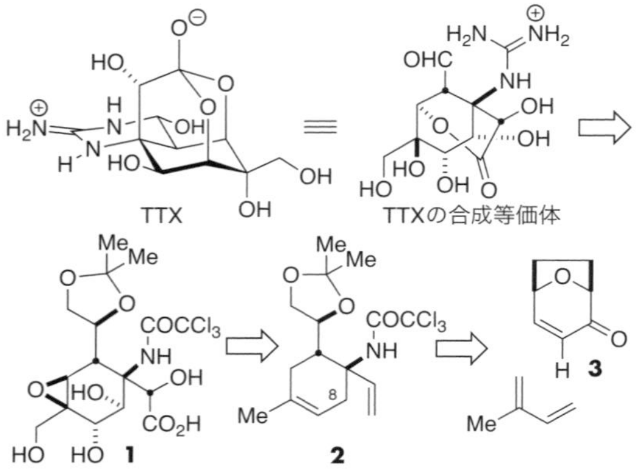

図1　TTXの合成計画

全合成の影の立役者となった．

ヒドロキシ基導入法の発見

この中間体**2**にはTTXにたくさんあるヒドロキシ基が一つもない！　したがってTTX合成の最大の課題は**2**への酸素官能基の位置および立体選択的な導入（**2**→**1**）にあった．アリル酸化による8位へのヒドロキシ基導入はすべて失敗に終わった．そこで，さまざまな方法を試していくうちに，**2**の環内オレフィンを臭素化した**4**を塩基でジエンにして，ヒドロキシ基を導入しようとする試みで大きな発見があった（図2）．この実験を担当した浅井君は，**4**をDMF中DBUで100℃に加熱してもTLC分析から反応しないという（Rf値も発色も完全に一致）．そんなはずはない．そこで，念のためNMRを測定したところ，何とオキサゾリン**5**が生成していたのだ！　まもなく，この反応は実は室温で進行し，酸加水分解によって目的としていたアリルアルコール**6**へ変換可能なことがわかり，これを起点にヒドロキシ基が導

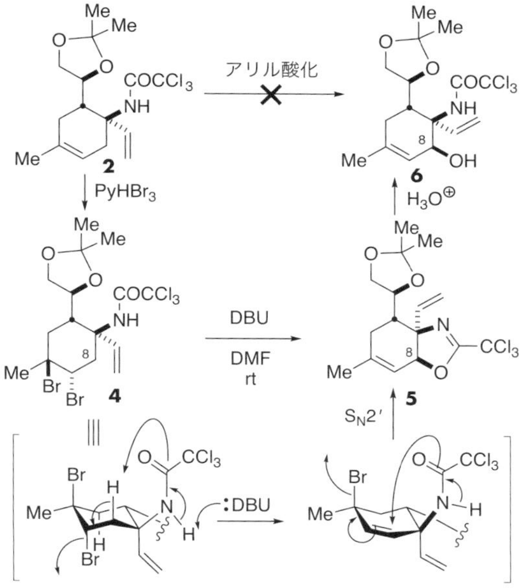

図2　TCA の隣接基関与によるヒドロキシ基導入

図3　グアニジン導入

入された TTX の等価体が合成できるように
なった．もし彼がこの反応を no reaction とし
て放棄していたら，その後の TTX の全合成も
類縁体の網羅合成も実現しなかったに違いない．
本当に幸運だった．この反応はその後の解析で
N-トリクロロアセチル基（TCA）の絶妙な隣接
基関与によるものであると推定した．

TCA の多機能性の開発と全合成[2]

　この発見は，その後 TCA を使ったさまざま
な反応を開発する契機となった．初期のデオキ
シ TTX 類の全合成では，TCA が脱保護できな
かったため，ベンジルウレア **8** を経由するグ
アニジン合成法を開発・利用した（図3）．モデ
ル化合物 **2** を使い1年かけて開発したこの多
段階に及ぶグアニジン導入法が本番で使えるの
か．不安以外の何者でもなかった．しかし，こ
の方法で 11-deoxy TTX の中間体 **7** へのグア
ニジン導入に成功したときは，本当にうれし
かった．得られた **11** から2段階の脱保護によっ
て 11-deoxy TTX の全合成を達成した．その
後報告した TCA の穏和な脱保護法やイソニト
リルへの変換反応[3]は，それぞれ TTX と 6-
epi-TTX の全合成で偶然得た副生成物の解析

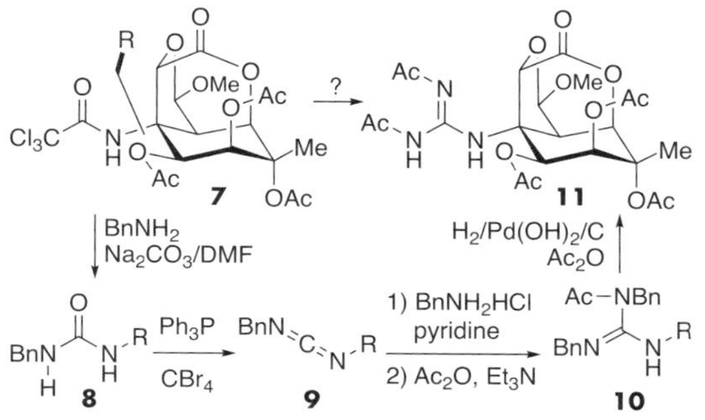

から開発したものである（図4）．そのほか，
TCA のカルバマート系保護基への変換などを
加えて，TCA を「多機能性保護基」と名づけた．
これらの反応群を活用し天然型 TTX アナログ
の網羅合成とともに，TTX の生合成前駆体候
補化合物の網羅合成にも成功した[4]．

　TTX のような多官能性天然物の合成では，
予想できない反応に出会う確率が高く，新しい
反応開発のきっかけとなる[5]．これら全合成は
非常に困難だが，異常な反応を発見したときの
ワクワク感がたまらない．この感覚をぜひ若い
人たちにも味わってほしいと願っている．

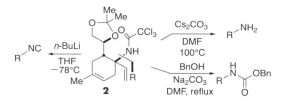

図4　TCA の新規変換反応

参考文献
1. T. Nishikawa, M. Isobe, *Chem. Rec.*, **13**, 286 (2013).
2. T. Nishikawa, D. Urabe, M. Adachi, M. Isobe, *Synlett.*, **26**, 1930 (2015).
3. M. Adachi, T. Miyasaka, H. Hashimoto, T. Nishikawa, *Org. Lett.*, **19**, 380 (2017).
4. M. Nishiumi, T. Miyasaka, M. Adachi, T. Nishikawa, *J. Org. Chem.*, **87**, 9023 (2022).
5. R. Kimura, Y. Sawayama, A. Nakazaki, K. Miyamoto, M. Uchiyama, T. Nishikawa, *Chem. Asian J.*, **10**, 1035(2015).

西川　俊夫（Toshio Nishikawa）
名古屋大学大学院生命農学研究科 教授
1962 年生まれ．1987 年　名古屋大学農学
部博士課程（前期課程）修了
＜研究テーマ＞天然物合成，ケミカルバイ
オロジー

89

企業研究のなかで出会えた感動
── 高砂香料で 20 余年

　筆者は企業研究者なので，高砂香料工業株式会社に就職したからこそ出会えた感動について筆をとりたいと思う．

憧れの触媒的不斉水素化

　筆者が当社に興味をもったのは，学部 4 年のときだった．パン酵母の培養液と格闘しながら全合成の原料合成を行っていたときに先輩から教えてもらった不斉水素化の論文[1]はまぶしいばかりだった．やがて当社に入社し，当時数週間かけてようやく合成した基質をわずか数日で合成できたことが最初の感動だったと思う．

新世代触媒開発

　当社のファインケミカル事業は触媒・受託合成が柱だが，原点は 1980 年代のメントールプロセスにある．このなかで工業化されたBINAP が不斉水素化に使用され，光学活性医薬中間体を製造するようになった（図 1）．現在ではフロー合成技術などの導入や培った経験に基づき，幅広い医薬中間体の受託合成を行っている．触媒に目を向けると，よりよい選択性を目指し，第二世代の配位子 SEGPHOS を開発，さらに環境によりやさしい化学を実現する新世代の触媒（Ru-MACHO[2]，RUCY[3]，DENEB[4]）を開発してきた．筆者は当社の新世代触媒開発で，エステルの触媒的水素化還元に取り組み，ルテニウムのピンサー型触媒を開発した．この触媒により，それまで金属ヒドリド還元・後処理・複数回の抽出・溶剤回収・蒸留が必要であった化合物が，水素化・溶剤濃縮・蒸留だけで得られるようになった．この錯体は構造がルテニウムを抱くマッチョマンに見えたということで，力強い触媒になってほしいとの思いから Ru-MACHO と命名された（図 2）．そのすばらしい思いとは裏腹に，もう少し格好いい名前はなかったのかというのが当時の筆者の正直な感想だった．

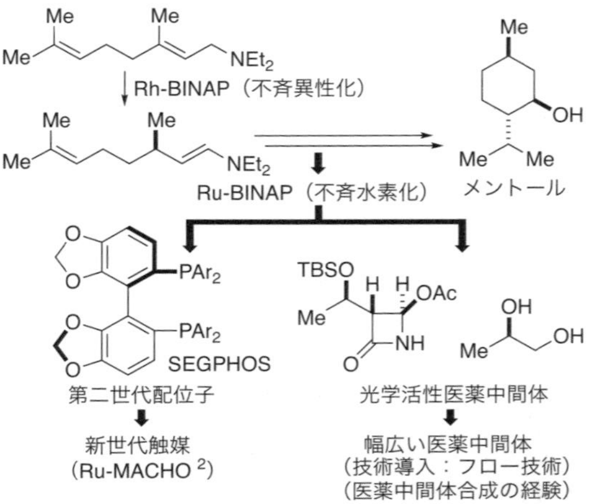

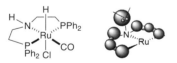

図 2　Ru-MACHO[2]

　今となっては論文にも広く受け入れられているこの名前に不満を感じた当時の自分の若輩ぶりを恥ずかしく思っている．初めは小さなフラスコのなかで誕生した小さなマッチョマンが，社内各部門の努力によって，スケールアップにかかわる技術的ハードル・法規的ハードルをクリアし，世界に向けて販売されていることは，製造業に就職したからこそ経験できた感動だと

図 1　高砂香料ファインケミカルの背景

（新世代触媒
（Ru-MACHO[2]））

第二世代配位子　SEGPHOS

光学活性医薬中間体

幅広い医薬中間体
（技術導入：フロー技術）
（医薬中間体合成の経験）

Rh-BINAP（不斉異性化）

Ru-BINAP（不斉水素化）　メントール

思っている．余談だが，Ru-MACHO はボロヒドリド錯体も開発され，社内ではボロマッチョとよばれているが，この名前にいささかの不満も感じない自分の成長に，時の流れを実感している．

触媒スクリーニング

さて，触媒スクリーニングは当社での研究の醍醐味のひとつである．スクリーニングでの感動体験の一例として，会社から支援いただいてカリフォルニア大学バークレー校の D. Toste 先生のもとで行ったポスドク研究について紹介したい．Toste 先生は当社の不斉配位子を使った金触媒反応について研究をされており，筆者はジエンの触媒的不斉ヒドロアミノ化というテーマをいただいた．選択性に課題を抱えながら期限も迫るなか，考えられるあらゆる条件をスクリーニングしてきたつもりの筆者は追い詰められていた．あるとき，試薬棚にメントールが置いてあることに気がついた．スクリーニングのなかでアルコールは選択性に影響を与えることがわかっていたので，「自分は高砂香料から来ているし，メントールでも加えてみようか」と思ったのだ．

結果は信じられないものだった．原料 1 は消失し，高い位置・エナンチオ選択性が達成さ

れていた（図3，Entry 1 vs 2）．自身が高砂香料の社員でなければメントールに目が留まることはなかっただろう．後にメカニズムが検証され，DTBM-SEGPHOS-Au とメントールから形成された触媒活性種が示唆された[5]．高砂ファインケミカルのルーツと歴史が自分を救ってくれたような気がした．May 26 1975 と日付が打たれたメントールは，高砂プロセスが立ち上がるずっと前から世の中に存在し，おそらく波乱に満ちた長い旅を経て Toste 研究室の試薬棚に収まっていた．そして，ある日メントールにゆかりのある一人の研究者に幸運をもたらしたことは，筆者にとっては一つの感動だった．当社の製品群のなかには元をただせばこのようなスクリーニングのなか，自分の小さなフラスコのなかで起こった一つの化学的現象であったものもある．そういったものが工業化され，人びとの役に立っているということは，サイエンティストとしては大きな感動である．

もしも読者のなかから当社に入社してご活躍いただける方がいて，筆者のつたない文章を読んでくださったと聞くことがあれば，自分にとって新たな感動の瞬間となることだろう．さまざまな分野に進まれる若い人たちがいくつもの感動を経験されることを願ってやまない．

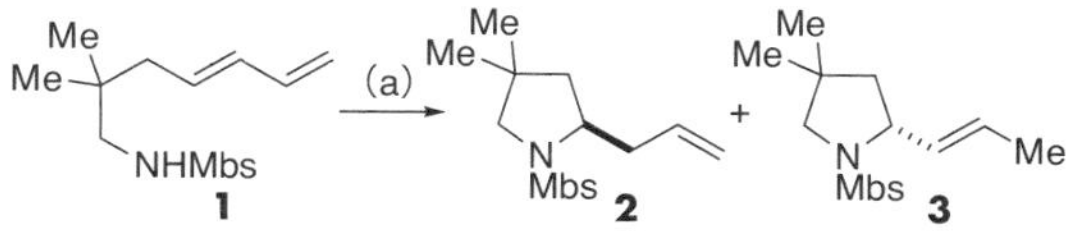

参考文献
1. R. Noyori, T. Ohkuma, M. Kitamura, H. Takaya, N. Sayo, H. Kumobayashi, S. Akutagawa, *J. Am. Chem. Soc.*, **109**, 5856 (1987).
2. W. Kuriyama, T. Matsumoto, O. Ogata, Y. Ino, K. Aoki, S. Tanaka, K. Ishida, T. Kobayashi, N. Sayo, T. Saito, *Org. Process Res. Dev.*, **16**, 166 (2012).
3. K. Matsumura, N. Arai, K. Hori, T. Saito, N. Sayo, T. Ohkuma, *J. Am. Chem. Soc.*, **133**, 10696 (2011).
4. T. Touge, T. Hakamata, H. Nara, T. Kobayashi, N. Sayo, T. Saito, Y. Kayaki, T. Ikariya, *J. Am. Chem. Soc.*, **133**, 14960 (2011).
5. O. Kanno, W. Kuriyama, Z. J. Wang, F. D. Toste, *Angew. Chem. Int. Ed.*, **50**, 9919 (2011).

(a) (R)-DTBM-SEGPHOS(AuCl)₂ (3 mol%)
AgBF₄ (6 mol%), 添加剤, CH₂Cl₂, rt, 24h

Entry	添加剤	当量	転化率	2 : 3	ee
1	—	—	18	100 : 0	35 (2)
2	(−)-メントール	10	>99	10 : 90	95 (3)

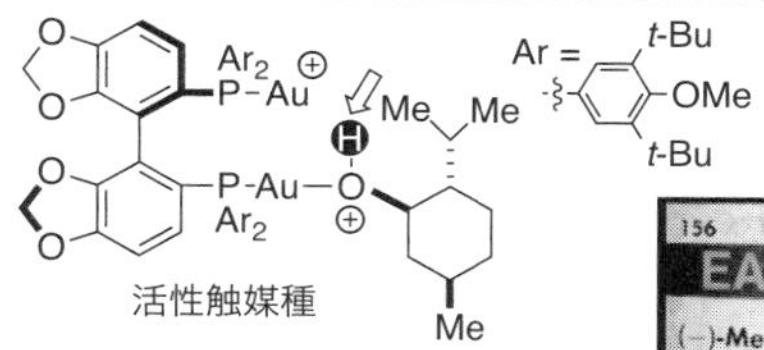

活性触媒種

Ar =

添加剤として使用したメントール（実物）▶

図3 金/メントール協奏触媒によるヒドロアミノ化

栗山　亙（Wataru Kuriyama）
高砂香料工業株式会社 主任技術員
1973 年生まれ．2001 年　東京大学大学院農学生命科学研究科博士課程修了
<研究テーマ>プロセス開発

90

物性・安定性に課題のある原薬を造りきる力
——結晶化・クロマトグラフィー精製へのチャレンジ

医薬品開発において有機合成化学は，創薬段階での化合物探索，その後の開発段階での製造法開発・品質制御などに重要な役割を果たしている．本稿では物性および安定性に課題のある原薬製造における，安定的な高品質達成に向けたチャレンジについて，当社内の実例の一端を紹介する．

低分子医薬品の製造法開発におけるおもな課題として，品質制御がある．目標品質を安定的に達成するうえで，中間体や原薬の結晶化は，重要な施策となる．逆にいうと，結晶化できなければ，品質制御の観点から開発が困難になる可能性が高くなる．以下に結晶化の重要性を再認識した事例を示す．

当社の新規シデロフォアセファロスポリン抗菌薬セフィデロコル[1]の開発では，原薬の結晶化が開発を前に進めるうえで大きな問題として立ちふさがった．セフィデロコルはセファロスポリン骨格をもつ低分子化合物であるが（図1），創薬段階で原薬の結晶化を達成できず，逆相クロマトグラフィーによる精製後，凍結乾燥により，評価用化合物を得ていた．セファロスポリン構造は通常の低分子化合物に比べて不安定であり（β-ラクタム環の開裂），逆相クロマトグラフィーで精製して純度の向上を試みても，それだけでは十分ではなく，また，その後の凍結乾燥中の分解により純度が低下し，開発を進められる見通しが得られなかった．それ以外の方法でも純度改善を試みたが，良好な結果は得られない．そこで，人や場所を変えてさらなる結晶化検討を試みた．具体的には当社研究所に加え

て，北海道大学内の当社との共同研究サイト，岩手県にある金ケ崎工場において，数百条件を試みた．また当社で実施できない特殊な結晶化技術をもつCRO（Contract Research Organization）3社も活用した．最終的には本結晶化のために，定年退職後再雇用された結晶化のプロフェッショナルが，ジトシル酸塩結晶の取得に成功した．それまでに似た結晶化条件を試みていたが，気づけていなかった条件を見いだす力，結晶を取りきる技術の高さを目のあたりにすると同時に，結晶化の重要性を再認識した．結晶が得られたことで，プロジェクトが前に動きだした．最終的には，結晶の物性などを総合的に評価し，トシル酸塩・硫酸塩・水和物結晶として開発することになった[2]．

しかし，もう1点課題が残っていた．結晶化前の逆相クロマトグラフィー精製で純度を向上させていないと，結晶化を試みても高純度結晶は得られなかったのである．低分子医薬品製造においては，製造コストや生産性の観点からクロマトグラフィー精製を避けるのが一般的だが，本品目では品質の観点から逆相クロマトグラフィーで精製することにした．しかしながら，当社内でも逆相クロマトグラフィー精製での生産実績はないため，大きなチャレンジとなった．なお当時，セファロスポリン医薬品は当社では金ケ崎工場で生産していたが，製造スケールが大きすぎて，セフィデロコルの治験原薬の製造には使用できなかった．また海外の製造委託先も調査したが，適切なスケールの設備がなかった．セファロスポリン化合物の製造は，医薬品

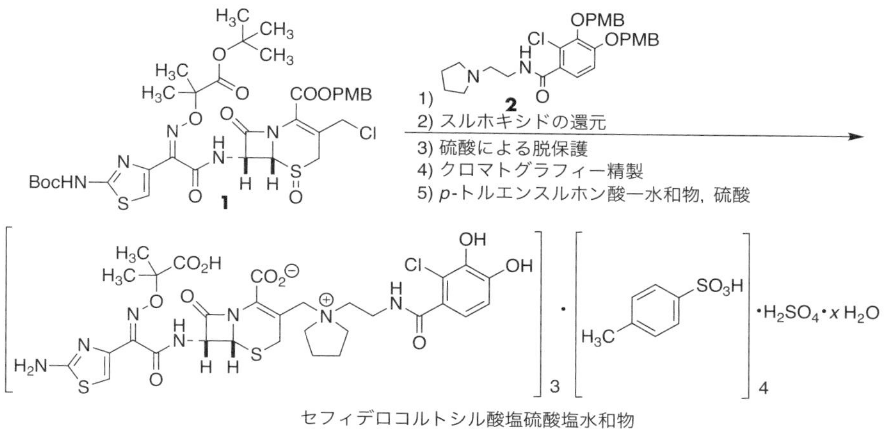

（図中の構造式）

図1　最終工程プロセス

製造における規制の観点で，セファロスポリン化合物専用設備での製造が必要であるため，世界的にみても，製造できるサイトが限られていたのである．そのため，逆相クロマトグラフィーでの精製も実施できる，セフィデロコル専用の製造棟を建設し，製造にチャレンジすることになった．

　セファロスポリン化合物は水溶液中では容易に分解が起こる．一般的にスケールアップすると作業時間が延びるため，ラボ実験でのフラクションコレクターを用いたカラムクロマトグラフィー精製とは勝手が異なる．まさに時間との勝負だった．樹脂選定，樹脂量，溶出液中の添加剤量，通液スピード，フラクションの取りかたなどを，ラボ検討を通して十分精査したうえで，スケールアップ逆相クロマトグラフィー精製にチャレンジした．具体的には図1[3]に記したとおり，3反応を連続して実施後（最終中間体**1**と3位側鎖**2**とのカップリング，スルホキシドの還元反応，五つの保護基の硫酸での除去反応），逆相クロマトグラフィー精製，取得したフラクションに，硫酸やトシル酸を加えることによる結晶化，その後のろ過および乾燥をとおして原薬を取得するプロセスであった．

　新棟完成後ただちに実施した最初の治験原薬製造において，想定どおりの収量（約12 kg）および品質を達成した．有機合成化学に化学工学の視点を加えることで，ラボ実験結果を再現させ，開発の前進に貢献できた．スケールアップ製造では，目標品質を達成できなければ，患者に医薬品を提供できず，世の中にも貢献できない．物性および安定性に課題のある化合物であっても，スケールアップ製造で目的物を取りきる力が必要である．結果として，セフィデロコルの上市につなげることができた．

　個人的な話になるが，筆者は入社後から低分子医薬品開発を中心にかかわってきた．最近は抗体や核酸，組換えタンパクワクチンなど，バイオモダリティーにかかわっている．化合物の分子量や製造方法は異なるが，有機化合物を製造している点で共通する部分は多いと感じている．有機合成化学は医薬品研究の基盤であり，そこを軸に新たな要素をどう組み合わせていくかが，今後有機合成化学者の成長と発展に，ますます重要になってくると感じている．

参考文献
1. T. Sato, K. Yamawaki, *Clin. Infect. Dis.*, **69**, S538 (2019).
2. F. Matsubara, T. Kurita, D. Nagamatsu, WO 035845 A1 (2016).
3. M. Fukuda, T. Watanabe, T. Kurita, Y. Yokota, M. Takeo, K. Noguchi, WO 035847 A1 (2016).

青山　恭規（Yasunori Aoyama）
塩野義製薬株式会社バイオ医薬研究本部本部長
1969年生まれ．1995年　京都大学大学院工学研究科修士課程修了
<研究テーマ>医薬品開発

91

緑内障治療薬タフルプロストの開発と工業化
——ジフルオロプロスタグランジン誘導体の合成研究

　タフルプロストは含フッ素プロスタグランジン（PG）誘導体のひとつであり，緑内障治療薬として世界60か国以上で用いられている．

　その端緒は1980年代初めに旧旭硝子株式会社（現AGC）研究所で「含フッ素生理活性物質の合成」をテーマとして定めたことに始まる．当時，当社の研究所ではフッ素のもつユニークな性質を利用した機能性材料が次つぎと誕生していた．当社にとってこれまで馴染みのない，いわゆるバイオ分野においても，フッ素の特長を活かして新製品の事業化へと結びつけたいとの願いから生まれた研究課題であった．

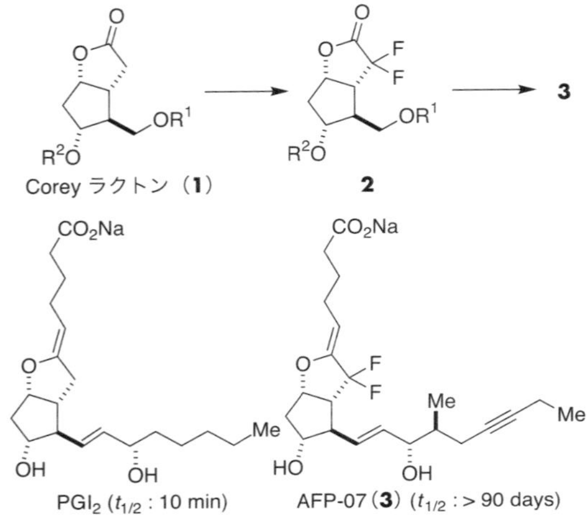

含フッ素プロスタグランジン

　抗生物質やアミノ酸，糖，核酸，ペプチドなどにフッ素を導入した誘導体を次つぎと合成していった．基礎研究としては，それぞれ興味深い結果を見いだしたものの，実用化への道は遠く，悪戦苦闘するうちに10年が過ぎようとしていた．なかでも，生理活性脂質の一種であるPGにフッ素を導入する研究は根気よく続けていた．

　天然のPGI$_2$はCoreyラクトン（**1**）を還元して得られるラクトールにWittig反応を用いて側鎖を導入し，環化することによって合成できる．ただ，水中ではビニルエーテル構造がすぐに加水分解されてしまうため，半減期は約10分足らずである．二重結合の電子密度を下げるために「フッ素を2個入れてみたら？」という先輩の助言を素直に信じて合成法を考えてみても，目的とするビニルエーテル隣接位にフッ素を2個もつ骨格などまったく知られていなかっ

図1　AFP-07（**3**）の合成と天然PGI$_2$

た．ある日，もしジフルオロラクトン**2**さえ合成できれば，カルボニル基はフッ素の電子求引性により活性化されているため，Wittig反応により一気にビニルエーテル骨格を構築できるのではないかと思いついた．選択的なジフルオロ化は難しく，最初は2段階の親電子的フッ素化で**2**を合成し，Wittig反応により何とか目的の骨格を構築した（図1）．わずかに合成できた誘導体**3**の性質を調べてみた．「抗血小板活性はPGE$_1$の200倍以上です」．わざわざ出張先に知らせてくれた同僚の電話の声が弾む．水中では天然PGI$_2$に比べて1万倍以上安定なこともわかった[1]．想像をはるかに超える効果で，フッ素の凄みを実感した瞬間である．

タフルプロストの開発

　これを契機に，大学や企業との共同研究も始まり，開発が一気に加速する．ジフルオロ化反応の改良を続け，化合物**3**はベンチャーに導出

した．また後年には，**3** と共通の骨格をもつ新しい潰瘍性大腸炎治療剤の開発へと展開した[2]．

このころ，含フッ素 PG のことを知った参天製薬との新規緑内障 PG の開発プロジェクトが立ち上がった．彼らは PGF$_{2\alpha}$ が眼圧下降作用を示すという情報に基づき，新しい PG 誘導体を探していた．この千載一遇のチャンスに，双方の研究メンバーは会社の垣根を越えて密接に協力し，新規誘導体の合成と薬効評価を繰り返した．

ドラッグデザインにおいては，とくに天然 PG の側鎖に共通するアリルアルコール部位に着目した．このヒドロキシ基を取り去ると生理活性が消失するため，従来，PG の構造修飾においては，このヒドロキシ基は活性発現に必須と考えるのが常識であった．もし，このヒドロキシ基の代わりにフッ素を導入した誘導体を合成することができれば，化学的および代謝的な安定性は向上するのではないだろうか？　数かずのスクリーニングを突破して，最後に選ばれたのは，またしてもジフルオロ PG 誘導体であった．フッ素原子を 2 個導入したタフルプロスト **6** は，安定性が向上しただけでなく，きわめて高い受容体選択性と強力な眼圧下降作用を示したのである．計算化学からは，2 個のフッ素により受容体との相互作用が増強されることも示唆された[3]．

アリルジフルオリド構造をいかに構築するかが合成の鍵となった．Corey ラクトンから容易に合成できる α,β-不飽和ケトン **4** をモルホリノサルファトリフルオリドでフッ素化すると，良好な収率で **5** が得られることがわかった（図 2）[4]．さらに，Wittig 反応における立体異性体の低減など，地道なプロセス検討を重ねて工業的製法として確立し，日米欧 3 極の同時開発へと結実させた[5]．

もともと，生理活性物質にフッ素がどのような効果をもたらすのか知りたいという，素朴な興味から出発した研究テーマである．ほんの小

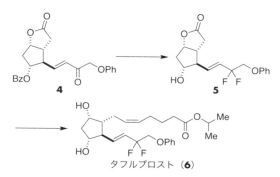

図 2　タフルプロスト（6）の合成

さな発見がきっかけとなり，数かずの試練を乗り越えて，緑内障に苦しむ世界中の患者の医療に貢献する治療薬の創出にまで発展したのは幸運というしかない．喜怒哀楽をともにした仲間や共同研究者，開発から事業化にたずさわった数多くの方がたにあらためて感謝したい．

最近，ジフルオロ構造をもつ新薬が相次いで誕生している．最小の立体的なインパクトで電子的環境を大きく変えられる原子はフッ素をおいてほかにないとも感じられる．一方，実用的なジフルオロ化反応は，いまだに限られている．筆者ら合成化学者に残された課題は尽きない．

参考文献
1. T. Nakano, M. Makino, Y. Morizawa, Y. Matsumura, *Angew. Chem. Int. Ed.*, **35**, 1019 (1996).
2. Y. Watanabe, T. Murata, M. Amakawa, Y. Miyake, T. Handa, K. Konishi, Y. Matsumura, T. Tanaka, K. Takeuchi, *Eur. J. Pharmacol.*, **754**, 179 (2015).
3. K. Fujimura, Y. Sasabuchi, *ChemMedChem.*, **5**, 1254 (2010).
4. Y. Matsumura, N. Mori, T. Nakano, H. Sasakura, T. Matsugi, H. Hara, Y. Morizawa, *Tetrahedron Lett.*, **45**, 1527 (2004).
5. 松村靖，森信明，森澤義富，景山正明，有機合成化学協会誌，**70**, 798 (2012).

松村　靖（Yasushi Matsumura）
AGC 株式会社 ライフサイエンスカンパニー プロフェッショナル
1958 年生まれ．1983 年　名古屋大学大学院工学研究科修士課程修了
＜研究テーマ＞医薬品化学，フッ素化学，プロセス化学

92 炭素–炭素単結合の開裂を伴う
オレフィンへの付加反応の開発
——学部4年生とともに歓喜した瞬間

　有機化学とは，炭素を中心とするいろいろな
元素を含む化合物に関する学問領域であること
はいうまでもないが，その根幹となる炭素–炭
素結合，とくに単結合を形成する反応を初学者
は学んでいく．一方で，学部の教科書のなかで
は，炭素–炭素単結合の切断は困難であると示
されている．そのような一見困難そうに見える
反応に挑んでいくところに有機合成化学の醍醐
味がある．

　筆者は，2004年に現在所属する岡山大学に
助教授として着任したが，最初に配属されたの
は学部4年生3人であった．それぞれにまっ
たく異なる三つの研究テーマを行ってもらうこ
とにした．本稿では，そのなかの一つ，パラジ
ウム触媒を用いる炭素–炭素単結合の切断反応
を発見した経緯について紹介する．

　まず考えたのは，有機化合物のなかには，さ
まざまな形態の炭素–炭素単結合が存在するが，
どのような結合が切れやすいかということであ
る．メチレンシクロプロパンのようなひずみを
もった分子の炭素–炭素単結合が開裂しやすい
ことはすでに体験していたため，ひずみをもた
ない炭素–炭素単結合に焦点を絞った．そこで
注目したのがシアノギ酸エステル**1**であった．
この化合物は電子求引性の置換基として知られ
ているシアノ基とアルコキシカルボニル基が炭
素–炭素単結合でつながっている化合物である．
それぞれが電子を引っ張り合っているのだから，
ひずみがなくても炭素–炭素結合が切れやすく
なっているだろうと考えた．発想はまったく単
純なものであったが，反応を開発する最初の発

想はそんなものである．次に考えたのは，その
炭素–炭素結合を切ってどうするかで，新たに
炭素–炭素結合を形成できる不飽和結合に対す
る付加反応を考えた．つまりトータルで，炭
素–炭素結合を一つ切断し，新たに二つの炭
素–炭素結合を同時に形成できれば，原子効率
の高い反応になるはずである．このテーマ設定
のもと，当時4年生の井上善彰君と一緒に実
験を始めた．立ち上げたばかりの研究室で，手
持ちの遷移金属触媒の種類もさほど多くなかっ
たので，入手しやすいパラジウム錯体と，反応
性の高いノルボルネン**2**を基質に用いること
にした（図1）．

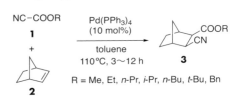

図1　シアノエステル化反応

　当時は，学生と同じ実験室にデスクを構え，
実験をする学生の様子をつねに把握していたの
で，目的生成物が得られたかどうかを井上君が
ガスクロマトグラフで確認することを知ってい
た．チャート紙に少しずつ線が描かれていく．
「お，原料がなくなっているぞ」といいながら，
井上君と一緒に固唾を飲んでチャートを凝視し
た．すると，目的物**3**の保持時間当たりで，ピー
クが描かれていく．そのときは井上君と
「ウォー！」と叫びながら，思わず握手した．まさ
に，新反応の発見に立ち会った瞬間であり，
研究者人生において最も感動した出来事だった．

その後，論文として発表した，このシアノ基とアルコキシカルボニル基を不飽和結合に付加する反応を「シアノエステル化（cyano-esterification）」と命名した[1]．

時期を同じくして，当時京都大学檜山研究室の助手だった中尾佳亮先生がアルキンに対するアリールシアノ化反応[2]（アリールニトリルの炭素–炭素結合を切断し，アルキンに付加させる反応），や脂肪族アレンに対するシアノエステル化[3]を報告している．（余談ではあるが，当時，井上善彰君と「Yoshiakiってすごいね」と話していた．）

筆者らが開発したこの反応は，付加を受ける不飽和成分がノルボルネン誘導体であるという制限を受ける．しかし幸運だったのは，ノルボルナジエンに対して反応させた場合に，一方の二重結合のみに付加が起こる化学選択性が発現したことである．それにより，シアノ基とアルコキシカルボニル基を同時にもつノルボルネンが合成できた．しかも，この付加はエキソ選択的に進行するため，後に行う重合反応においては思わぬボーナスを与えてくれることになる．

当時，異動したばかりで研究費に苦慮していたので，何とか研究費を獲得する道はないかと考え，がむしゃらにいろいろな論文を読み漁った．2005年は奇しくもGrubbsがノーベル化学賞を受賞した年であり，このような置換ノルボルネンが開環メタセシス重合（ROMP）によって，耐熱性と透明性を同時にもつシクロオレフィンポリマーになる可能性を見いだした．そして，1週間で膨大な申請書を書きあげ，NEDOに申請したところ，幸運なことに採択されたのである．このときの研究費は，その後の研究者人生を歩むうえで生死を分けるものとなったことは想像に難くない．

従来法では，アクリロニトリルまたはアクリル酸エステルとシクロペンタジエン間のDiels-Alder反応によりモノマーを合成するため収率は低く，エンド付加体が選択的に生成する．こ

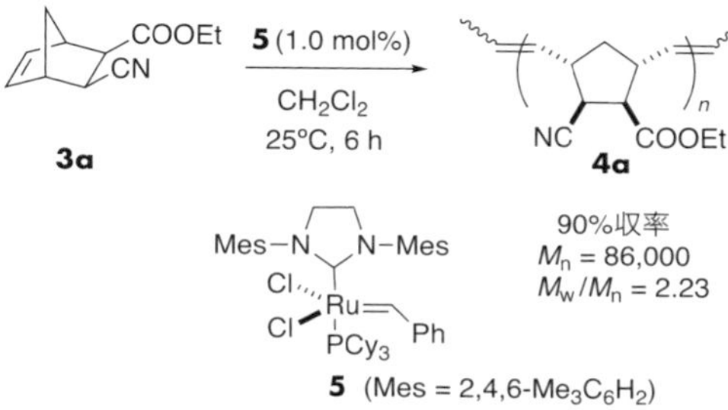

図2 置換ノルボルネンのROMP

のエンド付加体は，重合するときに分子内での多座配位により触媒を失活させるため，高分子の分子量制御ができないといった課題があった．そこで，ノルボルナジエンのシアノエステル化反応により合成したエキソ体の二置換型極性ノルボルネン **3a** をモノマーとして，ルテニウム触媒 **5** を用いてROMPを行った．その結果，分子量 M_n は 86,000，分子量分布 (M_w/M_n) は2.23のポリマー **4a** が得られた（図2）[4]．

本稿では有機金属触媒を用いる新反応の開発の一例をあげた．発想はきわめて単純でよいので，とにかく実験してみることを勧める．まずは，何事も一歩踏みだすことが肝要である．そして，目的の反応が首尾よく実現したら，そこでいったん冷静になろう．反応開発には無限の可能性と夢がある．この分野に多くの若手研究者が参入し，心躍るような新反応を発見したとき，筆者が受けた感動を理解していただけると思う．

参考文献
1. Y. Nishihara, Y. Inoue, M. Itazaki, K. Takagi, *Org. Lett.*, **7**, 2639 (2005).
2. Y. Nakao, S. Oda, T. Hiyama, *J. Am. Chem. Soc.*, **126**, 13904 (2004).
3. Y. Nakao, Y. Hirata, T. Hiyama, *J. Am. Chem. Soc.*, **128**, 7420 (2006).
4. Y. Nishihara, Y. Inoue, Y. Nakayama, T. Shiono, K. Takagi, *Macromolecules*, **39**, 7458 (2006).

西原 康師（Yasushi Nishihara）
岡山大学異分野基礎科学研究所 教授
1968年生まれ．1992年 広島大学大学院
理学研究科修士課程修了
＜研究テーマ＞触媒的有機合成反応の開発
と有機材料への応用

93

ニトロベンゼンのクロスカップリング反応
——予想外の最適反応条件

「ニトロベンゼンでクロスカップリングできたらどうですかね？」．2012 年 7 月，京都での飲み会の席で東ソー株式会社の江口久雄さん（現東ソーファインケム社長）に尋ねた．P(t-Bu)$_3$ の配位子としての利用や鉄触媒など，近年のクロスカップリング研究においてアカデミアに先駆ける顕著な研究成果を東ソーであげてこられ，今でも「爽やかな野心をもち続けて」といつも励ましてくださる江口さんの答えは，「それは面白いね．ぜひ実現して」であった．ニトロ化反応は，ベンゼン環の修飾方法としては最も一般的なので，ハロゲン化物やフェノール誘導体を使う従来のクロスカップリングと相補的か，標的分子によってはより効率的ではないかと思っていたが，実際に現代的な化学プロセスのなかでメリットがあるのかどうかは自信がなかった．しかし 2015 年から研究室を主宰するようになり，新しい研究テーマも必要だったので，江口さんの後押しでチャレンジすることを決意した．

Pd 触媒クロスカップリングに関する論文には，ニトロ基をもつ基質の実施例は頻繁に掲載されているので，通常のクロスカップリングの反応条件ではニトロ基は反応しないものだと思っていた．一方，Ni 触媒の条件でニトロ基をもつ基質の実施例は，おそらく皆無である．ニトロ基が触媒活性な 0 価 Ni を酸化してしまうからである．ニトロベンゼンの C–NO$_2$ 結合を酸化的付加させようと低原子価の遷移金属触媒を用いるのであれば，この酸化還元反応がクリアすべき問題の一つであった．とはいえ，あまり考えすぎても仕方がないので，まずは求核

剤として有機亜鉛とホウ素反応剤を用いて，いろいろな遷移金属触媒と配位子を組み合わせた単純な反応条件から，ニトロ基の酸化的付加促進を狙って Lewis 酸性の共触媒を添加する協働触媒系まで，2013 年度に 4 回生として配属された有山健太君（現凸版印刷株式会社）に夏休みまで検討してもらった．しかし，クロスカップリング生成物はまったく生じない．

一筋縄ではいかないことを認識して，しばらく休止したのち，2015 年のお盆明けごろから当時ポスドクでよい結果のなかった M. Ramu Yadav 博士（現デリー・インド工科大学助教授）に再チャレンジしてもらうことにした．彼には，単純な反応条件ではいかないだろうから，2 種類の異なる金属触媒による協働触媒系を改めてスクリーニングすることを提案した．彼は檜山研究室のポスドクで助手時代の筆者の共同研究者であった Akhila K. Sahoo 博士（現ハイデラバード大学教授）の教え子で，Sahoo 博士さながらに黙々と取り組んでくれた．すると 9 月上旬には Rh と Cu を一緒に用いる反応条件でニトロナフタレンの鈴木-宮浦カップリング生成物が痕跡量確認できた（図 1 a）．

これに勢いづいてさらに検討を進めたところ，10 月上旬には Rh と Pd の組合せでかなり収率が向上することを見いだした．しかし驚くことに Buchwald 先生の開発した BrettPhos を配位子とする Pd の単独触媒で最も収率よく反応が進行することが同月末にわかった．まさか Pd 触媒だけで反応が進行するとは思っていなかったので，拍子抜けだが忘れられない実験結

果であった．江口さんにすぐに報告し，2016年度からは東ソー株式会社との共同研究として同社の宮崎高則氏を中心として支援していただいた．また，同年からポスドクとして参画してくれた長岡正宏博士（現東ソー株式会社）が，BrettPhos 配位 0 価 Pd 錯体にニトロベンゼンが酸化的付加することを実験的に証明し，そのほかの量論反応および反応速度論実験と合わせて触媒サイクルを合理的に提唱できる成果をあげてくれた．榊茂好先生（京都大学名誉教授），榊研究室ポスドクの Rong-Lin Zhong 博士（現吉林大学教授）による DFT 計算によって，その妥当性もサポートできた．

　BrettPhos/Pd 触媒が，ほかの配位子を用いる場合に比べて際立って効果的だったが，実はそのヒントは当時すでにあったことに気づいた．リン上が t-Bu 基の t-BuBrettPhos を配位子とする Pd 触媒が，ハロゲン化アリールと亜硝酸ナトリウムとの反応によるニトロ化反応に有効であることを Buchwald 先生らが報告していた[1]．この反応では，Pd(II) 中間体から C-NO₂ 結合を形成する還元的脱離が進行していると考えられるが，これはまさに筆者らが必要としていた酸化的付加の逆反応であった（図 1 b）．DFT 計算によると，その平衡は BrettPhos で酸化的付加側に，t-BuBrettPhos では還元的

脱離側にそれぞれ有利であることもわかった．

　2017 年に入って成果がまとまったので，自信をもって Science や Nature に論文投稿したが，「ビアリール合成なんていくらでもあるから」というような理由で門前払いを受けたのは心外だった．エディターが科学的価値をきちんと理解してくれる JACS に 7 月初めに受理され[2]，評判もよく，同年 8 月は同誌の Most Read Article 1 位にランクし続けた．これと並行して，井上文善君（現旭化成株式会社）と柏原美勇斗博士（現岡山大学助教）が取り組んでくれた Buchwald-Hartwig アミノ化の論文も 8 月に発表できた[3]．これには Buchwald 先生からお祝いのメールをいただいたが，あとから関係者に聞いたところによると，彼らもこの反応を狙っていたようだった．早稲田大学の山口潤一郎先生もニトロベンゼンのクロスカップリング反応を考えていたようで，2017 年 3 月の日本化学会年会の予稿集を見て完敗宣言のメールをくれた．いわゆる「世界には同時に同じアイデアをもつ人が何人かいる」というのを実感した．

　その後，山口研究室と中国のいくつかのグループは，ニトロベンゼンを用いるほかのクロスカップリング型反応を報告して，この研究をさらに発展させている．クロスカップリングは，求核剤の違いでそれぞれ人名反応として認知されているが，ハロゲンやありきたりな擬ハロゲン以外の脱離基で進む反応も人名反応になってくれないかな，というのがひそかな願いである．

参考文献
1. B. P. Fors, S. L. Buchwald, *J. Am. Chem. Soc.*, **131**, 12898 (2009).
2. R. M. Yadav, M. Nagaoka, M. Kashihara, R.-L. Zhong, T. Miyazaki, S. Sakaki, Y. Nakao, *J. Am. Chem. Soc.*, **139**, 9423 (2017).
3. F. Inoue, M. Kashihara, R. M. Yadav, Y. Nakao, *Angew. Chem. Int. Ed.*, **56**, 13307 (2017).

中尾　佳亮（Yoshiaki Nakao）
京都大学大学院工学研究科 教授
1976 年生まれ．2000 年　京都大学大学院工学研究科修士課程修了
＜研究テーマ＞新しい触媒，有機合成反応の開発

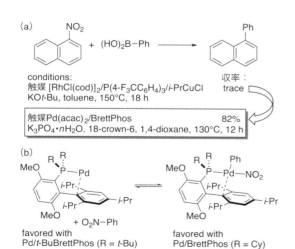

(a)

conditions:
触媒 [RhCl(cod)]₂/P(4-F₃CC₆H₄)₃/i-PrCuCl
KOt-Bu, toluene, 150℃, 18 h
収率：trace

触媒 Pd(acac)₂/BrettPhos
K₃PO₄·nH₂O, 18-crown-6, 1,4-dioxane, 130℃, 12 h
82%

(b)

favored with
Pd/t-BuBrettPhos (R = t-Bu)

favored with
Pd/BrettPhos (R = Cy)

図 1　ニトロベンゼンのクロスカップリング開発の経緯

94

アンモニア生成反応のブレークスルー
──予想していなかった水との特異な反応性

2005 年に助教授として独立した研究室を主宰する機会を与えていただいたのを機に，分子錯体を利用した常温常圧のきわめて温和な反応条件下で進行する窒素ガスからの触媒的アンモニア生成反応の開発に挑戦した．数年間の試行錯誤をした結果，ピリジン骨格を含む PNP 型ピンサー配位子[1]や N-ヘテロカルベン骨格を含む PCP 型ピンサー型配位子[2]をもつモリブデン錯体が有効な触媒として働くことを明らかにした．

2003 年に Schrock らがトリアミドモノアミン型四座配位子をもつモリブデン窒素錯体を触媒として用いることで，触媒当たり 8 当量弱のアンモニアが生成することを報告[3]して以来，成功例はほぼ皆無であった反応系でモリブデン当たりのアンモニア生成量も当時の世界最高値である 100 当量を超え，やっと「触媒反応」として胸を張っていえるレベルに達した(図 1)．

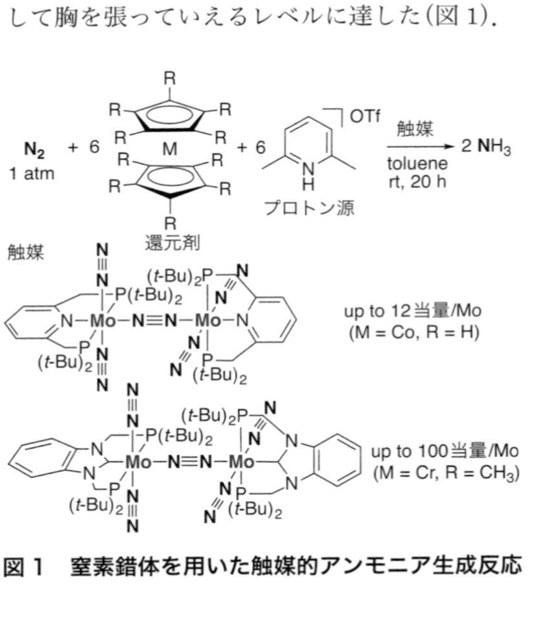

図 1　窒素錯体を用いた触媒的アンモニア生成反応

触媒反応の開発に成功した反応系では，コバルトセン誘導体やカリウムなどを還元剤として，ピリジン共役酸や強酸などをプロトン源として利用する必要があった．次世代型窒素固定法の開発へのさらなる展開を見すえると，次に検討すべき点は合成が必要で，高い反応性をもつ還元剤やプロトン源の代わりに，より安価で豊富に存在し，かつ入手が容易で安全な反応剤である「水」を利用することであった．しかし，窒素錯体に代表される低原子価の反応活性種は水と容易に反応して配位窒素分子の解離が起こるとともに，不活性種であるオキソ錯体（M=O）を与えることはよく知られていた．このように，水をプロトン源および犠牲還元剤として利用することは理想であるが，実際にはきわめて困難であることがいわば常識となっていた．

当時大学院生であった芦田裕也君が 1980 年代からカルボニル化合物からアルコールへの還元反応において一電子還元剤として用いられていたヨウ化サマリウム（SmI_2）の還元力に着目し，この SmI_2 を還元剤として利用した触媒的アンモニア生成反応を検討していた．当初は，従来から用いられてきたピリジン共役酸などをプロトン源として用いて反応を行っていたが，芳しい結果は得られなかった．その後，思い切って水やアルコールをプロトン源として用いたところ，非常に速やかに反応が進行し，アンモニアが高収率かつ高選択的に得られることを見いだした．芦田君からこの該当する結果について初めて報告を受けた際には，筆者自身もたいへん驚いて興奮しながら再現性やコントロール実

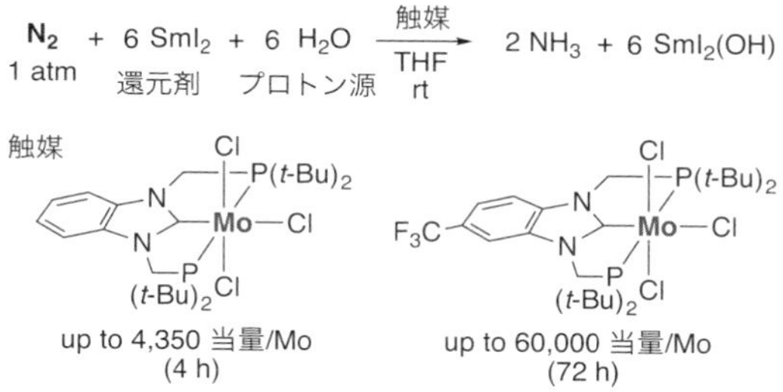

$$N_2 + 6\,SmI_2 + 6\,H_2O \xrightarrow[\substack{THF \\ rt}]{触媒} 2\,NH_3 + 6\,SmI_2(OH)$$

1 atm　　還元剤　　プロトン源

触媒

up to 4,350 当量/Mo
(4 h)

up to 60,000 当量/Mo
(72 h)

図2　窒素と水からの触媒的アンモニア生成反応

2 SmI₂
N₂

3 SmI₂, 3H₂O

N₂

NH₃

NH₃

1/2

P = P(*t*-Bu)₂

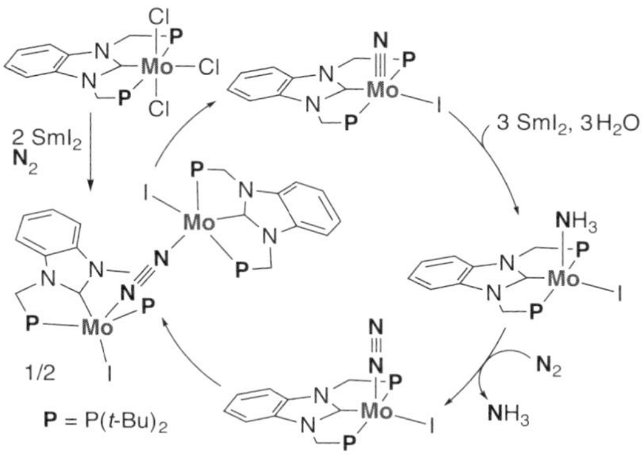

図3　触媒的アンモニア生成反応の推定反応機構

験についての詳細を確認したことが記憶に鮮明
に残っている．芦田君が反応条件などについて
より詳細に検討した結果，SmI₂と当量の水を
用いた反応系が最も有効に働くことを明らかに
した．

　最終的にはモリブデン錯体当たりに生成する
アンモニアは4,000当量以上で，反応開始1
分間で生成するモリブデン錯体当たりのアンモ
ニア生成量は100当量に達するほどの超高速
で進行する触媒反応であることが明らかになっ
た（図2）．その推定反応機構を示す（図3）．触
媒活性は従来の最高値であった当研究室で達成
した結果を大きく凌駕するものである[4]．電子
求引性基を導入した錯体を触媒として利用する
ことで，さらに一桁高い触媒活性も達成してい
る[5]．このモリブデン錯体を用いた反応系で達
成された触媒能は，窒素固定酵素ニトロゲナー
ゼがもつ触媒能に匹敵した．この結果はニトロ
ゲナーゼがもつ機能を人工的に再現したことに
なる．

　詳細に検討した結果，SmI₂に水が配位した

SmI₂–水錯体が反応系中で生成し，このSmI₂–
水錯体からモリブデン活性種へとプロトン共役
電子移動（PCET）反応が進行することが明らか
になった．SmI₂と水を個別に用いた場合には
それぞれの反応はまったく起こらない．ところ
が，両者を組み合わせた場合にのみ，特異的に
速やかに反応が進行する反応機構でプロトンと
電子の移動が協奏的に進行しているのである．
一方，系中で不活性種として生成すると推定さ
れていたオキソ錯体を触媒として用いた場合で
も，触媒的アンモニア生成反応は遜色なく進行
する実験結果が得られた．これはモリブデンよ
りもサマリウムの親酸素性が高いため，系中で
オキソ錯体が生成した場合でも，オキソ配位子
がモリブデンからサマリウムへ移動することを
示している．

　上記の一連の結果は，常識とされていること
を疑ってかかる研究者としてのセンスの重要性
と思い込みによる先入観の危険性を再認識させ
るものである．研究者として，自分自身で実験
を行うとともに，その実験結果の検証がいかに
重要であることかを示している．実際に，新し
い自分のアイデアが正しいかどうかは，すぐに
自分の手で実験を行う試行錯誤で確認できる．
これらは反応開発の分野でのみしか得られない
醍醐味で，実験化学者の特権である．

参考文献
1. K. Arashiba, Y. Miyake, Y. Nishibayashi, *Nat. Chem.*, **3**, 120 (2011).
2. A. Eizawa, K. Arashiba, H. Tanaka, S. Kuriyama, Y. Matsuo, K. Nakajima, K. Yoshizawa, Y. Nishibayashi, *Nat. Commun.*, **8**, 14874 (2017).
3. D. V. Yandulov, R. R. Schrock, *Science*, **301**, 76 (2003).
4. Y. Ashida, K. Arashiba, K. Nakajima, Y. Nishibayashi, *Nature*, **568**, 536 (2019).
5. Y. Ashida, T. Mizushima, K. Arashiba, A. Egi, H. Tanaka, K. Yoshizawa, Y. Nishibayashi, *Nat. Synth.*, **2**, online (2023).

西林　仁昭（Yoshiaki Nishibayashi）
東京大学大学院工学系研究科 教授
1968年生まれ．1995年　京都大学大学院
工学研究科博士後期課程修了
＜研究テーマ＞分子触媒と新規分子変換反
応の開発

95

香月–Sharpless 不斉エポキシ化 反応からの贈りもの
——先入観と意外性のもつれから得た教訓

1990 年 5 月 23 日深夜，香月–Sharpless 不斉エポキシ化反応（asymmetric epoxidation，以下 KSAE）を鍵反応として不斉合成した光学活性天然物の旋光度を測定するべく，旋光計にセルをセットした．その直後，体中の血液が逆流するほどの衝撃を受けた．旋光計が期待値と逆の符号の数値を表示していたのである．直前に測定した ^{1}H NMR は報告値と完全に一致していた．「まさか，D2 にもなって不斉源として使う酒石酸エステルを取り違えて，逆の絶対立体配置をもつエポキシ体を合成してしまったのか」．真っ赤になって激怒する先生の顔を思い浮かべ，冷や汗と脂汗が同時に吹きだした．旋光度を記入したら即投稿できるように，すでに論文は書き上げられていた．素直に謝るしかなかった．今度こそ，絶対に間違いのないように，使用する酒石酸エステルのラベルを何度も確認して，再び KSAE を仕込み，同様に天然物を合成して，旋光計の前に座った．しかし，旋光度は前回と同じ逆符号の数値を示していた．この天然物スフィンゴシンは過去に数例の合成報告があり，それらの旋光度と構造式はすべて一致していた．これは，KSAE でのエナンチオ選択性が逆転していたと考えるべきではないか？

KSAE は 1980 年に報告されて以来，優れた不斉合成反応として世界中の合成化学者に活用され，適用する酒石酸エステルのキラリティーと KSAE において発現するエナンチオ選択性には普遍的ともいえる経験則が確立されていた（図 1）[1]．実はここで用いた 1,2-ジオール基質

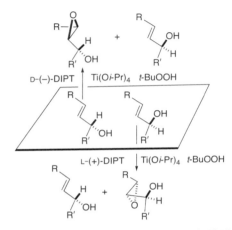

図 1　KSAE 反応の不斉発現における経験則

には，あるいわくがついていた．

筆者の学生時代，東北大学薬学部薬品合成化学教室（高野誠一教授，小笠原國郎助教授）は多目的キラル合成素子の開発と生物活性天然物のエナンチオ選択的合成を看板に掲げて活発な研究を行っていた．筆者は卒論研究として「メソ型対称性基質を用いるキラル合成」という課題のもと，当時の先駆けであった生体触媒を用いてキラル合成素子の開発に取り組んだ．研究室にあったのはパン酵母と Lipase MY のみで，とにかく不斉発現してくれる基質と反応条件を手探りでさらったが，酵素に微笑んではもらえなかった．生体触媒から人工の不斉合成触媒：Ti(Oi-Pr)$_4$，DIPT，t-BuOOH を用いる KSAE 触媒に切り替えて検討を継続することとなった．当時，助手だった畑山範先生（長崎大学名誉教授）の出世作となった，メソ対称性ジビニルカルビノールを基質とした不斉エポキシ化反応[2]の開発を目の当たりにしたころでもあり，類似

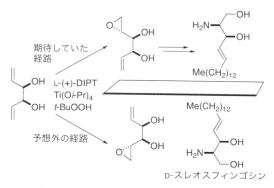

期待していた経路

予想外の経路

D-スレオスフィンゴシン

図2 予想外の選択性を発現した基質

したメソ対称性ジオール基質をKSAEに付した（図2）.

　基質は酒石酸エステルと同じ1,2-ジオール構造をもっており，Ti(IV)とキレートを形成して，うまく反応が進行しないのではと思いつつも，一世を風靡していた画期的な不斉酸化反応の行く末を，期待を込めて追跡した．ところが，反応はほとんど進行しなかった．まだ腕が未熟なのだと何度か追試したが，またもや同じ結果になった．ならば力ずくでと，化学量論量の反応剤をつぎ込んだが，望むエポキシ体は10%程度の収率でしか得られなかった（あまりにも結果が出なかったため，研究テーマが変更された）．先述の1,2-ジオール基質は，その卒論研究時に合成していたものだった.

　博士論文を執筆する要件が整い，心にも余裕が出てきたD2の冬，テーマの節目で実験台を整理していたとき，戸棚の奥に卒論研究で4年前に合成した大量の1,2-ジオールを見つけた．まだ無色油状で，とても捨てる気にはならない．4年前のリベンジ，もう一度，勝負してみようと思い，KSAEを仕込んでみた．何と，TLCでは生成物がしっかりと見えるではないか．4年間で自分の腕があがったと喜ぶ一方，本来行くべき反応を見落としてしまったことを反省した（4年前の敗因は，MS4Aを乾燥させる技術が未熟だったことに加え，Ti(IV)のキレートを解除して生成物を抽出する知恵がなかったことにあった）．1,2-ジオール基質であったため，

化学量論量のTi(Oi-Pr)$_4$/DIPT錯体を要したが，グラムスケールで原料回収を考慮して80%の収率で90% eeの光学純度をもつエポキシ体を得ることができた．このエポキシドから合成した天然物の絶対立体配置が経験則と"逆のもの"だったのである.

　たいへんなことになった．いったい，何が起こっていたのか？　メソジオールだけではなく，DL-ジオールについても検討したところ，これは恐ろしいくらい速く反応が進行して，しかも経験則とは逆のエナンチオおよびジアステレオ選択性で進行したエポキシドが生成することがわかった.

　わずか6炭素からなる生成物に対して，まぎれのない分子変換を行ったのち，キラルプールから導いた既知の化合物に誘導・比較することで，生成物の立体化学を合成化学的に決定した．Ti(Oi-Pr)$_4$とDIPTからなる錯体に1,2-ジオールが配位する様式が通常のアルコールと異なっているためと考察しているが，詳細は今なお不明である.

　以上の顛末は，KSAEのエナンチオ選択性が逆転した初めての事例として，アメリカ化学会誌に速報として掲載された[3]．特殊解の発見にすぎないが，筆者の化学者人生で最も感動した瞬間の物語であり，座右にある教訓のひとつとなっている.

参考文献
1. Y. Gao, R. M. Hanson, J. M. Klunder, S. Y. Ko, H. Masamune, K. B. Sharpless, *J. Am. Chem. Soc.*, **109**, 5765 (1987).
2. S. Hatakeyama, K. Sakurai, S. Takano, *J. Chem. Soc., Chem. Commun.*, **1985**, 1759.
3. S. Takano, Y. Iwabuchi, K. Ogasawara, *J. Am. Chem. Soc.*, **113**, 2786 (1991).

岩渕　好治（Yoshiharu Iwabuchi）
東北大学大学院薬学研究科 教授
1963年生まれ．1991年 東北大学大学院薬学研究科博士後期課程修了
＜研究テーマ＞高選択的有機合成手法の開発と天然物全合成

96

三人寄れば文殊の知恵
——1＋1＋1が30になる研究を目指して

今の世はさまざまな場面で多様性の重要さが指摘される．確かに画一性と多様性をバランスよく活用することで，何か違うことが起こるという期待感をもてる．研究の世界でも同じだ．個性豊かな異種の元素や官能基を適切に集積することでさまざまな特異現象を引きだせる．筆者は生体酵素をライバルとして，これまで不斉触媒研究に取り組んできた．とくに，中性条件下，室温でタンパク質を加水分解するプロテアーゼの多機能性に魅了され，こんな酵素を模倣した人工触媒を開発したいという夢をずっと抱いていた．プロテアーゼの触媒作用部位にはアニオンホールとよばれる切断されるアミドのカルボニル基を安定化する複数の水素結合供与部が存在する．これに相当する触媒作用部位を設計できれば人工酵素触媒を開発できると考え，適切な官能基群を模索していた（図1）．

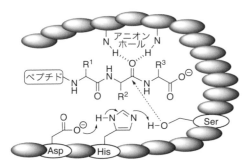

図1　プロテアーゼの触媒作用

2002年，Etter, Curran, Jacobsen, Schreiner らの報告をヒントに，チオ尿素の水素結合供与性を利用した触媒**1**を設計した．しかし新触媒の合成は順調に進んだものの，適用可能な不斉反応を見いだせず苦労が続いた．

当時担当していたO君が隣の研究室で使用していたニトロアルケンをもらってマロン酸エステルとのMichael反応を試したところ，この触媒が高い触媒活性を示し，γ-アミノ酸の原料となる付加体をエナンチオ選択的に与えることを見いだした（図2）．この発見により二官能性アミノチオ尿素触媒を先んじて世に発表できた[1]．また計算化学による触媒作用解析の重要性を実感する契機にもなった．その後は，ニトロアルケンの知見を触媒と反応設計に活用することで，芋づる式に研究を展開できた．想定外のところで苦労したが，検討リストに入れなかったニトロアルケンを試してくれた共同研究者のちょっとした道草が功を奏し，1＋1が4になった成果である．

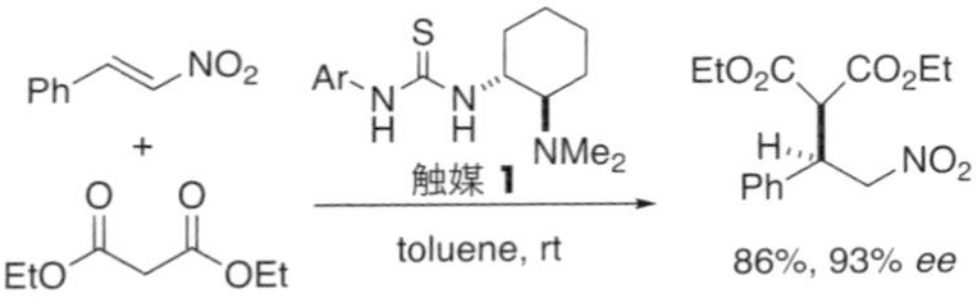

図中：
Ph——NO₂
＋
EtO₂C——CO₂Et（EtO—O—OEt）
Ar—NH—C(=S)—NH—（シクロヘキサン）—NMe₂
触媒**1**
toluene, rt
EtO₂C CO₂Et
Ph—NO₂
86%, 93% *ee*

図2　触媒的不斉 Michael 付加反応

アンモニアリアーゼは，α,β-不飽和カルボン酸へのアンモニアの共役付加を促進し，キラルなβ-アミノ酸を産生する．従来の不斉触媒ではカルボン酸を直接活性化できないため，カルボン酸をイミドなどに変換する必要があった．チオ尿素の水素結合相互作用に加え，ボロン酸による活性化を期待してアミノボロン酸をもつ新触媒をデザインした（図3）．この設計によりカルボキシラートは三つの水素結合と一つの配位結合により活性化される．しかし提唱されて

いる酵素の触媒作用と比べると，カルボン酸のみを活性化しているだけで，アンモニアの付加やα位のプロトン化を促進する仕掛けには至っていない．まだまだ稚拙な触媒設計であったが，あとは"出たとこ勝負"でK先生とH君に研究を託した．

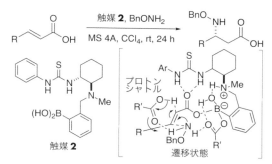

触媒**2**，BnONH₂

図4　触媒2によるカルボキシ基の活性化機構

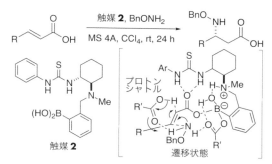

図3　リアーゼの触媒作用に基づく触媒設計

幸運にも最初に設計した触媒が最もよい収率と選択性を叩きだした．しかし喜んだのは束の間で，基質依存性が非常に高かった．そこで原点に立ち返って，反応機構を明らかにすることにした．ホウ素NMRとESI質量分析から，触媒のホウ素原子には2分子のカルボキシラートと一つのヒドロキシ基が配位し，触媒が四配位錯体として存在することがわかった．これが真実なら反応速度は求核剤のみに依存することになる．ところが，反応次数はカルボン酸と求核剤に対してそれぞれ一次であった．再び研究が暗礁に乗りあげたが，さまざまな可能性を議論するなかで，ついにもう1分子のカルボン酸が関与する遷移状態にたどり着いた（図4）．求核剤BnONH₂はホウ素に配位するカルボキシラートと水素結合しながら，紙面上側から不飽和カルボン酸のβ位を攻撃する．ここで3分子目のカルボン酸が，α位のプロトン化と求核剤の脱プロトン化にプロトンシャトルとして働くことで，酵素様の触媒作用を再現できた．実際にこの遷移状態はDFT計算により支持されている．

研究とは自然との対話である．必要に応じてさまざまな手法を取り入れ，その都度学習しながら未知のゴールに向かって進む．だが否定的

な意見を語る者が一人でもいたら，研究は破綻する．先が見えない不安な暗闇のなかでも前向きに議論しアイデアをだし合い，しぶとく前に進んでくれた共同研究者には頭が下がる．さらにこの話には続きがある．議論の最中，この遷移状態が正しければ，反応しないダミーのカルボン酸の添加によりエナンチオ選択性が向上するはずだと誰かが発言した．早速試してみたところ，安息香酸を1当量添加すると，いずれの基質からも高い選択性（＞90% *ee*）で付加体が得られたのである[2]．これにより反応機構のパズルに必要な最後のピースをはめることができた．

結果的には随分と回り道をしたが，この時間は無駄ではなく，かかわった3人で多くのことを学び議論を交わしながら予想外の現象を見いだす満足感を味わえた．1＋1＋1が単に3で終わらず30になった瞬間である．この快感を味わい，次の難問に挑戦する勇気をもらえることが最高のご褒美なのかもしれない．

参考文献
1. T. Okino, Y. Hoashi, Y. Takemoto, *J. Am. Chem. Soc.*, **125**, 12672 (2003).
2. N. Hayama, R. Kuramoto, T. Földes, K. Nishibayashi, Y. Kobayashi, I. Pápai, Y. Takemoto, *J. Am. Chem. Soc.*, **140**, 12216 (2018).

竹本　佳司（Yoshiji Takemoto）
京都大学大学院薬学研究科 教授
1960年生まれ．1988年　大阪大学大学院薬学研究科博士後期課程修了
＜研究テーマ＞有機触媒の設計，天然物の全合成，糖ペプチド化学修飾法の開発

97

不斉有機触媒を用いるミロガバリンの合成プロセス開発
——「うまい，安い，早い」合成プロセス開発を目指して

医薬品プロセス化学の目的は，平たくいえば医薬品の活性成分である原薬を「うまく，安く，早く（簡便な操作で高品質に，安価で，短期間に）」製造できる実用的な合成プロセスの開発である．単に短工程で高収率の合成ルートを求めるだけでなく，製造コストや反応安全性，生産効率，品質恒常性，環境負荷，法規制など，さまざまな要素を総合的に考慮して最も実用的な合成法を見つけ，実際に製造現場で実証するのがプロセス化学の醍醐味である．ここではその一例として，神経障害性疼痛薬ミロガバリンの合成プロセス開発の経緯を紹介する．

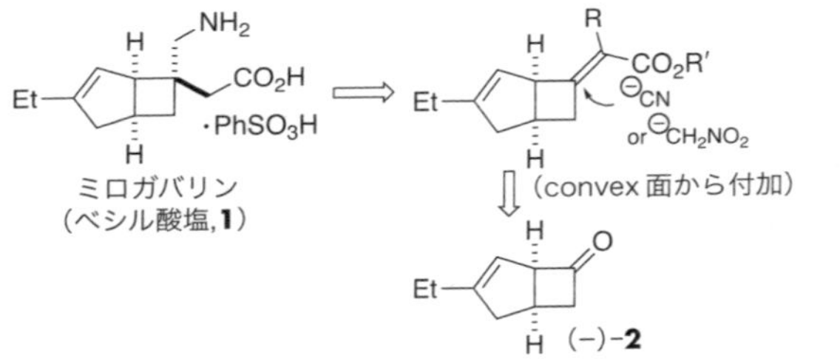

図1　ミロガバリンの合成戦略

ミロガバリン（**1**）は，分子量209の非常に小さな分子であるが，3連続不斉中心を含む独特な二環式骨格をもち，サイズのわりに合成難易度の高い標的である．実際，開発当初の合成プロセスは製造コストが高く，採算性が見込めなかったため，より低コストで効率的な合成法の開発がミッションとして筆者らのチームに課せられた．筆者らは光学活性ケトン（−）-**2**を鍵中間体とし，屈曲構造をもつこの分子の特性を利用して側鎖を立体選択的に導入する合成戦略を考えた（図1）．また，光学活性ケトン（−）-

2に関しては，初期の研究結果から実用的な不斉合成法の開発は困難と判断し，ラセミ体のケトン（±）-**2**を光学分割する方針とした．この研究を開始した2008年当時，学術界では不斉有機触媒反応の開発が隆盛を迎えており，筆者はこの合成手法を自らの手で実用化できたら面白いと漠然と考えていた．そんな折，通勤電車にゆられながら，ケトン（±）-**2**の光学分割法についてあれこれと考えを巡らせていると，ふと，あるアイデアが頭に浮かんだ．それは，ケトン（±）-**2**の大きく屈曲した分子構造と有機触媒の不斉認識能をうまく組み合わせれば，不要な立体異性体を選択的に反応させ，効率的な速度論的光学分割が可能ではないかというものであった．早速，ケトン（±）-**2**とアルデヒド**3**のアルドール反応を試すこととし，キラルなアミン触媒をスクリーニングした結果，触媒**4**を用いた場合に（＋）-**2**が高選択的に反応し，目的の（−）-**2**を高い光学純度および回収率で得られることを見いだした（図2）．

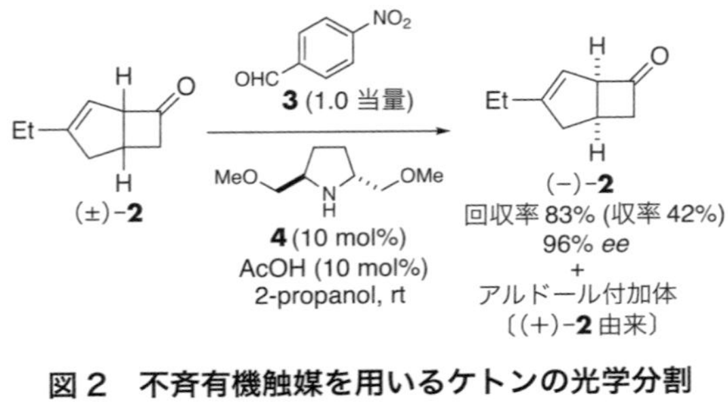

図2　不斉有機触媒を用いるケトンの光学分割

筆者のアイデアが実証され，高い選択性で反応が進行したことにチームは一時歓喜したが，すぐに現実に引き戻された．このままでは医薬

品の製造プロセスにはとても適用できなかったからだ．この反応の実用上のおもな課題は二つあった．第一に，触媒 **4** が非常に高価であること，第二に，高純度の目的物を得るためにカラムクロマトグラフィーなどの煩雑な精製操作が必要なことであった．すぐに解決に向けた研究に取り組んだが，事はそう簡単にはいかなかった．

　第一の課題に対しては，まずは触媒 **4** の簡便な合成法の開発により解決を図ったが，失敗に終わった．そこで代替となる安価な触媒を探すことにし，計算科学による最適な触媒構造の探索を試みたが，これも徒労に終わった．最終的に，当時，当社のコンサルタントだった丸岡啓二先生にご相談し，最初の触媒スクリーニング結果を改めて見直した．その結果，「一置換ピロリジン触媒であっても，適度な大きさの置換基を導入すれば，高い選択性が期待できるのでは？」との考えに至り，プロリン誘導体を中心に触媒を再探索したところ，安価に入手できる触媒 **6** を用いても高選択的に反応が進行することを見いだした（図3）．

できた．この工夫により，反応終了後に有機層を塩基性水溶液で洗浄することで酸性部位をもつアルドール体（**7** および **8**）や過剰な反応剤 **5** を効率的に水層へ移行させて除去できるようになった（図3）．最終的に，洗浄後の有機層から単蒸留するだけで高純度の光学活性ケトン（−）-**2** を簡便に取得できた．「この有機触媒反応を実用化できる！」と確信した瞬間である．この研究過程では，実用化に疑問を呈し，本方法の適用を断念すべきとの声も社内から漏れ聞こえたが，周囲の懸念の声に負けず，本方法の可能性を信じ続けて，チーム一丸となって粘り強くさまざまな角度から検討を続けたことが最後に実を結んだ．

　最終的には，Claisen 転位反応を用いるケトン（±）-**2** の効率的合成法の開発[1]と立体選択的シアノ化による不斉四級炭素構築にも成功し（図4），ミロガバリンの実用的な合成プロセスを完成させることができた．現在，この合成プロセスを用いて数百 kg のバッチスケールにてミロガバリンが製造され，製剤化後，神経障害性疼痛に苦しむ患者のもとへ届けられている．自ら設計した合成プロセスが巨大な製造装置で具現化され，それが社会貢献につながっている．プロセスケミストとしてこれ以上の喜びはない．

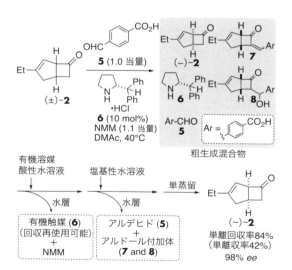

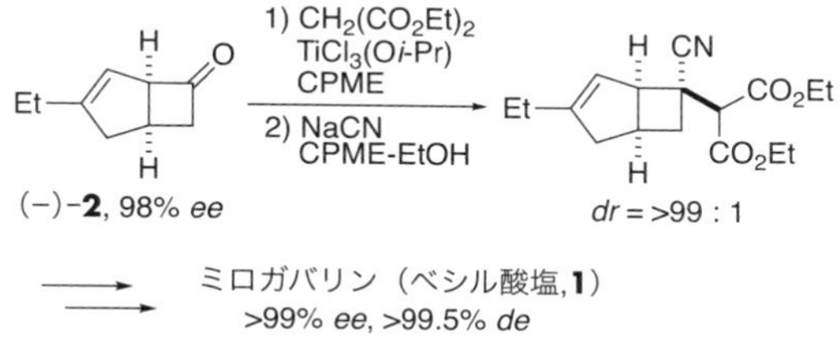

図3　ケトンの工業的光学分割法

　第二の課題は，副生成物と目的物の物性の違いに着目し，反応剤であるベンズアルデヒドに酸性部位（カルボキシ基）を導入することで解決

図4　ミロガバリンの工業プロセス

参考文献
1. 金田岳志，ファインケミカル，**46**，50（2017）．

中村　嘉孝（Yoshitaka Nakamura）
第一三共株式会社 テクノロジー統括本部
製薬技術本部 プロセス技術研究 所長
1969 年生まれ．1993 年　東京工業大学大学院理工学研究科修士課程修了
＜研究テーマ＞医薬品のプロセス化学

98

林-Jørgensen 触媒の開発
——予想していなかった触媒機能

不斉触媒の開発は難しい．不斉触媒に要求される機能は，立体選択性や反応性，汎用性，触媒の合成容易さ(安価)，環境調和性など，多岐にわたる．クリアーしなければいけないハードルは非常に高く，多い．筆者らの開発した触媒が世の中で今のように広く使われ，林-Jørgensen 触媒とよばれるようになるとは思いもしなかった．とても嬉しい誤算である．研究とは，自分の予期していたようには進まない．そこに面白さがある．

2000 年の List によるプロリンを用いた不斉触媒反応が報告されて以来，エナミンを中間体とする有機触媒の開発が多くの研究グループで展開された．当時は，プロリンのカルボン酸のプロトンが，求電子部位を活性化するために高い不斉収率の実現に必須であると考えられており（図1**A**），筆者らもそのような考えに基づき，酸性部位をもつ有機触媒を開発していた．しかし実験を行っていて，反応によっては酸性部位が必要なく，立体的にかさ高い置換基があれば選択性を発現することに気がついた．あまりにも単純なアイデアのため，半信半疑ではあったが，ともかくこのシンプルなアイデアに基づき，アルデヒドとニトロアルケンの Michael 反応において，いろいろな触媒をつくっては試すのを繰り返した．高い不斉収率はなかなか得られなかったが，ジフェニルプロリノール **1** を用いたときに，95% *ee* が得られた．やったと思った．しかし収率は低く，反応条件を変えたり，いろいろな添加剤を試したりしたが，改善できなかった．ちょうどそのころ，別のプロジェク

図1　有機触媒

トでプロリンにシロキシ基を導入すると反応性が向上するという現象を見いだしていたため，ジフェニルプロリノール **1** のアルコールをシリル基で保護したらどうなるだろう，という考えが何気なく浮かんだ．すぐに試したところ，触媒の反応性は大きく向上し，不斉収率も 99% *ee* に上がった．ジフェニルプロリノールシリルエーテル **2**（図1）が誕生した瞬間である[1]．

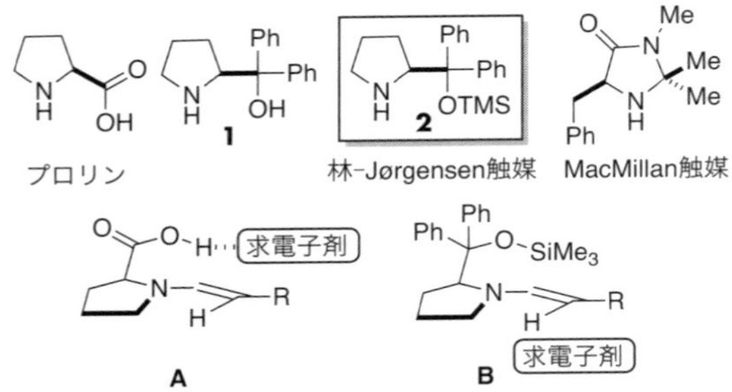

この触媒をいろいろな反応に適用して研究を楽しむことを考えていた矢先，その甘い期待はすぐに裏切られた．同時期に似た触媒が Jørgensen のグループにより報告されたのである．ここから Jørgensen との厳しい競争が始まると同時に，しばらくして多くの研究者が参入し胃が痛くなるような厳しい競争のなかに放り込まれることになったのである．

開発当時，本触媒が今日用いられるような代表的な有機触媒になるとは考えていなかった．なぜなら，立体障害により選択性が発現するという単純な原理に基づくのであれば，もっと優れた触媒は容易に設計できるし，すぐにとって代わられると考えたからである．しかし実際は，

今日まで生き延びただけでなく，林-Jørgensen
触媒として多くの人が利用するという光栄に恵
まれた．なぜだろうか？

　酸素や水の厳密な除去が必要なく，最終生成
物に金属残留の恐れがない，といった有機触媒
としての利点だけでなく，合成が容易で，非常
に高い不斉収率を達成できる，という特徴をも
つこの触媒には，2021年にノーベル賞の対象
となったプロリン，MacMillan触媒とは決定
的な違いがある．プロリンの場合は，エナミン
の反応において，酸性成分であるカルボン酸が
重要であり，求電子剤を活性化する役割を担う
が（図1**A**），求電子剤によって，酸との相互作
用が異なるため，オールマイティーな触媒の創
製は難しい．それに対し，筆者らの触媒はエナ
ミンの一方のエナンチオ面を完璧におおってい
るため（図1**B**），多くの求電子剤に適用できる．
またMacMillan触媒はイミニウム塩経由の反
応には有効であるが，エナミンの反応には適さ
ない．筆者らの触媒はイミニウム塩，エナミン
のどちらの反応にも適したちょうどよい，非常
に稀な反応性をもっていたのである．当初はエ
ナミンを活性種とする触媒開発を目指したが，
それがたまたまイミニウム塩としても優れた反
応性をもっていたことに驚いた．この幸運に感
謝する．

　このエナミン／イミニウム塩の両方の特徴を
活かした合成反応を行えないかと頭を絞り，
Coreyラクトンのワンポット152分合成[2]にお
ける第1段階の反応でそれを実現することが
できた（図2）．Coreyラクトンは強力な生物活
性をもつプロスタグランジン類の重要合成中間
体である．連続的なイミニウム塩，エナミン経
由のドミノ・Michael・Michael反応であるが，
これが可能なのは両方の活性種が十分な反応性
をもつためであり，ほかの触媒では難しい．ま
た最初のMichael反応で高い不斉収率が実現
され，次のジアステレオ選択的分子内Michael
反応でも，キラルな触媒が関与するため不斉収

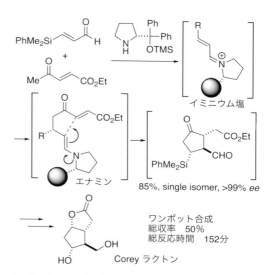

図2　Coreyラクトンのワンポット152分合成

率は向上し，ほぼ光学的に純粋な化合物が得ら
れたのにも驚いた．いずれも，触媒開発当初は
予期していなかったことである．想定以上の機
能をもっていることに驚かされた．

　筆者のような凡人が考えることには限りがあ
る．しかし実験を行うと，たまに考えてもいな
かったことが起こる．意外なことが起こった理
由を明らかにし，合成に利用できないかといろ
いろ知恵を絞る．ここに研究の楽しみがある．

　研究の計画は非常に大切ではある．しかし，
当初の計画とははるかに異なった高みに達し，
自分の見いだした触媒や反応が利用されている
新しい世界を見るのは，有機合成化学研究の醍
醐味である．現在，本触媒は筆者の手を離れ，
多くの人の研究に役立っており，触媒開発に携
わる身としては，研究者冥利に尽きる．

参考文献
1. Y. Hayashi, H. Gotoh, T. Hayashi, M. Shoji, *Angew.
   Chem. Int. Ed.*, **44**, 4212 (2005).
2. N. Umekubo, Y. Suga, Y. Hayashi, *Chem. Sci.*, **11**, 1205
   (2020).

林　雄二郎（Yujiro Hayashi）
東北大学大学院理学研究科 教授
1962年生まれ．1986年　東京大学大学院
理学系研究科修士課程修了
＜研究テーマ＞有機触媒の開発と天然物の
全合成

99

生物有機化学の交差点
──人との出会いが研究を深める

アメリカ・コロンビア大学の中西香爾先生の研究室の門をたたいたのは，1998年7月のことだった．企業の研究所で研究員として10年近く有機合成を中心に携わったのち，米国に渡ることになり，恩師の楠本正一先生（大阪大学名誉教授）のお力添えもありメンバーに加えていただいた．いろいろとイレギュラーな状況（就学前の子どもも一緒だったなど）ではあったが，人生を振りかえると最も自身の研究や実験だけを考えた時期であり，結果的に短期間でいくつかの成果につながったのかもしれない．さらに学際分野でもある生物有機化学の研究を進める際に，研究室を超えてさらにほかの人につながっていったことは，新しい成果を得るための重要な要素だったように思う．

光受容体ロドプシン発色団の活性な"分子の形"

中西研究室でおもに担当したテーマのひとつは，光受容体ロドプシン（Rh）の発色団である11-*cis*-レチナールのRh中での活性配座構造，とくに二重結合周辺のねじれの向きを決める研究であった（図1）．

当時は，視覚の鍵となる光受容体Rhの立体構造が解明されておらず（その後2001年にX線結晶構造解析の最初の報告），内部に結合し

ている発色団11-*cis*-レチナールの吸収波長や分子の動きに大きな影響を与える配座構造について，さまざまなアプローチでの解析が行われていた．中西研では，配座固定レチナールを用い再構成したRhの円二色性（CD）を使って構造を解析していた．一方，計算的にRh中の発色団レチナールの配座解析を行っていたドイツのグループが異なる結果を報告していたほか[1]，複数のグループが異なる報告をしていて論争になっていたため，中西研でもより詳細に解析することになり，その実験を筆者が担当した．

筆者側の実験結果を検証するため，Rhと再構成した配座固定レチナールを合成して配座解析を行うことになった．当初は特定の原子間の距離が近い場合に相関が観測できる核オーバーハウザー（NOE）効果で解析したが，NOEでは想定している相関を明確には観測できなかった．詳細な配座解析のためNMR室に入り浸り，装置担当のJohn Decatur博士とともに，いくつかの測定法を試みた．目的の構造は環状で，化学シフトの近い^{1}Hどうしのカップリングによる複雑な二次効果の影響を受けるため，解析が難しかった．そこでまず，ちょうど見つけた一次元NMRでの解析例に関する論文を参考にす

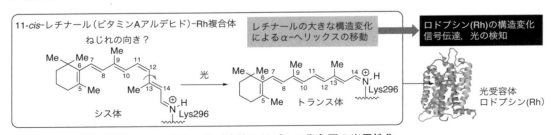

図1　光受容体ロドプシン発色団の光異性化

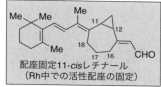

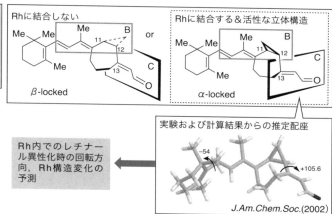

配座固定11-cisレチナール
（Rh中での活性配座の固定）

①両胸像体の合成（選択的シクロ
プロパン化）
②Rh中のCDスペクトルの解析
③配座決定（NMR：$^{13}C/^1H$-cou-
pled HSQC E.COSY, DFT計算）

Rhに結合しない

β-locked

Rhに結合する＆活性な立体構造

α-locked

実験および計算結果からの推定配座

Rh内でのレチナール異性化時の回転方向，Rh構造変化の予測

−54 +105.6

J. Am. Chem. Soc. (2002)

図2　Rh解析のための配座固定11-cis-レチナールの詳細な配座決定の道筋[3]

ることにした．$^1H–^{13}C$ カップリングさせた HSQC を利用し，二次効果の影響を避け近傍のスペクトルを単純化したところ，狙いどおりに化学シフトおよび結合定数を解析することができた！ また E. COSY で可能な範囲で結合の相関と結合定数を解析したところ，結合角を推定できた．こうして，実験データを解析し構造を推測することに成功した（図2）．一方で，計算的に安定配座を計算し，分子力場計算で配座探索をしながら DFT 計算で最安定構造を確認し，実験データと比較して配座を決定した．当時コロンビア大学には分子シミュレーションシステムのシュレディンガー社を設立した W. C. Still 教授と R. A. Friesner 教授の研究室があった．とくに DFT 計算のため，Friesner 先生のラボメンバーに相談しながら初期の計算を進め，実験から得られたデータと矛盾のない配座を定めることができた．

一方で，結果がだんだん明らかになっていくにつれ，研究室でこれまで想定していた構造とは異なる配座構造らしいことがわかってきた．当初期待されていた構造ではなかったので複雑な気持ちだったが，NMR のデータがそろった時点ですべてのデータを携え，中西先生に結果を説明して構造を確認した．いろいろな議論と確認を経て，得られた結果については，2報の論文として発表することになり[2,3]，とくに配座解析については米国化学会誌に投稿し，無事に

出版された[3]．一連の実験では，上記のほかタンパク質の取扱いなども含め，研究室を超えて周囲の関連研究者とつながっていったことが成果に結びついた．難しい経緯のなか，新しい結果の発表についてサポートいただいた中西香爾先生には感謝している．

真理の探求をふり返って

あらためてふり返ると，当時，苦労しながらも，粘り強く研究を深めることができ，いくつかの成果が得られた．これは，中西先生の共同研究に対する姿勢やコロンビア大学化学科のアットホームな雰囲気にも助けられ，研究室の枠を超えて関連分野の研究者とつながれたことが大きな要因のひとつであり，学際分野での研究の深まりと広がりをもたらしてくれた．このときの探究の経験は，その後の研究のやり方にも大きく影響し，その後の人生に大きくつながっていくことになった．

参考文献
1. V. Buß, K. Kolster, F. Terstegen, R. Vahrenhorst, *Angew. Chem. Int. Ed.*, **37**, 1893 (1998).
2. Y. Fujimoto, R. Xie, S. E. Tully, N. Berova, K. Nakanishi, *Chirality*, **14**, 340 (2002).
3. Y. Fujimoto, N. Fishkin, G. Pescitelli, J. Decatur, N. Berova, K. Nakanishi, *J. Am. Chem. Soc.*, **124**, 7294 (2002).

藤本　ゆかり（Yukari Fujimoto）
慶應義塾大学理工学部 教授
1967 年生まれ．1989 年　大阪大学理学部卒業
＜研究テーマ＞免疫調節性分子および複合糖質・脂質の生物有機化学

100

偶然な「出会い」を大切に
——予期せぬ結果から新たな展開

誰しも研究人生において，感動を覚える瞬間をもつだろう．とくに，予期せぬ幸運な結果に出会うと喜びも倍増する．本稿では，筆者がこれまでの研究で出会ったいくつかの「感動の瞬間」を紹介する．

サマリウムケチルラジカル錯体の単離とピナコールカップリング反応の可逆的制御

ケトンなどのカルボニル化合物の一電子還元により生成するケチルラジカルは，百年以上前からピナコールカップリングなどの有機反応の活性種として想定されていたが，反応性がきわめて高いゆえに，単離や構造解析が難しかった．筆者は学生時代に行った希土類金属を用いたケトンの還元反応の研究をきっかけに，理化学研究所に着任後は，まず低原子価希土類錯体を用いたケチルラジカル種の単離に挑んだ．立体的にかさ高いアリールオキシド配位子をもつ2価サマリウム錯体 **1** とフルオレノン（**2**）との反応から運よくケチル錯体 **3** を初めて単結晶として単離し，X線結晶構造解析をすることに成功した（図1）[1]．しかし喜びもつかの間，紫茶色のケチル錯体 **3** をジエチルエーテルに溶かしたところ，またたく間に薄黄色に変わり「分解」してしまった．気を取り直してこの「分解物」をエーテルとヘキサンから再結晶すると，ラジカルがカップリングしてピナコラート錯体 **4** が生成したことを突き止め，「分解」も立派な化学反応だと実感した．

この体験は，その後のチタンヒドリド錯体による窒素分子やベンゼン環の切断の発見にも活かされた[2,3]．さらに驚いたことに，薄黄色のピ

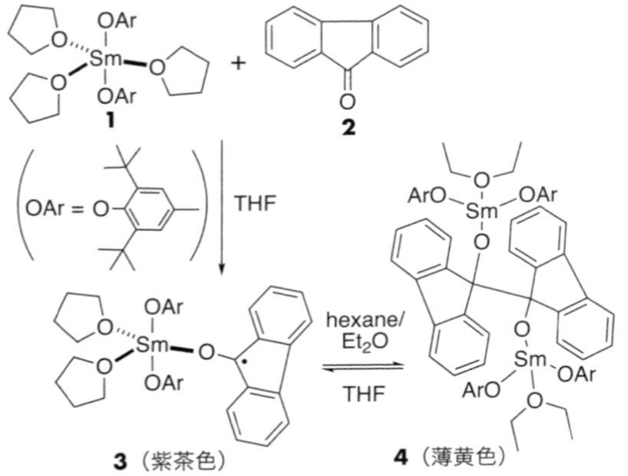

図1 サマリウムケチルラジカル錯体の単離とピナコールカップリング反応の可逆的制御

ナコラート錯体 **4** を THF に溶かすと一瞬にして紫茶色に変わり，元のケチル錯体へと戻った．つまりケチル錯体 **3** の金属に配位した THF がエーテルに置換されると，ラジカル種がカップリングしてピナコラート **4** を与え，エーテル配位子が THF 配位子に再置換されると，ピナコラートの炭素–炭素結合が切断され，ケチルラジカルが再生したのである．中心金属の補助配位子を適切に調節すれば，その周辺の活性種の反応性を制御できることを初めて体験した．

希土類触媒を用いたミクロ構造制御による自己修復ポリマーの創製

一つのシクロペンタジエニル（Cp）配位子をもつハーフサンドイッチ型希土類ジアルキル錯体は，Cp 配位子を二つもつメタロセン錯体に比べ配位不飽和なため，高い反応性が期待できる．しかし比較的大きなイオン半径をもつ希土類では，配位子の再配列が起こりやすく，そのような錯体の合成は容易ではない．ケチル錯体の研

究体験をもとに，筆者らは金属と補助配位子の適切な組合せを突き止め，さまざまなハーフサンドイッチ型ジアルキル錯体の合成に成功した．さらに，この種の錯体はオレフィン類の共重合に特異な触媒活性や選択性を示すことも明らかにした．そこで高機能性ポリオレフィンの創製を目指し，従来は困難であったヘテロ原子を含む極性オレフィンとエチレンの共重合に取り組んだ．立体的に小さな配位子をもつスカンジウム触媒 **5** を用いてエチレンとアニシルプロピレン（AP）の共重合を試みたが，望みの共重合体は得られず，AP のみが重合した（図 2a）．一方，かさ高い配位子をもつ触媒 **6** を用いて同様の反応を行ったところ，エチレンと AP の組成比がほぼ 3：2 に制御されたユニークなマルチブロック共重合体が得られた（図 2b）[4]．ここでも補助配位子の構造の違いによる触媒活性や選択性の変化におおいに驚かされた．

得られた共重合体の物性を調べると，元の長さの約 22 倍の伸張性を示す優れたエラストマーであるとわかった．さらに驚いたことに，たまたま物性測定に使ったフィルムを何枚か重ねて置いていたところ，しばらくして手に取ると，重ねたフィルムが互いにくっつき，完全に一体化していた．そこで，このポリマーには自己修復性能があるのではないかと考え，フィルムを切って切断面をくっつけたところ，数分で切る前の状態に戻った（図 2c）．つまり，このポリマーは優れたゴム弾性に加え，まったく予想していなかった自己修復性ももっていたのである．

従来の自己修復材料では水素結合やイオン相互作用などを活用したものが知られていたが，特別な相互作用部位をもたないこの共重合体がなぜ自己修復性を示すのか，当初はまったく手がかりがなかった．その後の詳細な研究で，アニシルプロピレンとエチレンが交互に連なった柔らかい部分と，エチレンのみが連なった結晶部分のミクロ相分離構造が形成され，自己修復性が発現していることがわかった．

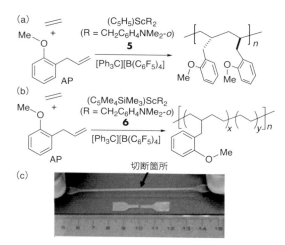

切断箇所

図 2　ハーフサンドイッチ型スカンジウム触媒による自己修復ポリマーの創製

この知見をもとに，単一のモノマーからミクロ構造制御による自己修復性ポリマーの創製に挑戦した．3,4-ポリイソプレンは硬いプラスチックの性質を，シス-1,4-ポリイソプレンは柔らかい性質を示す高分子であり，これらの組成や配列を適切に制御できればミクロ相分離による自己修復性の発現ができる．そこで，触媒 **6** を用いて 3,4-ポリイソプレンユニットとシス-1,4-ポリイソプレンユニットの比を約 7：3 に制御することにより，優れた自己修復性を示すポリイソプレンの創製に成功した[5]．

今後も予断をもたずにさまざまな「出会い」を大切にし，より多くの感動を味わえたらと思う．

参考文献
1. Z. Hou, T. Miyano, H. Yamazaki, Y. Wakatsuki, *J. Am. Chem. Soc.*, **117**, 4421 (1995).
2. T. Shima, S. Hu, G. Luo, X. Kang, Y. Luo, Z. Hou, *Science*, **340**, 1549 (2013).
3. S. Hu, T. Shima, Z. Hou, *Nature*, **512**, 413 (2014).
4. H. Wang, Y. Yang, M. Nishiura, Y. Higaki, A. Takahara, Z. Hou, *J. Am. Chem. Soc.*, **141**, 3249 (2019).
5. H. Wang, Y. Yang, M. Nishiura, Y. -L. Hong, Y. Nishiyama, Y. Higaki, Z. Hou, *Angew. Chem. Int. Ed.*, **61**, e202210023 (2022).

侯　召民（Zhaomin Hou）
理化学研究所 開拓研究本部 主任研究員／環境資源科学研究センター グループディレクター
1961 年生まれ．1989 年　九州大学大学院工学研究科博士課程修了
＜研究テーマ＞新触媒・新反応・新機能性材料の開発

── 索 引 ──

【有機合成化学協会】

有機合成化学工業に関係する軍・官・民の総合連絡機関として，1942年に発足．戦後は幅広い分野の専門家が参加する学術団体として，石油化学から医薬・農薬・電子材料，ファインケミカルまで，広範な有機合成化学工業の発展を支える．

〒101-0062 東京都千代田区神田駿河台1丁目5　化学会館3階
TEL：03-3292-7621　FAX：03-3292-7622
https://www.ssocj.jp

ドラマチック有機合成化学——感動の瞬間100

本書のご感想を
お寄せください

2023年7月30日　　第1版　第1刷　発行

検印廃止

編　者　公益社団法人 有機合成化学協会

発 行 者　曽　根　良　介

発 行 所　㈱ 化　学　同　人

〒600-8074　京都市下京区仏光寺通柳馬場西入ル
編集部　TEL 075-352-3711　FAX 075-352-0371
営業部　TEL 075-352-3373　FAX 075-351-8301
振　替　01010-7-5702
e-mail　webmaster@kagakudojin.co.jp
URL　https://www.kagakudojin.co.jp
印刷・製本　（株）シナノパブリッシングプレス